"十二五"国家重点图书出版规划项目

CHINA WETLANDS RESOURCES
Jiangxi Volume

中国湿地资源

江西卷

◎ 国家林业局组织编写

中国林业出版社

图书在版编目（CIP）数据

中国湿地资源·江西卷／国家林业局组织编写；周承东分册主编．－北京：中国林业出版社，2015.12

“十二五”国家重点图书出版规划项目

ISBN 978-7-5038-8327-9

Ⅰ.①中… Ⅱ.①国… ②周… Ⅲ.①湿地资源－研究－江西省 Ⅳ.① P942.078

中国版本图书馆 CIP 数据核字（2015）第 296648 号

总 策 划：金 旻

策划编辑：徐小英

主要编辑：徐小英 刘香瑞 李 伟
何 鹏 于界芬

美术编辑：赵 芳

出版发行 中国林业出版社（100009 北京西城区刘海胡同 7 号）
http://lycb.forestry.gov.cn
E-mail:forestbook@163.com 电话：(010)83143515、83143543

设计制作 北京捷艺轩彩印制版有限公司

印刷装订 北京中科印刷有限公司

版　　次 2015 年 12 月第 1 版

印　　次 2015 年 12 月第 1 次

开　　本 787mm×1092mm 1/16

字　　数 421 千字

印　　张 16.5

定　　价 115.00 元

中国湿地资源系列图书
编撰工作领导小组

顾　问： 陈宜瑜　李文华　刘兴土

组　长： 张永利

副组长： 马广仁

成　员：（按姓氏笔画排序）

王文宇　王忠武　王海洋　韦纯良　邓乃平　邓三龙
兰宏良　刘建武　刘艳玲　刘新池　李　兴　李三原
李永林　来景刚　吴　亚　张宗启　陆月星　陈则生
陈传进　陈俊光　林云举　呼　群　金　旻　金小麒
周光辉　降　初　孟　沙　侯新华　夏春胜　党晓勇
徐济德　奚克路　阎钢军　程中才　雷桂龙　蔡炳华
樊　辉

中国湿地资源系列图书
编撰工作领导小组办公室

主　任： 马广仁

副主任： 鲍达明　唐小平　熊智平　马洪兵

成　员： 王福田　姬文元　刘　平　闫宏伟　李　忠　田亚玲
王志臣　张阳武　但新球　刘世好　王　侠　徐小英

《中国湿地资源·江西卷》编写组

主　编： 周承东

副主编： 余翔华　黄　鹏

编著者： 余本锋　陈彩仙　李朝阳　胡国珠　胡达维　陈　苏
谢正磊　谢冬明　李友辉　葛　刚　吴小平　郑国华
周杨明　刘晓勇　李　莹　伍恒赟　刘以珍　廖　宁
肖卫平　邵明勤　余军林

主　审： 戴年华

图　版： 刘晓勇

湿地资源分布图、重点调查湿地分布图： 王　伟　胡达维

总 序

湿地是地球表层系统的重要组成部分，是自然界最具生产力的生态系统和人类文明的发祥地之一。在联合国环境规划署（UNEP）委托世界自然保护联盟（IUCN）编制的《世界自然资源保护大纲》中，湿地与森林和海洋一起并称为全球三大生态系统。湿地具有类型多样、分布广泛的特点；湿地更重要的是还具有多种供给、调节、支持与文化服务功能，是人类重要的生存环境和资源资本。湿地与人类生产生活和社会经济发展息息相关。湿地的重要性受到世界各国和国际社会的普遍关注。早在1971年，国际社会就建立了全球第一个政府间多边环境公约，即《关于特别是作为水禽栖息地的国际重要湿地公约》（简称《湿地公约》）。同时，该公约也是全球最早针对单一生态系统保护的国际公约。1992年中国加入《湿地公约》，自此我国湿地保护事业进入了新的发展时期。

我国加入《湿地公约》后，在国家林业局设立了专门的湿地保护和履约机构，对内负责组织、协调、指导和监督全国湿地保护工作，对外负责《湿地公约》的履约工作。近年来，中国各级政府在湿地保护方面开展了大量卓有成效的工作，采取了一系列保护和合理利用湿地资源的措施，在湿地保护规划和重点工程建设、财政补贴政策制定实施、法规制度建设、保护体系建设、科研监测、宣传教育和国际合作等方面取得了长足进步。但我国湿地生态系统仍然面临着盲目围垦与改造、污染、水土流失、泥沙淤积、生物资源过度利用等多种因素的破坏和威胁，导致面积减少，生态功能下降，生物多样性丧失。因此，切实保护和合理利用湿地资源，既是保障生态安全和国土安全的当务之急，更是中国实施可持续发展战略势在必行的要务。

开展湿地资源调查，摸清湿地资源家底，把握湿地资源动态，是所有湿地保护工作的基础，也是履行《湿地公约》各项工作的根基。2009～2013年，在中央财政的支持下，国家林业局组织开展了第二次全国湿地资源调查工作。在此期间，我有幸作为第二次全国湿地资源调查专家技术委员会的主任委员，和其他专家一起全程参与了此次湿地资源调查的主要技术环节和成果鉴定。

我认为此次调查具有以下几个特点：一是，此次调查的湿地分类、界定标准、调查方法基本与《湿地公约》规定相接轨，使得调查数据符合《湿地公约》的要求，调查成果易于被国际认可，便于国际间的对比和交流。二是，制定了内容全面、方法科学、符合国际标准的统一技术规程《全国湿地资源调查技术规程（试行）》，进行了同标准、同口径的分期分批调查。三是，本次调查利用“3S”技术与现地验证相结合的技术方法，查清了全国范围内（未包括香港、澳门、台湾）8 公顷以上的湿地资源基本情况。四是，湿地调查分为一般调查和重点调查。重点调查包括，国际重要湿地、国家重要湿地、自然保护区（含自然保护小区）和湿地公园内的湿地以及其他特有、分布濒危物种和红树林等具有特殊保护价值的湿地。五是，组织保障有力。国家层面上，成立了第二次全国湿地资源调查领导小组、专家技术委员会、中央技术支撑单位和国家质量检查组；省级层面上，分别成立了湿地调查专职机构，组建了省级专业调查队伍。

需要指出的是，第二次全国湿地资源调查期间，我国湿地保护事业发展迅速。2009 年，中央启动了“湿地生态效益补偿试点”工作；2010 年开始，中央财政设立了湿地保护补助专项资金；2012 年，党的十八大将建设生态文明纳入中国特色社会主义事业“五位一体”总体布局，提出要“扩大森林、湖泊、湿地面积，保护生物多样性”。期间，国家林业局会同相关部门认真实施了《全国湿地保护工程实施规划 (2005 ～ 2010 年)》和《全国湿地保护工程“十二五”实施规划》。2013 年，国家林业局出台的《推进生态文明建设规划纲要》划定了湿地保护红线，到 2020 年中国湿地面积不少于 8 亿亩。2013 年，国家林业局出台了第一部国家层面的湿地保护部门规章《湿地保护管理规定》。应该说，历时 5 年的湿地资源调查与同期湿地保护事业的发展，是休戚相关，相互促进的。

第二次全国湿地资源调查取得了丰硕成果。在全球范围内，我国率先完成了《湿地公约》倡导的国家湿地资源调查，首次科学、系统地查明了《湿地公约》所定义的我国湿地资源情况。建立了完整的全国湿地资源空间数据库和属性数据库，掌握了近 10 年来湿地资源动态变化情况，建立了稳定的湿地资源调查专业队伍和专家团队，形成了较为完整的湿地资源调查监测技术规范，完成了全国湿地资源总报告、分省报告和多个专题报告，编制了系列成果图。调查成果达到国际先进水平。

党的十八大对建设生态文明作出了全面部署，强调把生态文明建设放在突出地位，融入经济建设、政治建设、文化建设、社会建设各方面和全过程。在全国第二次湿地资源调查成果的基础上，系统编著形成了中国湿地资源系列图书，为新时期我国湿地保护事业奠定了坚实基础。希望本系列图书能够为我国湿地工作者在开展湿地研究、保护与合理利用工作时提供参考和借鉴。

中国科学院院士 [signature]

2015 年 9 月

前　言

江西省位于长江中下游南岸，东临福建、浙江，南连广东，西接湖南，北毗湖北、安徽。省内东、南、西三面群山环绕，中部丘陵广亘，中北部平原坦荡，整个地势，由外及里，自南向北，渐次向鄱阳湖倾斜，构成一个向北开口的巨大盆地。境内主要“五河”分别从东、南、西三面流经丘陵和谷间盆地，注入鄱阳湖，形成一个完整的鄱阳湖水系，由此孕育了丰富多样的湿地景观。

江西自古就是“鱼米之乡”，湿地资源非常丰富，不仅水域面积广、水资源量大、湿地类型多，而且水系独立完整、水环境良好、生物资源丰富且独具特色。境内的鄱阳湖是我国最大的淡水湖，是国际性越冬候鸟的重要栖息地，保证了世界上 95% 的国际濒危物种白鹤和 80% 以上的东方白鹳等珍稀种群越冬栖息。鄱阳湖是洄游性鱼类、珍稀水生动物的繁殖场所，也是长江江豚最重要的避难所，40% 以上的长江江豚在鄱阳湖栖息。鄱阳湖湿地在长江流域发挥着调蓄滞洪、提供水资源、维护生物多样性和污染物降解等重要生态服务功能。保护和管理好江西的湿地，对于维护鄱阳湖流域乃至长江流域生态安全，改善区域生态环境，实现人与自然和谐，促进江西经济社会可持续发展，推进鄱阳湖生态经济区和江西生态文明先行示范区建设具有十分重要的意义。

为准确掌握湿地资源及其生态变化情况，制定加强湿地保护管理政策，编制重大生态修复规划，2010 年 12 月，根据国家林业局的统一部署，江西省启动了第二次全省湿地资源调查工作。调查范围为江西省行政区划范围内的各类湿地资源，包括面积为 8 公顷（含 8 公顷）以上的湖泊湿地、沼泽湿地、人工湿地以及宽度 10 米以上，长度 5000 米以上的河流湿地。调查的因子包括湿地斑块名称、所属湿地区名称、湿地型、湿地面积、湿地分布、平均海拔、所属流域、河流湿地的河流级别、植被类型及面积、水源补给状况、土地所有权、主要动植物种和保护管理状况等。同时，对国际重要湿地、国家重要湿地、湿地类型自然保护区、湿地公园以及江西省特有类型的湿地、分布特有物种的湿地等其他具有特殊保护意义的湿地进行重点调查。除一般调查的因子外，重点调查湿地增加了湿地野生动物、湿地植物群落、湿地植被、湿地保护和利用状况和湿地受威胁状况等专项调查因子。

为切实做好此次湿地资源调查工作，江西省专门成立了由江西省林业厅（以下简称省林业厅）主要领导任组长，省林业厅分管领导和国家林业局中南林业调查规划设计院（以下简称中南院）分管领导任副组长，中南院和省林业厅有关处室（单位）

负责人为成员的领导小组和南昌大学、江西师范大学等的专家组成的专家组，由中南院和江西省林业调查规划研究院为技术支撑，组织了省、市、县三级1200余人参与的调查队伍。整个调查采用了先进的"3S"技术，中南院负责遥感数据处理、判读、信息提取、汇总、成图等任务，并通过遥感解译获取湿地型、面积、分布（行政区、中心点坐标）、平均海拔、植被类型及其面积、所属三级流域等基础信息。各县（市、区）组织调查人员根据中南院提供的调查斑块图开展野外调查，主要调查水源补给状况、主要动植物种、土地所有权、保护管理状况等因子，并现地验证中南院提供的数据信息。在调查过程中采用遥感影像、地形图、GPS相结合的方法确保湿地斑块位置与面积的准确性。

通过所有调查人员历时3年的辛勤付出，江西省第二次湿地资源调查的内、外业工作全面完成，汇集全部调查成果的《江西省第二次湿地资源调查报告》也顺利通过了专家的评审。2014年12月15日，江西省林业厅在《江西日报》等媒体发布《江西省第二次湿地资源调查公报》，向社会正式公布了江西省第二次湿地资源调查主要成果数据。这次调查全面查清了江西省湿地资源的数量、类型、分布以及主要生态特征，积累了大量的基础数据，为开展湿地科学研究、加强湿地自然保护区与湿地公园建设、开展湿地资源保护和合理利用提供了翔实的基础资料和科学依据。

为了使这次江西省湿地资源调查成果得到更好的应用，《中国湿地资源·江西卷》在《江西省第二次湿地资源调查报告》的基础上，按照系统性、科学性、规范性的原则，对江西省第二次湿地资源调查的成果进行了全面梳理，系统地阐述了江西省湿地及湿地生物资源现状，总结了江西省湿地的特点，从基础设施和城市化建设、湿地围垦、污染、资源过度利用等方面，系统分析了江西省湿地保护、利用、管理的现状和问题，并提出了针对性的保护管理建议。

本书的出版，为江西省的湿地保护管理、合理开发利用以及湿地科学研究等提供了非常有价值的依据和参考。同时，也必将让全社会更多的人士认识江西湿地、了解江西湿地、关心江西湿地，并积极参与到保护和发展江西湿地的实际行动中来。希望通过本书的出版，能推动江西省湿地保护管理再上一个新的台阶，为江西省建设生态文明先行示范区，打造富裕和谐秀美江西作出贡献。

《中国湿地资源·江西卷》编辑委员会

2014年12月

目 录

第一章 基本情况

第一节 自然概况

1 地理位置

江西省位于长江中下游南岸。省境北起长江之滨，与湖北、安徽两省隔江相望；南至南岭山脉的九连山、大庾岭，与广东省接壤；东倚武夷山、怀玉山，与福建、浙江两省交界；西止罗霄山脉，与湖南省毗邻。其地理坐标为东经 113°34′36″～118°28′58″，北纬 24°29′14″～30°04′41″。省境南北长 620 公里，东西宽 490 公里，土地总面积 16.69 万平方公里，占全国土地总面积的 1.7%。

2 地质地貌

2.1 地 层

江西省地层大致是西沿九岭山南麓，东以浙赣铁路为界，可分为赣北及赣中南两个大区。赣北区广泛出露前震旦纪变质岩系，震旦系及下古生界发育齐全，上古生界及中生界发育不全，分布零星；赣中南区则广泛出露前泥盆纪浅变质岩系，上古生界及中生界发育良好。

震旦系多分布于赣北及武夷山区，其他地区有零星分布。寒武系、志留系除赣北分布较广外，赣中南地区的寒武系多分布于赣中、赣西一带。奥陶系分布于湘赣边境。志留系在赣中南缺失。晚古生代地层全省都有分布，但由西往东、由新到老逐次超覆，岩相由海相变为陆相。中新生代地层，全省均有分布，但东部较西部更发育，多以断陷盆地形式出现，东部多夹火山岩，西部多为陆源碎屑沉积。第四纪中更新世早期在山岳地区出现冰川堆积，河谷平原多为河湖沉积，低山丘陵地带洞穴中分布着洞穴堆积。

2.2 岩浆岩与变质岩

江西省境内岩浆活动频繁，期次甚多，分布甚广，尤以赣东南为最。岩浆岩划分为九岭期

(前震旦纪)、加里东期(震旦—早古生代)、海西—印支期(晚古生代—中三叠世)、燕山早期(晚三叠—侏罗纪)、燕山晚期(白垩纪)及喜山期(第三纪)等几个较为主要的活动时期。其中,以燕山期最为重要。不同时期的岩浆岩在地区分布上存在一定的规律性。晋宁期岩浆岩分布于赣北的扬子准地台区,加里东期岩浆岩主要分布于华南褶皱系,燕山期岩浆岩全省均有分布,但以华南褶皱系最发育。总的由北往南有变新的趋势。

江西区域变质岩、接触变质岩及错动(碎裂)变质岩均有发育,其中以区域变质岩分布最广。变质岩的形成,主要发生在4个大的构造运动期,即晋宁运动期、加里东运动期、印支运动期、燕山运动期。晋宁期的区域变质岩,主要分布于扬子准地台区,地层包括整个中元古界双桥山群。加里东期区域变质岩主要分布于华南褶皱系(部分在扬子准地台区二级构造单元的下扬子—钱塘台拗区),它包括晚元古代早期—志留纪地层。印支期变质岩主要是湘赣粤边境的泥盆纪地层。区域变质岩岩石类型以浅变质的板岩、千枚状板岩及变质碎屑岩为主,其次是呈断续带状及穹隆状分布的中深变质岩—片岩、片麻岩、变质岩和与其相伴而生的混合岩、混合花岗质岩石等。

2.3 地质构造

江西省从中元古代以来经历了4个重要的构造时期,即晋宁期、加里东期、印支期和燕山—喜马拉雅期。3个构造发展阶段,即地槽阶段、准地台阶段及地台边缘活动阶段。在空间上表现为赣中南和赣北区域地质构造发展演化的不平衡性。赣北晚元古代晚期末结束了地槽发展历史,进入准地台发展阶段;赣中南则仍继续着地槽发展过程,至早古生代末,方褶皱回返,转入准地台阶段。各个构造时期的运动性质,在不同地区也有较大的差异。如晋宁期,赣北强烈褶皱隆起,赣中南则表现为地槽的强烈沉降;加里东期,赣中南地槽强烈褶皱隆起,赣北则表现为台缘沉降;印支期,江西虽没有强烈的褶皱造山运动,但地壳的升降运动十分频繁;燕山—喜马拉雅期,则与历次构造运动有显著的差异,运动性质以断块造山为主,兼有褶皱造山,在空间分布上,西部或西北以褶皱作用为主,伴随有岩浆的侵入,而东部或东南以断陷、断隆为主,伴随着强烈的火山喷发。

2.4 地形地貌

江西省是我国江南山地丘陵的重要组成部分,地形复杂多样,平原、盆地、丘陵和山地皆有,以山地丘陵为主。其中,山地占全省总面积的36%,丘陵占42%,岗地、平原、水面占22%。江西省地形上的特点是三面环山,北濒江湖,中部散布着几个大盆地,大致可以分为边缘山地、中南部丘陵和鄱阳湖平原3个地形区域。在省境周围地带环绕着高峻的山岳,东部有武夷山脉,南部有南岭山脉的九连山,西部有罗霄山脉所属的武功山、万洋山,北部有幕阜山、九岭山、怀玉山及黄山余脉,形成北宽南狭,南高北低,周高中低,朝北开口的地形地势。境内河流分别从东、南、西三面流经丘陵和谷间盆地,注入鄱阳湖,形成一个完整的鄱阳湖水系。

2.4.1 边缘山地

江西省山岭主要属于南岭山系,山脉多作东北—西南走向,侵蚀破碎,高度不大,一般海拔高度在1000米左右。高大山地多环绕于省境边陲,成为与邻省的天然分界线。重要山脉有东部的武夷山脉、东北部的怀玉山脉、南部的九连山脉、西部的罗霄山脉、北部的九岭山和幕阜山脉。

2.4.2　中南部丘陵

主要分布在罗霄山脉以东，鄱阳湖平原以南，武夷山脉以西，九连山脉以北的广大地区，多为海拔 100 ~ 500 米的丘陵。

2.4.3　鄱阳湖平原

位于江西北部，是长江中下游平原的一部分，为长江和鄱阳湖水系，赣江、抚河、信江、饶河、修河等河流冲积而形成的三角洲平原。其范围以鄱阳湖为中心，北起九江、都昌，西至新余、上高，南达新干、临川，东至弋阳，北至景德镇，面积约 200 万公顷。这里地势低平，大部分地区海拔在 50 米以下；河渠交错，港汊纵横，湖泊众多；沃野千里，田连阡陌，盛产稻米，为江南“鱼米之乡”。

3　土　壤

全省自然土壤地带性规律和地域性规律都比较明显，主要有 8 个土类。

3.1　红　壤

红壤是江西省分布最广、面积最大的地带性土壤，为全省最重要的土壤资源，广泛分布于丘陵、岗地和海拔 700 ~ 800 米以下的低山区。全省红壤总面积 931 万公顷，约占国土总面积的 56%。根据红壤的发育程度和主要性状，大致可划分为红壤、红壤性土、黄红壤等 3 个亚类。红壤亚类面积最大，约 587 万公顷。凡有一定的植被覆盖、剖面发育正常的均属这一类型。红壤性土亚类是在缺乏稳定成土条件下形成的幼年土，散见于丘陵山区，面积约 245 万公顷。黄红壤亚类分布于海拔 400 ~ 700 米之间的山地，面积约 100 万公顷，是红壤向山地黄壤的过渡类型，由于植被较好，自然肥力一般较高。

红壤成土母质以第四纪红色黏土、第三纪红砂岩为主，次为花岗岩、千枚岩、石灰岩等。发育于第四纪红色黏土的红壤，广泛分布于低丘岗地，土层深厚、土质黏重，透水、通气性差，养分含量低。由红砂岩发育形成的红壤，主要分布在赣东北的上饶、鹰潭市境内，吉安、赣州、抚州等市内有零星分布，整个土层中含粉砂和细砂较多，质地疏松，通气、透水性好，保水、保肥力则较差，土层较薄。由花岗岩风化物发育形成的红壤，主要分布于省境边缘山地和高丘，整个土层中夹有大量石英砂和砾石，质地粗糙，漏水、漏肥，是本省严重的水土流失区，但含钾量高。在千枚岩、板岩、片麻岩等变质岩上发育形成的红壤，质地黏细，自然肥力较高，主要分布在高丘和山区。

3.2　黄　壤

面积约 167 万公顷，约占全省总面积的 10%，主要分布于中山山地中上部海拔 700 ~ 1200 米之间。土层厚度不一，自然肥力一般较高。

3.3　山地黄棕壤

主要分布于海拔 1000 ~ 1400 米以上的山地。现有植被一般为常绿与落叶混交林，生长茂密，覆盖度大，自然肥力高。

3.4 山地草甸土

主要分布于海拔1400～1700米的山顶部，面积很小。由于水分充足、阴凉湿润，有利于有机质的积累，土壤潜在肥力高。

3.5 紫色土

在紫色砂页岩风化物上发育的一类岩性土。面积约56万公顷，占全省总面积的3.3%。主要分布在赣州、抚州和上饶市境内的丘陵地带，其他丘陵区也有小面积零星分布。常与丘陵红壤交错分布。紫色土磷和钾的含量较为丰富。

3.6 潮　土

成土母质为河湖沉积物。主要分布在鄱阳湖沿岸、长江和本省五大河流的河谷平原。由于水流的分选作用，一般距河流越近，质地越粗；距河流越远，质地越细。又由于每次水流大小不同，剖面层理性明显，常出现上、中、下不同的质地层次，对土壤肥力性状影响较大。潮土土层深厚，土体浅棕灰至暗棕灰色，质地沙壤至轻黏土，土壤物理性质一般较好，土体疏松多孔，通气、透水。

3.7 石灰土

在石灰岩母质上发育的一类岩性土。零星见于彭泽、瑞昌、德安、袁州、万载、萍乡、新余、瑞金、会昌、南康、全南、龙南等县(市、区)的石灰岩山地丘陵区。一般土层浅薄，大多具有石灰反应。根据肥力和颜色又可分为黑色石灰土、棕色石灰土和红色石灰土等。

3.8 水稻土

由各类自然土壤水耕熟化而成。为全省主要的耕作土壤。广泛分布于省内山地丘陵谷地及河湖平原阶地，面积约200万公顷，占全省耕地总面积的80%以上。水稻土根据其发育过程和水型特征，又可分为淹育性、潜育性和潴育性3个亚类。

除水稻土外，全省农业土壤尚有40万公顷左右的旱地土壤。主要为潮沙泥土、乌泥土、黄泥土、紫泥土和马肝土等。

4 气　候

江西省处于北回归线附近，全省气候温暖，日照充足，雨量充沛，为典型的亚热带湿润气候。四季气候特点是春寒、夏热、秋燥、冬冷；春末夏初阴雨连绵，伏秋多干旱；无霜期较长，冰冻期短。

全省年平均气温18℃左右，赣东北、赣西北和长江沿岸年均气温略低，约在16～17℃；滨湖、赣江中下游、抚河、袁水区域和赣西南山区约在17～18℃；抚州、吉安市南部和信江中游约在18～19℃；赣南盆地气温最高，约为19～20℃。全省极端最高温度南北差异不大，甚或略呈北高南低现象，但几乎都接近或超过40℃，个别县(市、区)日最高气温曾经达到44.9℃。极端最低气温则南北差异较大，九江大部分地区在－14～－12℃之间，个别县(市、区)还出现过日最低气温－18.9℃的极端最低值；赣南则在－5℃左右；全省其他地区一般在－12～－7℃之间。全省年均日照总辐射量为4060～4793兆焦/平方米。年均日照时数为1473.3～2077.5小时。年均降水量1341～1940毫米。武夷山、怀玉山和九岭山一带年均降水量多达1800～2000毫米；长江沿岸到鄱阳湖以北以及吉泰盆地年均降水量则约为1350～1400毫米；其他地区多在1500～1700毫米之间。全年秋冬季一般晴朗少雨。春季阴雨连绵，4月份后全省先后进入梅雨期。5～6月份为全年降水最多时期，平均月降水量在200～350毫米以上，最高达700毫米以上，这一时期多大雨或暴雨，暴雨强度为日降水量50～100毫米，最大甚至可达300～500毫米以上。

5 水 文

江西省河流众多，湖泊水库星罗棋布。

5.1 湖 泊

江西省湖泊众多，分布广泛，均为淡水湖泊。面积在8公顷以上的湖泊有1248个(包括天然湖泊和人工湖泊)。其中，水面大于100公顷的湖泊有119个。鄱阳湖是中国最大的淡水湖，面积为38.41万公顷，平均水深5.1米。此外，境内其他较大的湖泊有青山湖、瑶湖、赛城湖、赤湖、太泊湖、芳湖、仙女湖(又名江口水库)和柘林湖(又名柘林水库或庐山西海)等。鄱阳湖周边还有许多由修堤坝形成的内湖，或者是由于天然沙坝形成的季节性卫星湖，汛期融入鄱阳湖，如军山湖、内青岚湖、南湖、珠湖、大鸣湖、绕丰圩内湖、康山联圩内湖等。

5.2 河 流

江西省共有大小河流2400余条，总长度约18400公里，河流总面积71.86万公顷。境内河流绝大部分汇入鄱阳湖，形成鄱阳湖水系，经鄱阳湖调蓄后，于湖口汇入长江。鄱阳湖湖口控制集水面积1622.25万公顷。其中，发源于外省的河流，集水面积51.39万公顷；省境内有1567.43万公顷，占全省面积的94%。鄱阳湖水系以赣江、抚河、信江、饶河和修河五大江河为主体，此外，还有直接入湖的中小河流。省内不属于鄱阳湖水系的河流有：直接流入长江的南阳河、长河、太平河；太泊湖水系的郭家桥水、瀼溪水；富水水系的双港河及洪港河；洞庭湖水系的渫水、草水、汨罗江江源；珠江水系的寻乌水及定南水；江北水系的浈水；韩江流域梅江水系的大拓河、富石河及差干河。这些直接流入长江或外省的河流，在江西境内集水面积约102.05万公顷，占6%。

5.2.1 赣 江

赣江为江西省第一大河流，发源于江西省瑞金市与福建省长汀县交界的武夷山脉中的赣源岽，主河道自石城县贡水河源至永修县吴城入湖。吴城以上的集水面积821.82万公顷，占全省面积的49.5%。干流流经全省47个县(市、区)，全长共766公里。河长大于30公里的干、支流有125条。

5.2.2 抚 河

抚河发源于广昌、石城、宁都三县交界处的灵华峰东侧，在南昌县幽兰镇南山村经青岚湖入鄱阳湖。全流域集水面积为158.56万公顷。干流自南向北流经广昌、南丰、南城、金溪、临川、进贤和南昌等县(区)，全长349公里。河长大于30公里的干、支流有28条。

5.2.3 信 江

信江发源于玉山县和德兴市交界的大岗山脉上一座无名山峰(后取名信源山)南侧，在余干县大溪渡附近分为东西两支，西支为主流由余干县的瑞洪注入鄱阳湖，流域面积为16890平方公里。干流流经玉山、广丰、上饶、铅山、横峰、弋阳、贵溪、余江、东乡、资溪、鄱阳和余干等县(市、区)，全长356公里。河长大于30公里的干、支流有36条。

5.2.4 饶 河

饶河发源于江西省的婺源县与安徽省休宁县交界的莲花顶，由乐安河与昌江在鄱阳县姚公渡汇合而成，从鄱阳县莲湖乡龙口入鄱阳湖，全流域面积为154.28万公顷，在江西省境内的流域面积为132.47万公顷。干流流经婺源、德兴、乐平、浮梁、弋阳、万年、余干和鄱阳以及安徽祁门、浙江开化等县(市、区)，全长313公里。河长大于30公里的干、支流有28条。

5.2.5 修 河

修河发源于铜鼓县大沩山林场与花山林场交界的修源尖东南侧，从永修县吴城镇望湖亭下汇赣江入鄱阳湖，流域面积147.00万公顷。干流流经铜鼓、修水、武宁和永修等县，全长389公里。河长大于30公里的干、支流有28条。

5.2.6 长江江西段

长江干流从湖北流入江西，经瑞昌、九江、湖口、彭泽等县(市)，在江西境内长151.9公里，湖口以上属长江中下游，湖口以下属长江下游。长江的江西段江面宽，沙洲面积大，面积达0.40万公顷。江西境内直接流入长江的大于30公里的河流有7条。

5.2.7 流入珠江、洞庭湖、韩江的河流

江西省属于珠江水系的有发源于寻乌县和安远县交界处的寻乌水，在江西境内集水面积18.66万公顷，主河道全长100公里。发源于寻乌的定南水，主河道93公里，寻乌水与定南水汇合后成为东江源。属于广东省韩江水系的还有不少源头小溪流均在寻乌县，如差干河源、柏树河源、大柘河源、富石河源等。属湖南省洞庭湖水系的有发源于宜春袁州区五尖峰的栗水和萍水，发源于罗霄山脉北端萍乡市王家坳的草市水。

6 动植物资源

江西从南向北由亚热带湿润季风气候向暖温带半湿润季风气候过渡，植被类型自南向北有中亚热带常绿阔叶林、北亚热带落叶与常绿阔叶混交林、暖温带落叶阔叶林，具有过渡性明显的特点。在动物地理区系上属于古北界华北区和东洋界华中区的交汇区，动物区系比较古老，古北界成分和东洋界成分兼有。

6.1 植物和植被

江西植物区系主要属于泛北极植物区中国－日本植物亚区的中国南部亚热带植物区系。植物

区系起源古老，与世界各地植物区系均有着不同程度的联系，成分非常丰富。根据资料显示，初步统计出江西省共有种子植物 205 科 1209 属 4087 种(不含种以下单位，下同)，分别占全国种子植物科、属、种的 59.59%、37.97%、14.29%；其中裸子植物 7 科 18 属 29 种，被子植物 198 科 1191 属 4058 种。

植被区系成分复杂，按照吴征镒中国种子植物属的分布区类型系统，江西种子植物属划分为 15 个分布型，19 个变型。各分布型中，以泛热带分布、北温带分布、东亚分布、热带亚洲分布、旧世界热带分布及变型和东亚—北美洲间断分布为主，依次有 179、120、73、84、70 和 77 属。总体上看，热带地理分布成分略占优势，反映了区系成分具有明显的热带性质；但温带性成分也占有较大的比例，尤其是温带性属的比例高达 42.33%，这也反映出江西种子植物区系也具有由亚热带向暖温带过渡的性质。珍稀濒危种子植物 38 科 65 属 81 种(含变种)。其中木本植物有 62 种，如资源冷杉、南方铁杉、南方红豆杉、水松、福建柏等 15 种裸子植物，鹅掌楸、连香树、半枫荷、杜仲、伞花木等 47 种被子植物。草本植物有 17 种，全为被子植物，如短萼黄连、八角莲、野大豆、普通野生稻和独花兰等。

据统计，全省有湿地高等植物 994 种，隶属 162 科 455 属。其中，苔藓植物 49 科 82 属 137 种；蕨类植物 22 科 38 属 55 种；裸子植物 2 科 4 属 5 种；被子植物 89 科 331 属 797 种。

按《中国植被》的区域原则和单位，江西植被属于亚热带常绿阔叶林区域东部，常绿阔叶林亚区域，中亚热带常绿阔叶林地带。由于跨越 5 个纬度带以及复杂地形的影响，植被类型丰富多样。江西地带性植被为亚热带常绿阔叶林，由于人为因素的影响，现在典型的常绿阔叶林仅在边远山区有残存的片断，但次生常绿阔叶林仍有一定面积。

现有植被(天然植被)可分为 14 个大的类型。其主要的如：

(1)低山、丘陵针叶林：低山、丘陵针叶林主要为马尾松林与杉木林；还有南方红豆杉、竹柏、三尖杉、江南油杉、柏木、水松等，但面积都很小，小块分布于阔叶林内。

(2)山地针叶林：山地针叶林主要有台湾松林、柳杉林、铁杉林、华东黄杉林，分布于海拔较高的中山地带。

(3)常绿阔叶林：常绿阔叶林是江西省典型的地带性植被，植物种类最多，生态效益最好。江西的常绿阔叶林可分为 7 个群系组 29 个群系。主要建群种为壳斗科、樟科、山茶科的树种。

(4)竹林：江西省竹类资源丰富，分布范围广，可分为 3 个林组 15 个林系。单竹散生型以毛竹为主；复轴混生型的有苦竹、箭竹等；全轴丛生型的有黄竹、藤竹等。

另外还有针阔叶混交林、常绿落叶阔叶混交林、落叶阔叶混交林、山顶矮林、灌草丛、山顶灌木草丛、沙地植物群落、草甸、沼泽植物群落和水生植物群落 10 个植被类型。沼泽植物群落和水生植物群落属于典型的湿地植被。

人工植被主要有针叶林(杉木、马尾松以及湿地松、火炬松等)、阔叶林(樟树林、楠木林等)、竹林、针阔叶混交林。

6.2　动　物

在动物地理区系上，江西省属于东洋界华中地区的东部丘陵平原亚区，动物种类多。根据有关资料统计，全省有鱼类 222 种，两栖类 51 种，爬行类 90 种，鸟类 481 种，哺乳类 102 种；贝类

97 种；虾蟹类 46 种。

6.2.1 鱼 类

江西省已知有鱼类 12 目 28 科 222 种，约占全国鱼类种数(4621 种)的 4.80%。根据江西省第二次湿地调查报告，江西湿地自然分布的鱼类共 28 科 222 种。属于国家Ⅰ级保护野生动物的有 2 种，分别是中华鲟和白鲟；属于国家Ⅱ级保护野生动物的为胭脂鱼，在长江江西段常有发现。

6.2.2 两栖类

江西省有两栖动物 51 种，隶属于 2 目 8 科。根据江西省第二次湿地调查报告，江西湿地自然分布的两栖动物共 8 科 51 种，占全省所有两栖类种数的 100%。湿地两栖类动物中大鲵和虎纹蛙属于国家Ⅱ级保护野生动物；东方蝾螈、黑斑肥螈、崇安髭蟾、中华蟾蜍、黑斑蛙、棘胸蛙为江西省重点保护野生动物。

6.2.3 爬行类

江西省有已知爬行动物 90 种，隶属于 3 目 15 科。根据江西省第二次湿地调查报告，江西湿地自然分布的爬行动物共 15 科 89 种，占全省所有爬行类种数的 98.89%。属于国家Ⅰ级保护野生动物的有 1 种，为蟒蛇；平胸龟、中华鳖、王锦蛇、黑眉锦蛇、灰鼠蛇、乌梢蛇、银环蛇和眼镜王蛇为江西省重点保护野生动物。

6.2.4 鸟 类

江西省已知有鸟类 19 目 72 科 481 种，约占全国鸟类种数的三分之一。根据江西省第二次湿地调查报告，江西省湿地鸟类共有 150 种，隶属于 11 目 24 科，占江西鸟类的 31.18%。属于国家重点保护的鸟类有 25 种，其中，属于国家Ⅰ级保护的鸟类 7 种，分别是东方白鹳、黑鹳、中华秋沙鸭、白头鹤、白鹤、大鸨和遗鸥；属于国家Ⅱ级保护的鸟类 18 种。

6.2.5 哺乳类

江西省有哺乳动物 102 种，隶属于 9 目 27 科。根据江西省第二次湿地调查报告，江西湿地自然分布的哺乳动物共 18 科 41 种，占全省所有哺乳类种数的 40.20%。属于国家Ⅱ级保护野生动物的有 4 种，分别为江豚、水獭、河麂和水鹿。

第二节 社会经济状况

1 行政区划、人口、民族

江西省简称“赣”，国土面积 1669 万公顷，辖南昌、景德镇、萍乡、九江、新余、鹰潭、赣州、吉安、宜春、抚州和上饶等 11 个设区市及 100 个县(市、区)(2008 年)，省会为南昌市(表1-1)。

表 1-1 江西省行政区划

设区市	县(市、区)名称
南昌市	东湖区、西湖区、青云谱区、湾里区、青山湖区、南昌县、新建县、安义县、进贤县
景德镇市	昌江区、珠山区、浮梁县、乐平市
萍乡市	安源区、湘东区、莲花县、上栗县、芦溪县
九江市	庐山区、浔阳区、九江县、武宁县、修水县、永修县、德安县、星子县、都昌县、湖口县、彭泽县、瑞昌市、共青城市
新余市	渝水区、分宜县
鹰潭市	月湖区、余江县、贵溪市
赣州市	章贡区、赣县、信丰县、大余县、上犹县、崇义县、安远县、龙南县、定南县、全南县、宁都县、于都县、兴国县、会昌县、寻乌县、石城县、瑞金市、南康市
吉安市	吉州区、青原区、吉安县、吉水县、峡江县、新干县、永丰县、泰和县、遂川县、万安县、安福县、永新县、井冈山市
宜春市	袁州区、奉新县、万载县、上高县、宜丰县、靖安县、铜鼓县、丰城市、樟树市、高安市
抚州市	临川区、南城县、黎川县、南丰县、崇仁县、乐安县、宜黄县、金溪县、资溪县、东乡县、广昌县
上饶市	信州区、上饶县、广丰县、玉山县、铅山县、横峰县、弋阳县、余干县、鄱阳县、万年县、婺源县、德兴市

根据《2010 年江西省第六次全国人口普查主要数据公报》，2010 年 11 月 1 日零时，全省常住人口总数为 44567475 人(不包括中国人民解放军现役军人和居住在省内的港澳台居民以及外籍人员)，全省每平方公里人口数达到 267 人。全省常住人口按性别分，男性为 23084646 人，占总人口的 51.80%；女性为 21482829 人，占总人口的 48.20%(表 1-2)。

表 1-2 江西省常住人口统计

地 区	总人口(人)	城镇人口(人)	城镇人口比重(%)	2000～2010 年平均增长率(%)
南昌市	5042567	3313471	65.71	1.29
景德镇市	1587477	893908	56.31	0.64
萍乡市	1854512	1097315	59.17	0.49
九江市	4728763	2010670	42.52	0.47
新余市	1138873	701432	61.59	0.37
鹰潭市	1125155	533323	47.40	0.70
赣州市	8368428	3140671	37.53	0.99
吉安市	4810339	1808206	37.59	0.73
宜春市	5419592	1926123	35.54	0.41
抚州市	3912309	1455379	37.20	0.66
上饶市	6579713	2756242	41.89	0.71
总 计	44567728	19636740	44.06	

2 经济发展及工农业生产情况

据《江西省2010年国民经济和社会发展统计公报》显示，全省2010年实现地区生产总值9435.0亿元，比上年增长14.0%。其中，第一产业增加值1205.9亿元，增长4.0%；第二产业增加值5194.7亿元，增长18.3%；第三产业增加值3034.4亿元，增长10.8%。三次产业对经济增长的贡献率分别为3.8%、71.2%和25.0%。人均地区生产总值21253元。全年财政总收入达到1226亿元，比上年增长32.0%。其中，地方财政收入777.9亿元，增长33.8%。全年农民人均纯收入5789元，比上年增长14.1%；城镇居民人均可支配收入15481元，增长10.4%。农村居民恩格尔系数为46.3%，城镇居民恩格尔系数为39.5%。

工业生产保持快速增长。全年全部工业增加值4359.2亿元，比上年增长20.0%。其中，规模以上工业增加值3101.9亿元，增长21.7%。在规模以上工业中，轻工业增加值1072.8亿元，增长27.4%；重工业增加值2029.1亿元，增长18.8%。

农业发展稳定。全年粮食总产量1954.70万吨，是继2004年以来连续6年增产的首次下降，比上年减少47.86万吨。粮食减产源于农作物种植结构的调整。全年粮食播种面积363.91万公顷，比上年增长1.0%；棉花种植面积为7.97万公顷，增长5.6%；油料种植面积73.17万公顷，增长2.1%；蔬菜种植面积52.12万公顷，增长2.3%。

林牧渔业发展良好。全年完成荒山荒地造林面积20.08万公顷。其中，人工造林完成17.09万公顷。森林覆盖率达63.1%。肉类总产量308.20万吨，比上年增长2.4%，其中猪肉产量233.89万吨，增长1.3%。牛奶产量12.24万吨，增长3.0%。家禽蛋产量51.15万吨，增长1.2%。水产品产量215.34万吨，增长4.9%；其中养殖产量186.09万吨，增长2.2%。

3 湿地文化

江西自古就是鱼米之乡，城镇村庄依水而建，水让赣鄱大地处处充满灵气。湿地造就了江西灿烂的文化，同时也形成了其自身独特的湿地文化。

3.1 舟楫文化

船文化是人类古文明中最有活力的水文化之一。长江是中华民族的第二条母亲河，古代的吴越民族在长江流域休养生息，使这里成为中国舟楫文化的发源地。长江不同水域环境导致了其流域木帆船形态的各异，充分反映了各地的民俗风情。江西古时候就水系发达，河流众多，造就了当时极其繁盛的场面，如江西景德镇罗笼子、鄱阳湖府凋子货船(红绣鞋)等。同时，水上人家也是湿地船文化景观之一。那些以捕鱼为业、以船为家的人，全家人和全部家当都在船上，白天用小船外出捕鱼，或撒网鄱阳湖中，或依靠鸬鹚捕鱼，晚上回到大船上休息，终年如此。另外一种常见的为人渡，是鄱阳湖内湖或河流两岸常见的交通枢纽，依靠人力摆渡的木船，一般为一人双桨，可载10余人。

3.2 建筑文化

2001年以来陆续在江西省抚州市的广昌、黎川、南城等3县发现了4处大型的船式建筑。这些建筑由数座规模宏大、结构复杂的清代船形房屋所组成，如一支小型舰队。建筑组合有船头、前舱、后舱、甲板、船篷之分，船头一致朝向东南，青山在侧，依水而建，站于高处相望恍如巨船乘风破浪，蔚为奇观。众多湿地建筑中最常见的是离地 2 米左右的高台干栏式民居，这种民居可以起到避洪水、野兽和干燥、通风、防潮等作用。江西省各地保存有大量与湿地有关的历史建筑景观及历史遗迹，如南昌赣江边的滕王阁，鄱阳湖的紫阳堤、落星墩、老爷庙、周瑜点将台，九江长江岸边的浔阳楼、锁江楼、琵琶亭，赣州赣江边宋代古城墙、八境台、郁孤台，等等。

3.3 稻耕文化

江南田园风光最重要的欣赏对象为水稻田，它不仅满足了人们粮食需求，也孕育了南方民族文化。江西地处中亚热带，土地肥沃，是优良的水稻种植区。据统计，2010 年江西水稻田 227.03 万公顷。江西省万年县仙人洞和吊桶环遗址发现了距今 1 万多年前水稻的植硅石，是现今发现的世界上年代最早的水稻植硅石，为此，江西省万年县被考古界公认为世界稻作文化的起源地之一。由此可见，世界稻作农业的起源是在中国的长江流域，然后逐渐地传入日本、朝鲜、印度及东南亚等国家。在农耕习俗方面，有天子元旦祈谷、躬耕帝藉、祭神农、王后与六宫夫人献稻种予王等宫中稻作礼仪(玄松南，2006)。被誉为“植物界大熊猫”的东乡野生稻于 1976 年在江西省东乡县被发现，是迄今世界上分布最北的野生稻特异资源。由于长期处于野生状态，经受了各种灾害和不良环境的自然选择，东乡野生稻形成了固有稳定的遗传特性，蕴含丰富的抗病虫害基因和极强的耐冷基因，其优良的耐冷性、耐旱性、耐瘠性、抗病性等，利用价值极高。

3.4 湿地饮食文化

湿地是地球上生产力最高的生态系统，而早期先民的渔耕文化也起源于湿地。湿地文化孕育出许多独特的食品。南北朝以来，粽子就被用来悼念屈原，人们把粽子扔到水中祭水神，祈祷水神保佑屈原。此外，江西特色的水产菜肴有藜蒿炒腊肉、荷包鲤鱼、清蒸甲鱼、香酥小河鱼、卤水白鱼、军山湖大闸蟹、广昌白莲、鄱阳湖三宝(银鱼、鳜鱼、凤尾鱼)、糟鱼、石鱼、莲藕等。

3.5 候鸟文化

鄱阳湖是中国最大的淡水湖，位于长江中游与下游交接处的南岸，主要纳赣、抚、信、饶、修等五河，再一并汇入长江，对江西五河及长江洪水起着蓄洪的作用。由于鄱阳湖洪枯水位的季节交替变化，枯季退水，出现了浅水、草滩、泥滩组成的湿地生态环境，为越冬候鸟提供了适宜的栖息场所。现已查明，鄱阳湖有鸟类 236 种，冬季鸟 100 种，每年秋冬，数以万计的候鸟都会飞到鄱阳湖国家级自然保护区为中心的鄱阳湖湿地越冬。

3.6 湿地民风、民俗

作为国家级非物质文化遗产的赛龙舟，是江西最具特色的民间习俗之一，也是世界最大型、最具凝聚力的民俗活动，距今已有 2300 多年的历史。从南北朝起，赛龙舟就成为端午节期间为纪念屈原的一项传统的民俗活动。直到今天，在江西许多地方每到端午节依然要举行赛龙舟的活动。另外，古越族在河谷两侧崖壁上放置悬棺的葬俗，也是在全国较为罕见的。此外还有渔鼓、山歌、龙船歌、舞狮、舞龙等。

3.7 湿地渔俗文化

在众多渔俗文化中，开湖仪式是最为壮观的。开湖捕鱼之前，首先选好开湖日子，然后鸣锣放鞭炮，用鸡、鱼、猪肉等来祭祀水神求开湖捕鱼红火。开湖时，渔船汇集举行仪式，主持人砍鸡头洒渔网表示“刹腥”，之后火药铳连响，鞭炮齐鸣，渔船齐发，竞相捕捞，威武壮观。其他渔俗还有：鄱阳湖南湖区的渔民吃鱼不打鳞；吃鱼时不能将鱼翻边；春节过后开网时，各船约定吉日同时开出；在湖区除夕之夜祭祖完毕时，都要供奉祭品(杨赤宇，2007)。在鄱阳湖的渔俗文化中，渔歌彩灯也是一大亮点。每到元宵节，民间都会举行灯会表演，其中以鳌灯最为突出，其他还有虾、蟹、蚌、船灯等。

第二章
湿地类型

第一节
湿地类型与面积

1　湿地概述

《湿地公约》对湿地的定义是国际公认的，即：不问其为天然或人工，长久或暂时性的沼泽地、泥炭地或水域地带，静止或流动的淡水、半咸水、咸水体，包括低潮时水深不超过6米的水域。还可包括与湿地毗邻的河岸和海岸地区，以及不位于湿地内的岛屿或低潮时水深超过6米的海洋水体(佚名，2008)。

江西省位于长江中游与下游交接处的南岸。省境内东、南、西三面群山环绕、峰峦重叠，中南部丘陵、盆地相间，北部平原坦荡、河流交织，有赣江、抚河、信江、饶河和修河等大小河流2400多条，有全国最大的淡水湖——鄱阳湖。特有的地貌类型，孕育了丰富多样的湿地类型(刘信中等，2000)。

据本次调查统计，江西省湿地总面积为91.01万公顷。其中，自然湿地(包括河流湿地、湖泊湿地、沼泽湿地)71.07万公顷，占湿地总面积的78.09%；人工湿地19.94万公顷，占湿地总面积的21.91%(表2-1)。同时，根据江西省统计资料显示，2010年江西省还有水稻田湿地类型227.03万公顷(本次调查未将其统计入人工湿地面积内)。

江西省湿地分布图，如图2-1。

江西省重点调查湿地分布图，如图2-2。

江西省河流湿地分布图，如图2-3。

江西省湖泊湿地分布图，如图2-4。

江西省沼泽湿地分布图，如图2-5。

江西省人工湿地分布图，如图2-6。

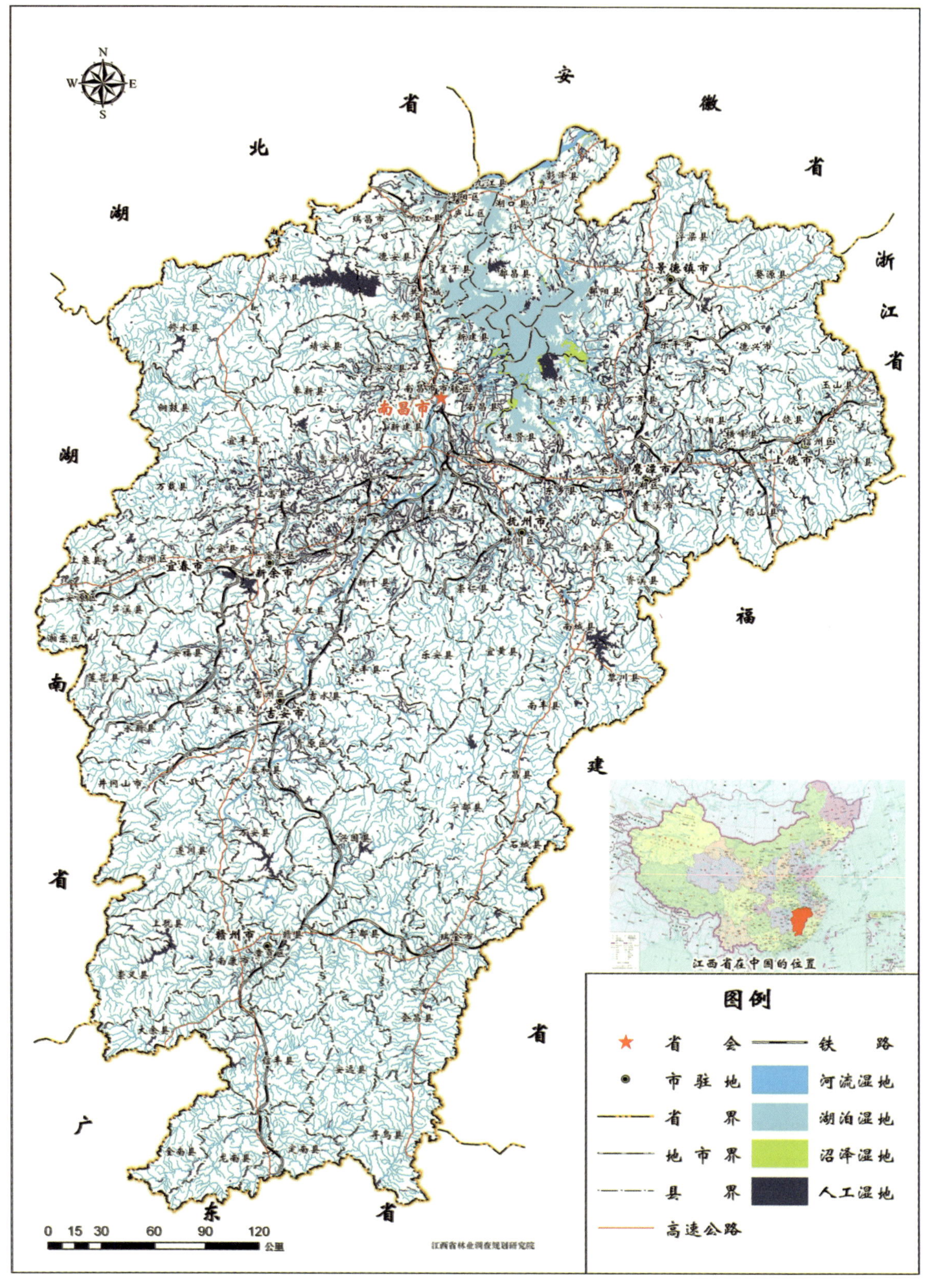

图 **2-1** 江西省湿地分布图

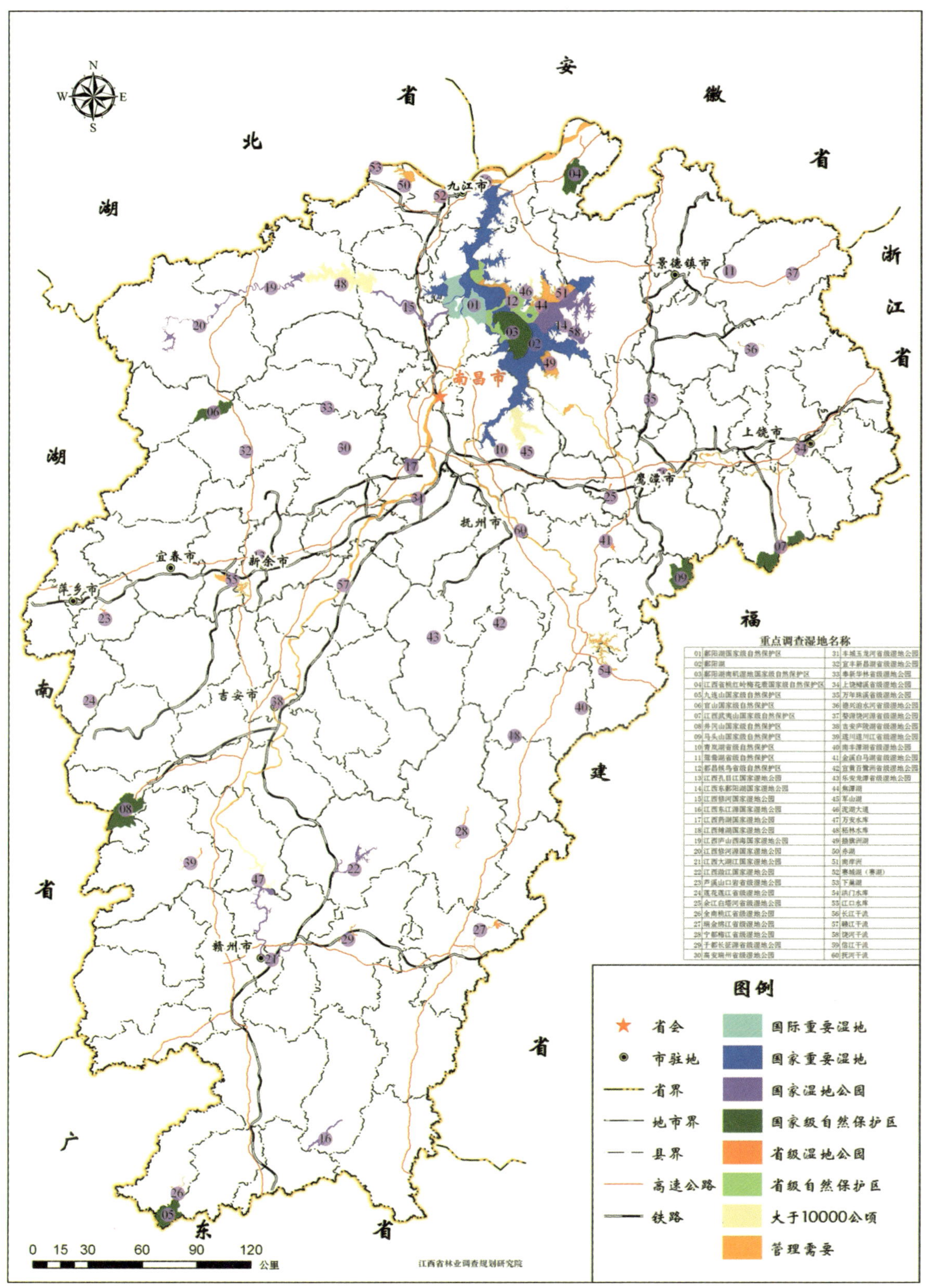

图 **2-2**　江西省重点调查湿地分布图

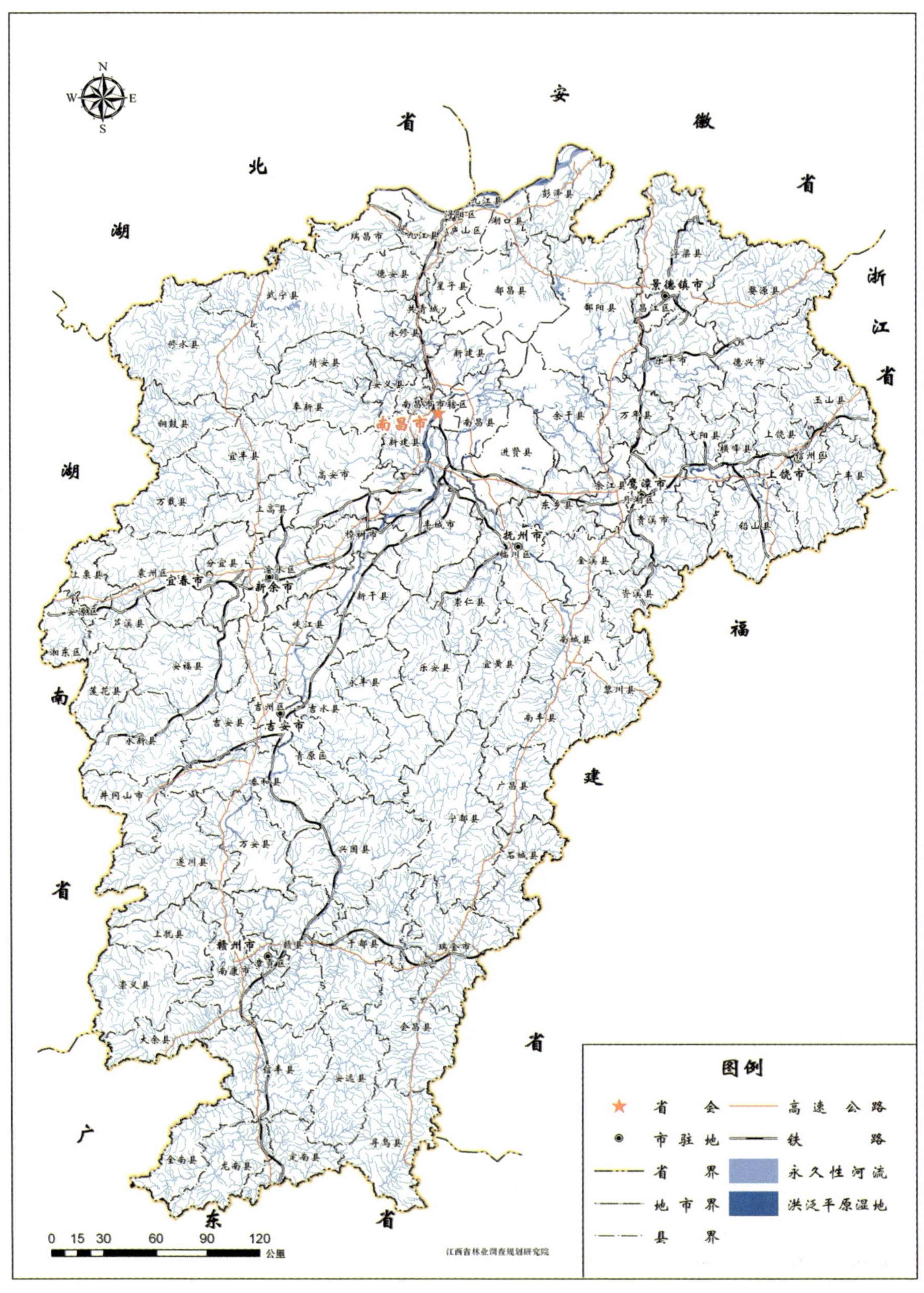

图 **2-3** 江西省河流湿地分布图

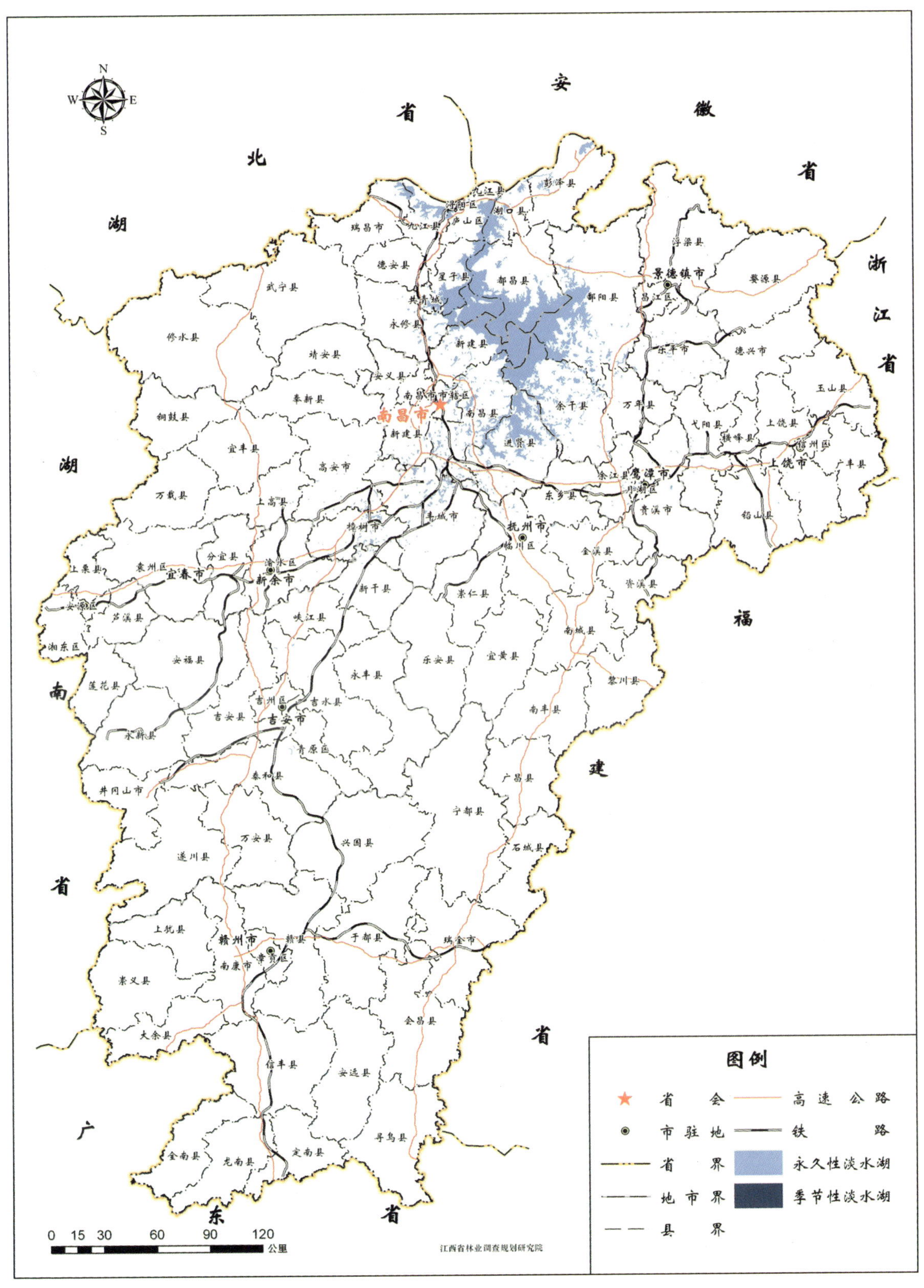

图 **2-4**　江西省湖泊湿地分布图

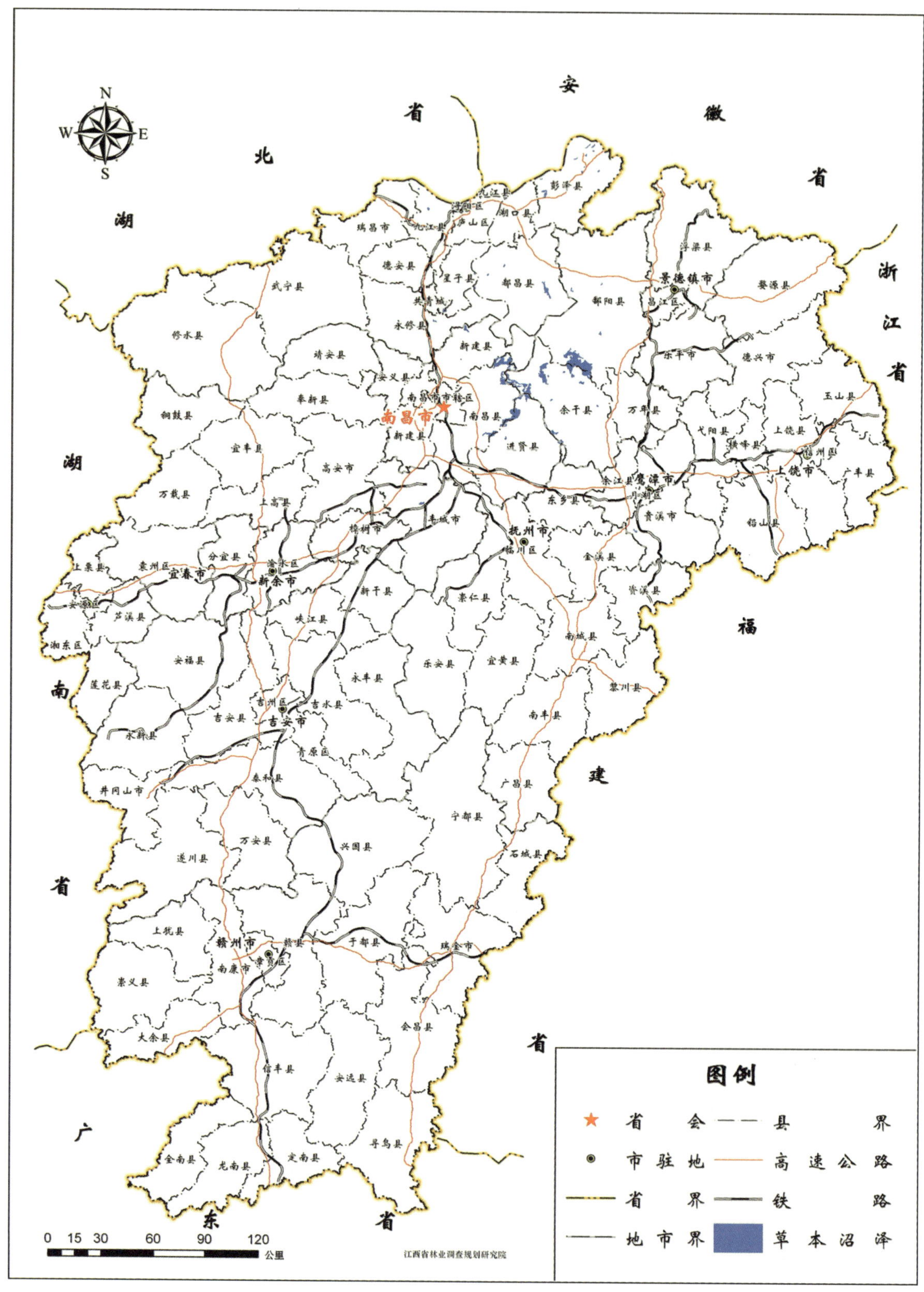

图 **2-5** 江西省沼泽湿地分布图

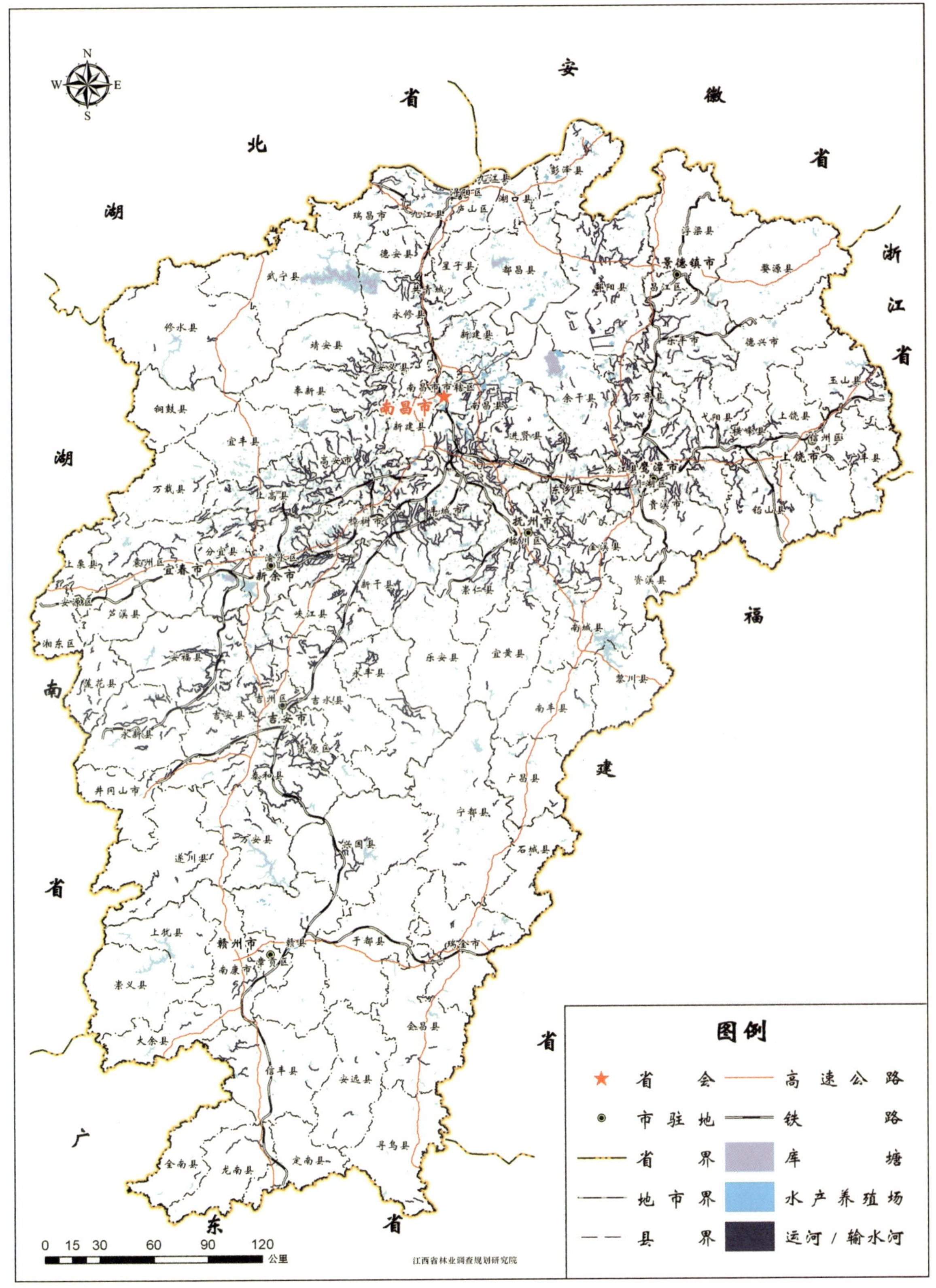

图 2-6 江西省人工湿地分布图

表 2-1　江西省湿地概况

湿地类	湿地型	湿地型面积(公顷)	湿地型比例(%)	湿地类面积(公顷)	湿地类比例(%)
河流湿地	永久性河流	270327.13	29.70	310747.09	34.14
	洪泛平原湿地	40419.96	4.44		
湖泊湿地	永久性淡水湖	374003.78	41.10	374090.92	41.11
	季节性淡水湖	87.14	0.01		
沼泽湿地	草本沼泽	25827.10	2.84	25827.10	2.84
人工湿地	库塘	164220.01	18.05	199394.10	21.91
	运河/输水河	16402.41	1.80		
	水产养殖场	18771.68	2.06		
总　计		910059.21	100	910059.21	100

2　各湿地类型的湿地面积

全省有湿地 4 类 8 型，其中自然湿地有河流湿地、湖泊湿地、沼泽湿地 4 类 5 型，人工湿地有库塘、运河/输水河、水产养殖场 3 型。

从湿地类来看，江西省有河流湿地 31.07 万公顷，占湿地总面积的 34.14%；湖泊湿地 37.41 万公顷，占 41.11%；沼泽湿地 2.58 万公顷，占 2.84%；人工湿地 19.94 万公顷，占 21.91%(图 2-7)。

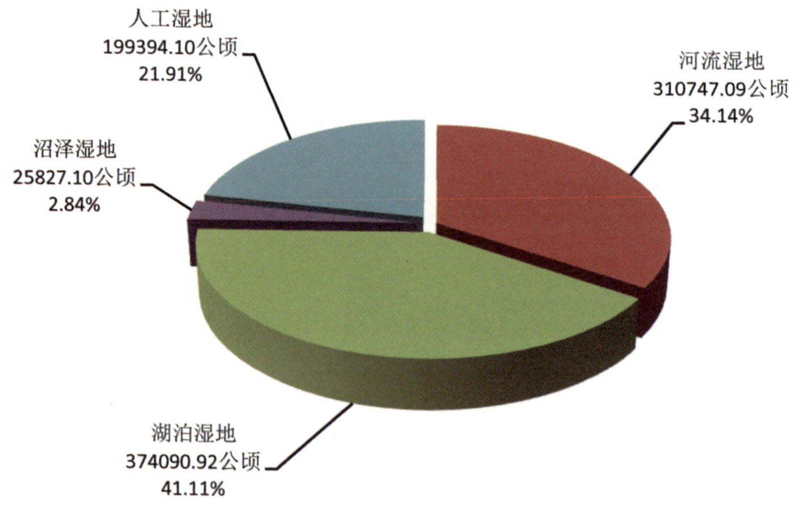

图 2-7　江西省各湿地类面积与比例构成

从湿地型看，江西省有永久性河流湿地 27.03 万公顷，占湿地总面积的 29.70%；洪泛平原湿地 4.04 万公顷，占 4.44%；永久性淡水湖 37.40 万公顷，占 41.10%；季节性淡水湖 87.14 公顷，占 0.01%；草本沼泽 2.58 万公顷，占 2.84%；库塘湿地 16.42 万公顷，占 18.05%；运河/输水河 1.64 万公顷，占 1.80%；水产养殖场 1.88 万公顷，占 2.06%。

3　各湿地区的湿地类及面积

根据《全国湿地资源技术规程(试行)》要求，全省划为113个湿地区，其中单独区划湿地区18个，零星湿地区95个(表2-2)。在湿地区中面积最大的为鄱阳湖湿地区，第二、第三大的为鄱阳县零星湿地区、赣江干流湿地区。河流湿地面积最大的为赣江干流湿地区，第二、第三大的为长江湿地区、南昌县零星湿地区；湖泊湿地面积最大的为鄱阳湖湿地区，第二、第三大的为鄱阳县零星湿地区、鄱阳湖国家级自然保护区湿地区；沼泽湿地面积最大的为余干县零星湿地区，第二、第三大的为鄱阳湖湿地区、南昌县零星湿地区；人工湿地(不含水稻田)面积最大的为柘林水库湿地区，第二、第三大的为鄱阳湖湿地区、丰城市零星湿地区。

表2-2　江西省各湿地区湿地概况(公顷)

序号	湿地区名称	河流湿地	湖泊湿地	沼泽湿地	人工湿地	合　计
1	长江湿地区	19066.53				19066.53
2	鄱阳湖湿地区	1436.76	165901.64	20675.79	14220.71	202234.90
3	赤湖湿地区		4528.33	21.97	261.83	4812.13
4	军山湖湿地区		14617.44			14617.44
5	赛城湖湿地区		2594.77			2594.77
6	下巢湖湿地区		138.68			138.68
7	洪门水库湿地区				6644.71	6644.71
8	江口水库湿地区				4701.70	4701.70
9	万安水库湿地区				4825.34	4825.34
10	柘林水库湿地区				24229.05	24229.05
11	鄱阳湖国家级自然保护区湿地区		34947.56	14.80		34962.36
12	鄱阳湖南矶湿地国家级自然保护区湿地区		32443.45			32443.45
13	官山国家级自然保护区湿地区	31.01				31.01
14	都昌候鸟省级自然保护区湿地区		30362.06	53.42	84.15	30499.63
15	赣江干流湿地区	36812.06	130.85	222.37	11.29	37176.57
16	信江干流湿地区	10936.94				10936.94
17	抚河干流湿地区	10404.77		54.89		10459.66
18	江西大湖江国家湿地公园湿地区	4372.28			875.91	5248.19
19	南昌市市辖区零星湿地区	969.13	1087.50	9.78	1203.55	3269.96
20	南昌县零星湿地区	11753.37	7922.36	768.51	6211.17	26655.41
21	新建县零星湿地区	3811.06	1707.18	287.28	3207.82	9013.34
22	安义县零星湿地区	1828.95	10.94		777.26	2617.15
23	进贤县零星湿地区	1156.42	6853.10	211.78	2963.62	11184.92
24	昌江区零星湿地区	1448.07	11.16		318.24	1777.47

（续）

序号	湿地区名称	河流湿地	湖泊湿地	沼泽湿地	人工湿地	合　计
25	浮梁县零星湿地区	4169.10	43.07	141.71	549.48	4903.36
26	乐平市零星湿地区	5853.66	506.62		3337.20	9697.48
27	安源区零星湿地区	158.45			44.48	202.93
28	湘东区零星湿地区	670.65	14.23		93.16	778.04
29	莲花县零星湿地区	1012.58			333.73	1346.31
30	上栗县零星湿地区	338.07	54.24		235.08	627.39
31	芦溪县零星湿地区	1098.55	19.39		240.07	1358.01
32	庐山区零星湿地区	240.59	1429.95		188.42	1858.96
33	浔阳区零星湿地区	24.30	334.50		21.01	379.81
34	九江县零星湿地区	500.62	3183.62	54.88	1597.43	5336.55
35	武宁县零星湿地区	5154.72			4075.13	9229.85
36	修水县零星湿地区	6419.11			2357.52	8776.63
37	永修县零星湿地区	4261.90	1053.33	52.76	1876.66	7244.65
38	德安县零星湿地区	709.73			484.82	1194.55
39	星子县零星湿地区	309.92	750.27	26.50	618.40	1705.09
40	都昌县零星湿地区	762.27	304.51		1957.02	3023.80
41	湖口县零星湿地区	296.59	1028.64		347.97	1673.20
42	彭泽县零星湿地区	1774.29	4697.19	581.11	2660.72	9713.31
43	瑞昌市零星湿地区	929.94	140.21		1147.39	2217.54
44	共青城零星湿地区	269.69	38.27		274.81	582.77
45	渝水区零星湿地区	2796.39	158.92		2717.52	5672.83
46	分宜县零星湿地区	1119.52	21.08		1896.10	3036.70
47	月湖区零星湿地区	140.52	141.31	10.70	193.44	485.97
48	余江县零星湿地区	1834.44	185.58		2112.46	4132.48
49	贵溪市零星湿地区	3484.43	173.78	78.13	2094.54	5830.88
50	章贡区零星湿地区	845.09	13.65		75.48	934.22
51	赣县零星湿地区	4437.37			318.83	4756.20
52	信丰县零星湿地区	3657.32			832.17	4489.49
53	大余县零星湿地区	1808.70			537.81	2346.51
54	上犹县零星湿地区	1722.79			2378.74	4101.53
55	崇义县零星湿地区	1847.59			2193.04	4040.63
56	安远县零星湿地区	2725.26			177.99	2903.25
57	龙南县零星湿地区	1963.12			66.15	2029.27
58	定南县零星湿地区	1536.53			226.64	1763.17
59	全南县零星湿地区	1599.57			259.58	1859.15

（续）

序号	湿地区名称	河流湿地	湖泊湿地	沼泽湿地	人工湿地	合 计
60	宁都县零星湿地区	6617.87			2027.13	8645.00
61	于都县零星湿地区	6491.78			397.95	6889.73
62	兴国县零星湿地区	4015.62			1985.24	6000.86
63	会昌县零星湿地区	3490.85			1502.11	4992.96
64	寻乌县零星湿地区	2131.68			367.49	2499.17
65	石城县零星湿地区	1629.86			227.13	1856.99
66	瑞金市零星湿地区	2755.40			922.31	3677.71
67	南康市零星湿地区	2929.03			342.35	3271.38
68	吉州区零星湿地区	716.68			691.16	1407.84
69	青原区零星湿地区	1075.28	9.91		929.70	2014.89
70	吉安县零星湿地区	2959.96			2451.41	5411.37
71	吉水县零星湿地区	2403.71	74.42		1423.02	3901.15
72	峡江县零星湿地区	837.35			888.22	1725.57
73	新干县零星湿地区	989.19	217.44		1533.92	2740.55
74	永丰县零星湿地区	3335.83			1385.02	4720.85
75	泰和县零星湿地区	3382.11	52.96		2162.03	5597.10
76	遂川县零星湿地区	3139.34			156.43	3295.77
77	万安县零星湿地区	1693.01	9.67		699.07	2401.75
78	安福县零星湿地区	2420.47	8.03		2399.68	4828.18
79	永新县零星湿地区	2515.78			967.86	3483.64
80	井冈山市零星湿地区	930.30			185.07	1115.37
81	袁州区零星湿地区	2263.26			1868.15	4131.41
82	奉新县零星湿地区	1960.19			1259.15	3219.34
83	万载县零星湿地区	2065.91	9.28		866.00	2941.19
84	上高县零星湿地区	2241.98	72.80		4126.37	6441.15
85	宜丰县零星湿地区	1895.41			2208.03	4103.44
86	靖安县零星湿地区	1515.19			826.90	2342.09
87	铜鼓县零星湿地区	2077.53			17.65	2095.18
88	丰城市零星湿地区	3538.66	2956.58		6914.85	13410.09
89	樟树市零星湿地区	1939.70	1275.39		3419.04	6634.13
90	高安市零星湿地区	2521.61	537.06		6360.24	9418.91
91	临川区零星湿地区	2916.00	140.82		3311.13	6367.95
92	南城县零星湿地区	4170.79			1574.16	5744.95
93	黎川县零星湿地区	1445.32			373.83	1819.15
94	南丰县零星湿地区	3019.76			850.78	3870.54

（续）

序号	湿地区名称	河流湿地	湖泊湿地	沼泽湿地	人工湿地	合 计
95	崇仁县零星湿地区	2172. 27			2094. 61	4266. 88
96	乐安县零星湿地区	2207. 94			731. 65	2939. 59
97	宜黄县零星湿地区	2201. 28			713. 28	2914. 56
98	金溪县零星湿地区	1107. 40	69. 73		1280. 86	2457. 99
99	资溪县零星湿地区	1046. 54			209. 25	1255. 79
100	东乡县零星湿地区	1183. 16	68. 72		2959. 60	4211. 48
101	广昌县零星湿地区	1747. 61			433. 13	2180. 74
102	信州区零星湿地区	344. 97			361. 26	706. 23
103	上饶县零星湿地区	2834. 26	77. 21		1648. 01	4559. 48
104	广丰县零星湿地区	1673. 74			1080. 66	2754. 40
105	玉山县零星湿地区	1842. 70	50. 46		2156. 61	4049. 77
106	铅山县零星湿地区	3015. 13	35. 04		1626. 75	4676. 92
107	横峰县零星湿地区	698. 12	18. 62		469. 94	1186. 68
108	弋阳县零星湿地区	1687. 81	169. 49		1182. 50	3039. 80
109	余干县零星湿地区	6834. 21	10408. 09	2199. 73	3898. 48	23340. 51
110	鄱阳县零星湿地区	10624. 19	39966. 56	360. 99	6314. 64	57266. 38
111	万年县零星湿地区	1962. 22	286. 44		2406. 29	4654. 95
112	婺源县零星湿地区	3962. 06			1796. 05	5758. 11
113	德兴市零星湿地区	3068. 35	26. 82		1352. 61	4447. 78
总 计		310747. 09	374090. 92	25827. 10	199394. 10	910059. 21

4 各流域的湿地类及面积

根据《全国湿地资源调查实施细则》(以下简称《实施细则》)，江西省涉及 3 个一级流域、8 个二级流域和 17 个三级流域(表 2-3)。

4.1 一级流域

一级流域主要包括东南诸河、珠江区和长江区。

4.1.1 东南诸河

江西省境内东南诸河流域湿地总面积为 44.73 公顷，占江西省湿地总面积的 0.004%，湿地类型为以钱塘江的支流双港河为主的河流湿地。

4.1.2 珠江区

珠江区流域在江西省有 3 个二级流域。该区湿地总面积为 0.46 万公顷，占全省湿地总面积的 0.51%。湿地类有河流湿地和湖泊湿地。其中，河流湿地 0.40 万公顷，人工湿地 0.06 万公顷。主要河流湿地有北江、东江、韩江及粤东诸河等。

4.1.3 长江区

长江区流域涉及江西省11个设区市，在全省有4个二级流域。湿地总面积为90.54万公顷，占全省湿地总面积的99.49%。其中，河流湿地30.68万公顷、湖泊湿地37.41万公顷，沼泽湿地2.58万公顷，人工湿地19.88万公顷。

表2-3 江西省各流域湿地概况（公顷）

一级流域	二级流域	三级流域	河流湿地	湖泊湿地	沼泽湿地	人工湿地	合 计
东南诸河	钱塘江	富春江水库以上	44.73				44.73
珠江区	北江	北江大坑口以上	17.34			8.46	25.80
	东江	东江秋香江口以上	3908.40			615.51	4523.91
	韩江及粤东诸河	韩江白莲以上	12.16			9.87	22.03
	共 计		3937.90			633.84	4571.74
长江区	洞庭湖水系	洞庭湖环湖区	245.75			9.24	254.99
		湘江衡阳以下	1547.18	68.47		480.15	2095.80
		小 计	1792.93	68.47		489.39	2350.79
	鄱阳湖水系	饶河	18783.04	499.74	141.71	7875.54	27300.03
		鄱阳湖环湖区	66042.29	349375.44	24716.23	51677.51	491811.47
		修河	20707.20	754.40		37482.11	58943.71
		信江	23680.65	840.79	88.83	12888.72	37498.99
		赣江峡江以下	33544.78	4283.21	222.37	29974.27	68024.63
		抚河	25777.91	232.22		17933.81	43943.94
		赣江栋背至峡江	37652.17	145.32		14540.66	52338.15
		赣江栋背以上	56433.75	23.32		20323.62	76780.69
		小 计	282621.79	356154.44	25169.14	192696.24	856641.61
	宜昌至湖口	城陵矶至湖口右岸	1512.83	12311.84	54.88	2723.35	16602.90
	湖口以下干流	巢滁皖及沿江诸河	16974.31		21.97	172.35	17168.63
		青弋江和水阳江及沿江诸河	3862.60	5556.17	581.11	2678.93	12678.81
		小 计	20836.91	5556.17	603.08	2851.28	29847.44
	共 计		306764.46	374090.92	25827.10	198760.26	905442.74
总 计			310747.09	374090.92	25827.10	199394.10	910059.21

4.2 二级流域

二级流域主要包括江西省境内钱塘江、北江、东江、韩江及粤东诸河、洞庭湖水系、鄱阳湖水系、宜昌至湖口干流、湖口以下干流。二级流域中湿地面积最大的为鄱阳湖水系。

4.2.1 钱塘江

钱塘江流域在江西省境内湿地总面积为44.73公顷，均为河流湿地。

4.2.2 北 江

北江流域在江西省境内湿地总面积为25.80公顷。其中，河流湿地17.34公顷、人工湿地8.46公顷。

4.2.3 东 江

东江流域在江西省境内湿地总面积为4523.91公顷。其中，河流湿地3908.40万公顷，人工湿地615.51万公顷。

4.2.4 韩江及粤东诸河

韩江及粤东诸河在江西省境内湿地总面积为22.03公顷，其中河流湿地12.16公顷，人工湿地9.87公顷。

4.2.5 洞庭湖水系

洞庭湖水系在江西省境内湿地总面积为2350.79公顷，其中河流湿地1792.93公顷，湖泊湿地68.47公顷，人工湿地489.39万公顷。

4.2.6 鄱阳湖水系

鄱阳湖水系是以鄱阳湖为汇集中心的辐聚水系，由赣江、抚河、信江、饶河、修河和环湖直接入湖河流如博阳河等及鄱阳湖共同组成。各河来水汇集鄱阳湖后，经调蓄再于江西省湖口注入长江。全省主要湿地分布在此流域，湿地总面积为85.66万公顷，占全省湿地总面积的94.13%。其中，河流湿地28.26万公顷，占全省总河流湿地面积的90.95%；湖泊湿地35.61万公顷，占全省总湖泊湿地面积的95.21%；沼泽湿地2.52万公顷，占全省总沼泽湿地面积的97.45%；人工湿地19.27万公顷，占全省总人工湿地面积的96.64%。

4.2.7 宜昌至湖口干流

宜昌至湖口干流段湿地总面积为1.66万公顷。其中，河流湿地1512.83公顷，湖泊湿地1.23万公顷，沼泽湿地54.88公顷，人工湿地2723.35公顷。

4.2.8 湖口以下干流

湖口以下干流流域湿地总面积为2.98万公顷。其中，河流湿地2.08万公顷，湖泊湿地5556.17万公顷，沼泽湿地603.08万公顷，人工湿地2851.28万公顷。

4.3 三级流域

江西省有17个三级流域。在三级流域中，湿地面积最大的为鄱阳湖环湖区，面积49.18万公顷，占湿地总面积的54.04%，以湖泊湿地为主，湖泊湿地面积34.94万公顷，占该流域湿地面积的71.05%。湿地面积第二大和第三大的分别为赣江栋背以上和赣江峡江以下流域，主要以河流湿地为主。赣江栋背以上流域湿地面积7.68万公顷。其中，河流湿地5.64万公顷，占该流域湿地面积的73.44%。赣江峡江以下流域湿地面积6.80万公顷。其中，河流湿地3.35万公顷，占该流域湿地面积的49.31%。

5 各行政区的湿地类及面积

5.1 各设区市的湿地类及面积

江西省11个设区市湿地面积最大的为九江市，第二和第三为上饶市、南昌市（表2-4，图2-8）。

表2-4 江西省各设区市湿地概况

设区市＼湿地类	河流湿地	湖泊湿地	沼泽湿地	人工湿地	合 计
九江市	40824.23	174596.91	1765.71	47631.69	264818.54
上饶市	47082.74	96926.51	14156.15	33065.15	191230.55
南昌市	33842.21	95603.02	9452.33	14374.71	153272.27
赣州市	56577.71	13.65		15714.05	72305.41
吉安市	44501.17	384.98		20697.93	65584.08
宜春市	31341.05	4957.20	222.37	27866.38	64387.00
抚州市	29550.75	279.27		21176.99	51007.01
景德镇市	11470.83	560.85	141.71	4204.92	16378.31
新余市	3915.91	180.00		9315.32	13411.23
鹰潭市	8362.19	500.67	88.83	4400.44	13352.13
萍乡市	3278.30	87.86		946.52	4312.68
总 计	310747.09	374090.92	25827.10	199394.10	910059.21

九江市湿地面积为26.48万公顷。其中，湖泊湿地17.46万公顷，人工湿地4.76万公顷，均为江西省同类湿地面积最大市，分别占全省同类湿地的46.65%和23.89%。境内有鄱阳湖国家级自然保护区、都昌候鸟省级自然保护区和江西省太泊湖候鸟县级自然保护区等湿地保护区。鄱阳湖是国际重要湿地，是全省湿地生物多样性最丰富的区域之一。

上饶市湿地面积为19.12万公顷。其中，湖泊湿地9.69万公顷，是江西省该类湿地面积第二大的市；河流湿地面积4.71万公顷，也列全省第二；沼泽湿地1.42万公顷，列全省第一；人工湿地面积3.31万公顷，列全省第二。境内有鄱阳县白沙洲县级自然保护区、余干县康山湖群县级自然保护区。

南昌市湿地面积为15.33万公顷。其中，河流湿地面积3.38万公顷；湖泊湿地9.56万公顷；列全省第三沼泽湿地面积0.95万公顷，列全省第二。境内有鄱阳湖南矶湿地国家级自然保护区、青岚湖省级自然保护区、南昌县三湖县级自然保护区和南昌市高新区瑶湖县级自然保护区等湿地保护区。

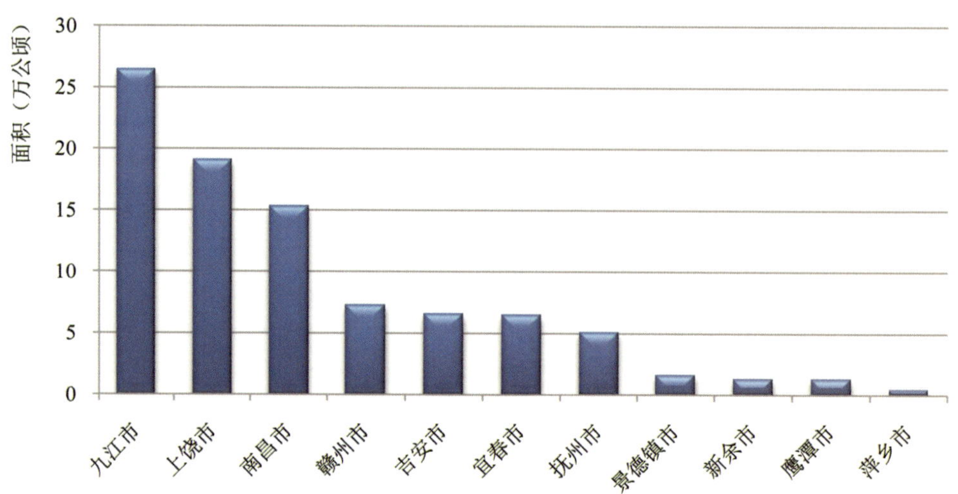

图 **2-8** 江西省 **11** 个设区市湿地面积排序

5.2 各县(市、区)的湿地类及面积

各县(市、区)所拥有的湿地类及面积见表 2-5。

表 2-5 江西省 95 个县(市、区)湿地概况

序 号	行政区	河流湿地	湖泊湿地	沼泽湿地	人工湿地	合 计
1	南昌市市辖区	2306.55	1087.50	9.78	1203.55	4607.38
2	南昌县	16164.83	14157.66	6114.75	6211.17	42648.41
3	新建县	9664.80	46866.16	387.69	3219.11	60137.76
4	安义县	1828.95	10.94		777.26	2617.15
5	进贤县	3877.08	33480.76	2940.11	2963.62	43261.57
6	昌江区	1448.07	11.16		318.24	1777.47
7	浮梁县	4169.10	43.07	141.71	549.48	4903.36
8	乐平市	5853.66	506.62		3337.20	9697.48
9	安源区	158.45			44.48	202.93
10	湘东区	670.65	14.23		93.16	778.04
11	莲花县	1012.58			333.73	1346.31
12	上栗县	338.07	54.24		235.08	627.39
13	芦溪县	1098.55	19.39		240.07	1358.01
14	庐山区	1395.11	9859.26		648.67	11903.04
15	浔阳区	1192.50	334.50		21.01	1548.01
16	九江县	6530.08	7580.08	76.85	1641.48	15828.49
17	武宁县	5154.72			20573.98	25728.70

（续）

序 号	行政区	河流湿地	湖泊湿地	沼泽湿地	人工湿地	合 计
18	修水县	6419.11			2357.52	8776.63
19	永修县	4261.90	34252.81	52.76	9606.86	48174.33
20	德安县	709.73			484.82	1194.55
21	星子县	309.92	24353.11	50.71	636.25	25349.99
22	都昌县	840.95	73994.12	770.87	6817.84	82423.78
23	湖口县	2077.89	12857.23		542.56	15477.68
24	彭泽县	10101.55	4697.19	581.11	2660.72	18040.57
25	瑞昌市	1535.73	3005.53		1365.17	5906.43
26	共青城	295.04	3663.08	233.41	274.81	4466.34
27	渝水区	2796.39	158.92		4643.95	7599.26
28	分宜县	1119.52	21.08		4671.37	5811.97
29	月湖区	752.21	141.31	10.70	193.44	1097.66
30	余江县	2754.09	185.58		2112.46	5052.13
31	贵溪市	4855.89	173.78	78.13	2094.54	7202.34
32	章贡区	1867.77	13.65		75.48	1956.90
33	赣县	7786.97			1194.74	8981.71
34	信丰县	3657.32			832.17	4489.49
35	大余县	1808.70			537.81	2346.51
36	上犹县	1722.79			2378.74	4101.53
37	崇义县	1847.59			2193.04	4040.63
38	安远县	2725.26			177.99	2903.25
39	龙南县	1963.12			66.15	2029.27
40	定南县	1536.53			226.64	1763.17
41	全南县	1599.57			259.58	1859.15
42	宁都县	6617.87			2027.13	8645.00
43	于都县	6491.78			397.95	6889.73
44	兴国县	4015.62			1985.24	6000.86
45	会昌县	3490.85			1502.11	4992.96
46	寻乌县	2131.68			367.49	2499.17
47	石城县	1629.86			227.13	1856.99
48	瑞金市	2755.40			922.31	3677.71
49	南康市	2929.03			342.35	3271.38
50	吉州区	1609.99			691.16	2301.15
51	青原区	2391.60	9.91		929.70	3331.21
52	吉安县	3706.25			2451.41	6157.66

（续）

序　号	行政区	河流湿地	湖泊湿地	沼泽湿地	人工湿地	合　计
53	吉水县	5632.54	74.42		1423.02	7129.98
54	峡江县	3342.18			888.22	4230.40
55	新干县	4384.98	229.99		1533.92	6148.89
56	永丰县	3335.83			1385.02	4720.85
57	泰和县	6906.28	52.96		2162.03	9121.27
58	遂川县	3139.34			156.43	3295.77
59	万安县	4185.63	9.67		5524.41	9719.71
60	安福县	2420.47	8.03		2399.68	4828.18
61	永新县	2515.78			967.86	3483.64
62	井冈山市	930.30			185.07	1115.37
63	袁州区	2263.26			1868.15	4131.41
64	奉新县	1960.19			1259.15	3219.34
65	万载县	2065.91	9.28		866.00	2941.19
66	上高县	2241.98	72.80		4126.37	6441.15
67	宜丰县	1910.22			2208.03	4118.25
68	靖安县	1515.19			826.90	2342.09
69	铜鼓县	2093.73			17.65	2111.38
70	丰城市	9928.96	3062.67	222.37	6914.85	20128.85
71	樟树市	4840.00	1275.39		3419.04	9534.43
72	高安市	2521.61	537.06		6360.24	9418.91
73	临川区	7658.18	140.82		3311.13	11110.13
74	南城县	4170.79			5685.34	9856.13
75	黎川县	1445.32			2907.36	4352.68
76	南丰县	3019.76			850.78	3870.54
77	崇仁县	2172.27			2094.61	4266.88
78	宜黄县	2201.28			713.28	2914.56
79	乐安县	2207.94			731.65	2939.59
80	资溪县	1046.54			209.25	1255.79
81	金溪县	2697.90	69.73		1280.86	4048.49
82	东乡县	1183.16	68.72		2959.60	4211.48
83	广昌县	1747.61			433.13	2180.74
84	信州区	1021.36			361.26	1382.62
85	上饶县	3212.88	77.21		1648.01	4938.10

（续）

序　号	行政区	河流湿地	湖泊湿地	沼泽湿地	人工湿地	合　计
86	广丰县	1795.29			1080.66	2875.95
87	玉山县	1917.04	50.46		2156.61	4124.11
88	铅山县	4159.37	35.04		1626.75	5821.16
89	横峰县	847.77	18.62		469.94	1336.33
90	弋阳县	3883.93	169.49		1182.50	5235.92
91	余干县	10628.28	40101.74	7118.05	12669.83	70517.90
92	鄱阳县	10624.19	56160.69	7038.10	6314.64	80137.62
93	万年县	1962.22	286.44		2406.29	4654.95
94	婺源县	3962.06			1796.05	5758.11
95	德兴市	3068.35	26.82		1352.61	4447.78
总　计		310747.09	374090.92	25827.10	199394.10	910059.21

第二节
湿地分布规律

1　河流湿地

江西省河流密布。全省共有大小河流2400多条。控制流域面积达0.10万公顷以上的河流有3771条，控制流域面积达1万公顷以上的河流有426条。其中，1万～10万公顷的河流有384条，10万～100万公顷的河流有37条。大于100万公顷的河流有赣江、抚河、信江、饶河、修水5条（以下简称“五河”）。五河总计控制流域面积1469.98万公顷，占鄱阳湖水系总面积的90.60%。

1.1　河流湿地的湿地型及面积

据本次调查，江西省平均宽度大于10米，长度大于5000米的河流湿地斑块有6172个，河流湿地面积31.07万公顷，包括永久性河流和洪泛平原湿地2个湿地型。江西省的河流绝大部分流入鄱阳湖，经鄱阳湖调蓄后，从湖口流入长江。鄱阳湖水系以赣江、抚河、信江、饶河及修河五大河流为主体，还有少量直接流入湖区的中小河流。

1.1.1　永久性河流

永久性河流湿地指常年有河水径流的河流，仅指河床部分。全省永久性河流湿地面积有270327.13公顷，占河流湿地总面积的86.99%（图2-9）。

1.1.2　洪泛平原

洪泛平原指在丰水季节由洪水泛滥形成的河滩、河心洲、河谷、季节性泛滥的草地以及保持了常年或季节性被水浸润的内陆三角洲。全省洪泛平原湿地面积40419.96公顷，占河流湿地总面积的 13.01%(图 2-9)。

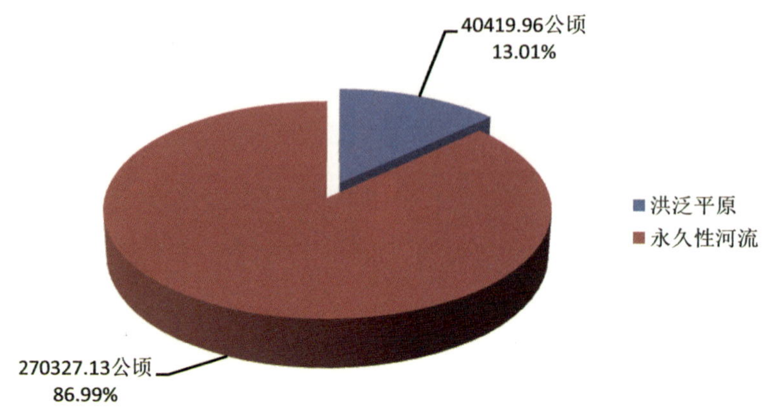

图 **2-9** 江西省河流湿地型面积与比例构成

1.2 各流域的河流湿地型及面积

江西省有 3 个一级流域、8 个二级流域和 17 个三级流域。一级流域中东南诸河河流湿地 44.73 公顷，珠江区河流湿地 0.39 万公顷，长江区河流湿地 30.68 万公顷(表 2-6)。江西省河流较多，其中长江区流域面积最大，区内有大量河流分布。河网密度最高的为长江区的鄱阳湖环湖区、赣江栋背以上流域、赣江栋背至峡江流域和赣江峡江以下流域，主要涉及赣州、上饶、吉安、南昌、宜春、抚州、景德镇 7 个设区市。从不同的三级流域来分析，各个流域中，永久性河流湿地面积最大的是鄱阳湖环湖区流域，其次是赣江栋背以上流域，第三大的是赣江栋背至峡江流域，最小的是洞庭湖环湖区流域；洪泛平原主要分布在鄱阳湖水系，面积最大的也是鄱阳湖环湖区流域，第二大的是赣江峡江以下流域，第三大的是抚河流域。

1.3 各湿地区的河流湿地型及面积

江西省 113 个湿地区中，有河流湿地分布的有 102 个(表 2-7)。江西地处长江中下游，按湿地区不同进行分析，河流湿地面积最大的为赣江干流湿地区，总面积 3.68 万公顷，占河流湿地的 11.85%。其后依次为长江江西段湿地区、南昌县零星湿地区、信江干流湿地区等。在各个湿地区中，按湿地型不同进行分析，永久性河流湿地面积最大的为赣江干流湿地区，其后依次为长江江西段湿地区、南昌县零星湿地区、鄱阳县零星湿地区等；洪泛平原湿地面积最大的为赣江干流湿地区，其后依次为长江江西段湿地区、抚河干流湿地区、信江干流湿地区等。

洪泛平原湿地面积占河流湿地 30% 以上的湿地区除赣江干流湿地区、抚河干流湿地区之外还有进贤县零星湿地区、南昌市市辖区零星湿地区、余江县零星湿地区。其中，进贤县洪泛平原湿地面积 0.05 万公顷，占河流湿地面积的 43.56%；南昌市市辖区洪泛平原湿地面积 0.04 万公顷，占河流湿地面积的 36.73%；余江县洪泛平原湿地面积 0.06 万公顷，占河流湿地面积的 31.23%。

表 2-6 江西省各流域河流湿地分布概况(公顷)

一级流域	二级流域	三级流域	河流湿地		
			永久性河流	洪泛平原	合 计
东南诸河	钱塘江	富春江水库以上	44.73		44.73
珠江区	北江	北江大坑口以上	17.34		17.34
	东江	东江秋香江口以上	3908.40		3908.40
	韩江及粤东诸河	韩江白莲以上	12.16		12.16
		小 计	3937.90		3937.90
长江区	洞庭湖水系	洞庭湖环湖区	245.75		245.75
		湘江衡阳以下	1547.18		1547.18
		小 计	1792.93		1792.93
	鄱阳湖水系	饶河	17292.05	1490.99	18783.04
		鄱阳湖环湖区	53603.95	12438.34	66042.29
		修河	19245.45	1461.75	20707.20
		信江	20873.80	2806.85	23680.65
		赣江峡江以下	28091.90	5452.88	33544.78
		抚河	21692.39	4085.52	25777.91
		赣江栋背至峡江	32450.57	5201.60	37652.17
		赣江栋背以上	53551.99	2881.76	56433.75
		小 计	246802.10	35819.69	282621.79
	宜昌至湖口	城陵矶至湖口右岸	1512.83		1512.83
	湖口以下干流	巢滁皖及沿江诸河	14959.14	2015.17	16974.31
		青弋江和水阳江及沿江诸河	1277.50	2585.10	3862.60
		小 计	16236.64	4600.27	20836.91
	共 计		26634.50	40419.96	306764.46
总 计			270327.13	40419.96	310747.09

表 2-7 江西省各湿地区河流湿地分布概况(公顷)

序 号	湿地区名称	河流湿地		
		永久性河流	洪泛平原	合 计
1	长江湿地区	14771.94	4294.59	19066.53
2	鄱阳湖湿地区	1303.80	132.96	1436.76
3	官山国家级自然保护区湿地区	31.01		31.01

（续）

序　号	湿地区名称	河流湿地		
		永久性河流	洪泛平原	合　计
4	赣江干流湿地区	24980.04	11832.02	36812.06
5	信江干流湿地区	8568.37	2368.57	10936.94
6	抚河干流湿地区	6369.74	4035.03	10404.77
7	大湖江国家湿地公园湿地区	4089.71	282.57	4372.28
8	南昌市市辖区零星湿地区	613.19	355.94	969.13
9	南昌县零星湿地区	10335.99	1417.38	11753.37
10	新建县零星湿地区	3291.30	519.76	3811.06
11	安义县零星湿地区	1403.88	425.07	1828.95
12	进贤县零星湿地区	652.66	503.76	1156.42
13	昌江区零星湿地区	1432.44	15.63	1448.07
14	浮梁县零星湿地区	4007.25	161.85	4169.10
15	乐平市零星湿地区	5021.60	832.06	5853.66
16	安源区零星湿地区	158.45		158.45
17	湘东区零星湿地区	670.65		670.65
18	莲花县零星湿地区	1012.58		1012.58
19	上栗县零星湿地区	338.07		338.07
20	芦溪县零星湿地区	1078.40	20.15	1098.55
21	庐山区零星湿地区	240.59		240.59
22	浔阳区零星湿地区	24.30		24.30
23	九江县零星湿地区	500.62		500.62
24	武宁县零星湿地区	5087.17	67.55	5154.72
25	修水县零星湿地区	6384.30	34.81	6419.11
26	永修县零星湿地区	3176.35	1085.55	4261.90
27	德安县零星湿地区	709.73		709.73
28	星子县零星湿地区	309.92		309.92
29	都昌县零星湿地区	762.27		762.27
30	湖口县零星湿地区	284.83	11.76	296.59
31	彭泽县零星湿地区	1468.61	305.68	1774.29
32	瑞昌市零星湿地区	929.94		929.94
33	共青城零星湿地区	269.69		269.69
34	渝水区零星湿地区	2466.82	329.57	2796.39

（续）

序　号	湿地区名称	河流湿地		
		永久性河流	洪泛平原	合　计
35	分宜县零星湿地区	1119.52		1119.52
36	月湖区零星湿地区	140.52		140.52
37	余江县零星湿地区	1261.55	572.89	1834.44
38	贵溪市零星湿地区	3372.02	112.41	3484.43
39	章贡区零星湿地区	845.09		845.09
40	赣县零星湿地区	4082.03	355.34	4437.37
41	信丰县零星湿地区	3482.99	174.33	3657.32
42	大余县零星湿地区	1808.70		1808.70
43	上犹县零星湿地区	1722.79		1722.79
44	崇义县零星湿地区	1847.59		1847.59
45	安远县零星湿地区	2725.26		2725.26
46	龙南县零星湿地区	1963.12		1963.12
47	定南县零星湿地区	1536.53		1536.53
48	全南县零星湿地区	1599.57		1599.57
49	宁都县零星湿地区	6057.24	560.63	6617.87
50	于都县零星湿地区	5792.17	699.61	6491.78
51	兴国县零星湿地区	3785.40	230.22	4015.62
52	会昌县零星湿地区	3307.18	183.67	3490.85
53	寻乌县零星湿地区	2131.68		2131.68
54	石城县零星湿地区	1629.86		1629.86
55	瑞金市零星湿地区	2755.40		2755.40
56	南康市零星湿地区	2863.37	65.66	2929.03
57	吉州区零星湿地区	527.41	189.27	716.68
58	青原区零星湿地区	1075.28		1075.28
59	吉安县零星湿地区	2814.41	145.55	2959.96
60	吉水县零星湿地区	2373.64	30.07	2403.71
61	峡江县零星湿地区	837.35		837.35
62	新干县零星湿地区	989.19		989.19
63	永丰县零星湿地区	2999.12	336.71	3335.83
64	泰和县零星湿地区	2927.36	454.75	3382.11
65	遂川县零星湿地区	3096.08	43.26	3139.34

（续）

序　号	湿地区名称	河流湿地		
		永久性河流	洪泛平原	合　计
66	万安县零星湿地区	1507.71	185.30	1693.01
67	安福县零星湿地区	2402.69	17.78	2420.47
68	永新县零星湿地区	2515.78		2515.78
69	井冈山市零星湿地区	930.30		930.30
70	袁州区零星湿地区	2216.32	46.94	2263.26
71	奉新县零星湿地区	1960.19		1960.19
72	万载县零星湿地区	2065.91		2065.91
73	上高县零星湿地区	1991.75	250.23	2241.98
74	宜丰县零星湿地区	1860.72	34.69	1895.41
75	靖安县零星湿地区	1515.19		1515.19
76	铜鼓县零星湿地区	2077.53		2077.53
77	丰城市零星湿地区	3457.75	80.91	3538.66
78	樟树市零星湿地区	1669.63	270.07	1939.70
79	高安市零星湿地区	2412.69	108.92	2521.61
80	临川区零星湿地区	2557.22	358.78	2916.00
81	南城县零星湿地区	3600.30	570.49	4170.79
82	黎川县零星湿地区	1445.32		1445.32
83	南丰县零星湿地区	2434.35	585.41	3019.76
84	崇仁县零星湿地区	1987.90	184.37	2172.27
85	乐安县零星湿地区	2040.23	167.71	2207.94
86	宜黄县零星湿地区	2093.96	107.32	2201.28
87	金溪县零星湿地区	1107.40		1107.40
88	资溪县零星湿地区	1046.54		1046.54
89	东乡县零星湿地区	1183.16		1183.16
90	广昌县零星湿地区	1541.24	206.37	1747.61
91	信州区零星湿地区	325.34	19.63	344.97
92	上饶县零星湿地区	2710.04	124.22	2834.26
93	广丰县零星湿地区	1673.74		1673.74
94	玉山县零星湿地区	1842.70		1842.70
95	铅山县零星湿地区	2494.50	520.63	3015.13
96	横峰县零星湿地区	684.25	13.87	698.12

（续）

序　号	湿地区名称	河流湿地		
		永久性河流	洪泛平原	合　计
97	弋阳县零星湿地区	1675.49	12.32	1687.81
98	余干县零星湿地区	5510.45	1323.76	6834.21
99	鄱阳县零星湿地区	9096.74	1527.45	10624.19
100	万年县零星湿地区	1927.51	34.71	1962.22
101	婺源县零星湿地区	3708.99	253.07	3962.06
102	德兴市零星湿地区	2839.97	228.38	3068.35
总　计		270327.13	40419.96	310747.09

1.4　各行政区的河流湿地型及面积

江西省河流湿地面积最大的设区市为赣州市，面积5.66万公顷；第二为上饶市，面积达4.71万公顷；第三为吉安市面积达4.45万公顷。江西省11个设区市河流湿地面积分布见表2-8。

表2-8　江西省各设区市河流湿地分布概况（公顷）

设区市	河流湿地		
	永久性河流	洪泛平原	合　计
九江市	35024.29	5799.94	40824.23
上饶市	40932.05	6150.69	47082.74
南昌市	26065.75	7776.46	33842.21
赣州市	54025.68	2552.03	56577.71
吉安市	38445.06	6056.11	44501.17
宜春市	26168.66	5172.39	31341.05
抚州市	24996.75	4554.00	29550.75
景德镇市	10461.29	1009.54	11470.83
新余市	3586.34	329.57	3915.91
鹰潭市	7363.11	999.08	8362.19
萍乡市	3258.15	20.15	3278.30
总　计	270327.13	40419.96	310747.09

2　湖泊湿地

2.1　湖泊湿地的湿地型及面积

湖泊湿地为由地面上大小形状不一、充满水体的天然洼地组成的湿地，包括各种天然湖、池、荡、泡、海、淀、洼、潭、泊等各种水体名称。江西省的湖泊湿地主要包括永久性淡水湖和季节性淡水湖2种类型。江西省境内湖泊众多，境内湖泊湿地面积约有37.41万公顷。常年水面面积在0.02万公顷以上的湖泊79个。

2.1.1 永久性淡水湖

永久性淡水湖指由淡水组成的永久性湖泊。江西省永久性淡水湖面积37.40万公顷，占湖泊湿地总面积的99.97%。

2.1.2 季节性淡水湖

季节性淡水湖指由淡水组成的季节性或间歇性淡水湖(泛滥平原湖)。江西省季节性淡水湖面积87.14公顷，占湖泊湿地总面积的0.03%。

2.2 各流域湖泊湿地的湿地型及面积

江西省有3个一级流域，8个二级流域和17个三级流域。一级流域中只有长江区水系存在湖泊湿地，面积37.41万公顷。从不同的三级流域来分析，各流域中湖泊湿地面积最大的为鄱阳湖环湖区，面积34.94万公顷，占全省湖泊湿地面积的93.40%。其后依次为城陵矶至湖口右岸、青弋江和水阳江及沿江诸河。江西省各流域湖泊湿地分布情况见表2-9。

表2-9 江西省各流域湖泊湿地分布概况(公顷)

一级流域	二级流域	三级流域	湖泊湿地		
			永久性淡水湖	季节性淡水湖	合 计
长江区	洞庭湖水系	湘江衡阳以下	68.47		68.47
	鄱阳湖水系	饶河	499.74		499.74
		鄱阳湖环湖区	349288.30	87.14	349375.44
		修河	754.40		754.40
		信江	840.79		840.79
		赣江峡江以下	4283.21		4283.21
		抚河	232.22		232.22
		赣江栋背至峡江	145.32		145.32
		赣江栋背以上	23.32		23.32
		小 计	356067.30	87.14	356154.44
	宜昌至湖口	城陵矶至湖口右岸	12311.84		12311.84
	湖口以下干流	青弋江和水阳江及沿江诸河	5556.17		5556.17
总 计			374003.78	87.14	374090.92

2.3 各湿地区湖泊湿地的湿地型及面积

根据对不同湿地区的分析，江西省113个湿地区中有59个湿地区有湖泊湿地类型，其中面积最大的为鄱阳湖湿地区，面积达16.59万公顷(范围内的其他湿地区面积除外)，其后依次为鄱阳县零星湿地区 4.00 万公顷、鄱阳湖国家级自然保护区湿地区 2.24 万公顷，见表 2-10。

表 2-10　江西省各湿地区湖泊湿地分布概况(公顷)

序　号	湿地区名称	湖泊湿地		
		永久性淡水湖	季节性淡水湖	合　计
1	鄱阳湖湿地区	165839.79	61.85	165901.64
2	赤湖湿地区	4528.33		4528.33
3	军山湖湿地区	14617.44		14617.44
4	赛城湖湿地区	2594.77		2594.77
5	下巢湖湿地区	138.68		138.68
6	鄱阳湖国家级自然保护区湿地区	34947.56		34947.56
7	鄱阳湖南矶湿地国家级自然保护区湿地区	32443.45		32443.45
8	都昌候鸟省级自然保护区湿地区	30362.06		30362.06
9	赣江干流湿地区	130.85		130.85
10	南昌市市辖区零星湿地区	1087.50		1087.50
11	南昌县零星湿地区	7922.36		7922.36
12	新建县零星湿地区	1707.18		1707.18
13	安义县零星湿地区	10.94		10.94
14	进贤县零星湿地区	6853.10		6853.10
15	昌江区零星湿地区	11.16		11.16
16	浮梁县零星湿地区	43.07		43.07
17	乐平市零星湿地区	506.62		506.62
18	湘东区零星湿地区	14.23		14.23
19	上栗县零星湿地区	54.24		54.24
20	芦溪县零星湿地区	19.39		19.39
21	庐山区零星湿地区	1417.24	12.71	1429.95
22	浔阳区零星湿地区	334.50		334.50
23	九江县零星湿地区	3183.62		3183.62
24	永修县零星湿地区	1053.33		1053.33
25	星子县零星湿地区	737.69	12.58	750.27
26	都昌县零星湿地区	304.51		304.51
27	湖口县零星湿地区	1028.64		1028.64
28	彭泽县零星湿地区	4697.19		4697.19
29	瑞昌市零星湿地区	140.21		140.21

（续）

序 号	湿地区名称	湖泊湿地		
		永久性淡水湖	季节性淡水湖	合 计
30	共青城零星湿地区	38. 27		38. 27
31	渝水区零星湿地区	158. 92		158. 92
32	分宜县零星湿地区	21. 08		21. 08
33	月湖区零星湿地区	141. 31		141. 31
34	余江县零星湿地区	185. 58		185. 58
35	贵溪市零星湿地区	173. 78		173. 78
36	章贡区零星湿地区	13. 65		13. 65
37	青原区零星湿地区	9. 91		9. 91
38	吉水县零星湿地区	74. 42		74. 42
39	新干县零星湿地区	217. 44		217. 44
40	泰和县零星湿地区	52. 96		52. 96
41	万安县零星湿地区	9. 67		9. 67
42	安福县零星湿地区	8. 03		8. 03
43	万载县零星湿地区	9. 28		9. 28
44	上高县零星湿地区	72. 80		72. 80
45	丰城市零星湿地区	2956. 58		2956. 58
46	樟树市零星湿地区	1275. 39		1275. 39
47	高安市零星湿地区	537. 06		537. 06
48	临川区零星湿地区	140. 82		140. 82
49	金溪县零星湿地区	69. 73		69. 73
50	东乡县零星湿地区	68. 72		68. 72
51	上饶县零星湿地区	77. 21		77. 21
52	玉山县零星湿地区	50. 46		50. 46
53	铅山县零星湿地区	35. 04		35. 04
54	横峰县零星湿地区	18. 62		18. 62
55	弋阳县零星湿地区	169. 49		169. 49
56	余干县零星湿地区	10408. 09		10408. 09
57	鄱阳县零星湿地区	39966. 56		39966. 56
58	万年县零星湿地区	286. 44		286. 44
59	德兴市零星湿地区	26. 82		26. 82
总 计		374003. 78	87. 14	374090. 90

2.4 各行政区的湖泊湿地型及面积

江西省湖泊湿地面积最大的设区市为九江市，面积 17.46 万公顷，其中，永久性湖泊为 17.45 万公顷，季节性淡水湖为 87.14 万公顷；第二为上饶市 9.69 万公顷，均为永久性湖泊；第三为南昌市 9.56 万公顷，均为永久性湖泊。湖泊湿地面积最小的设区市为赣州市，有 13.65 公顷（表 2-11）。

表 2-11 江西省各设区市湖泊湿地分布概况（公顷）

设区市	湖泊湿地		
	永久性淡水湖	季节性淡水湖	合 计
九江市	174509.77	87.14	174596.91
上饶市	96926.51		96926.51
南昌市	95603.02		95603.02
赣州市	13.65		13.65
吉安市	384.98		384.98
宜春市	4957.20		4957.20
抚州市	279.27		279.27
景德镇市	560.85		560.85
新余市	180.00		180.00
鹰潭市	500.67		500.67
萍乡市	87.86		87.86
总 计	374003.78	87.14	374090.92

3 沼泽湿地

3.1 沼泽湿地的湿地型及面积

江西省沼泽湿地面积 2.58 万公顷，均为草本沼泽。主要分布于鄱阳湖等大型湖泊洲滩。

3.2 各流域的沼泽湿地型及面积

江西省有 3 个一级流域，8 个二级流域和 17 个三级流域。一级流域中只有长江区存在沼泽湿地，面积 2.58 万公顷。从不同的三级流域来分析，各个流域中鄱阳湖水系沼泽湿地面积为 2.52 万公顷，占全省沼泽湿地的 97.45%；湖口以下干流面积为 0.06 万公顷，占 2.34%；宜昌至湖口面积为 54.88 公顷，占 0.21%（表 2-12）。

表 2-12 江西省各流域沼泽湿地分布概况(公顷)

一级流域	二级流域	三级流域	草本沼泽
长江区	鄱阳湖水系	饶河	141.71
		鄱阳湖环湖区	24716.23
		信江	88.83
		赣江峡江以下	222.37
		小　计	25169.14
	宜昌至湖口	城陵矶至湖口右岸	54.88
	湖口以下干流	巢滁皖及沿江诸河	21.97
		青弋江和水阳江及沿江诸河	581.11
		小　计	603.08
总　计			25827.10

3.3 各湿地区的沼泽湿地型及面积

江西省113个湿地区中仅有19个有沼泽湿地，且均为草本沼泽。从不同湿地区来分析，面积最大的为鄱阳湖湿地区，有2.07万公顷，占全省沼泽湿地的80.05%；第二大为余干县零星湿地区，有0.22万公顷，占8.52%；第三大为南昌县零星湿地区，有0.08万公顷，占全省沼泽湿地的2.98%。根据沼泽湿地分布特点来分析，主要集中在鄱阳湖环湖区域内；少量分布在排水不畅的山间，如东乡县岗上积镇的野生稻群落，面积约为2公顷(表2-13)。

表 2-13 江西省各湿地区沼泽湿地分布概况(公顷)

序　号	湿地区名称	草本沼泽
1	鄱阳湖湿地区	20675.79
2	赤湖湿地区	21.97
3	鄱阳湖国家级自然保护区湿地区	14.80
4	都昌候鸟省级自然保护区湿地区	53.42
5	赣江干流湿地区	222.37
6	抚河干流湿地区	54.89
7	南昌市市辖区零星湿地区	9.78
8	南昌县零星湿地区	768.51
9	新建县零星湿地区	287.28
10	进贤县零星湿地区	211.78
11	浮梁县零星湿地区	141.71
12	九江县零星湿地区	54.88
13	永修县零星湿地区	52.76
14	星子县零星湿地区	26.50
15	彭泽县零星湿地区	581.11
16	月湖区零星湿地区	10.70

（续）

序 号	湿地区名称	草本沼泽
17	贵溪市零星湿地区	78.13
18	余干县零星湿地区	2199.73
19	鄱阳县零星湿地区	360.99
总 计		25827.10

3.4 各行政区的沼泽湿地型及面积

江西省沼泽湿地面积最大的设区市为上饶市，有1.42万公顷，占全省沼泽湿地的54.79%；第二大为南昌市，有0.95万公顷，占36.62%；第三大的为九江市，有0.18万公顷，占6.84%。赣州、吉安、抚州、萍乡、新余等5市没有沼泽湿地(表2-14)。

表2-14 江西省各设区市沼泽湿地分布概况(公顷)

设区市	草本沼泽
九江市	1765.71
上饶市	14156.15
南昌市	9452.33
宜春市	222.37
景德镇市	141.71
鹰潭市	88.83
总 计	25827.10

3.5 其他沼泽湿地

在江西省范围内，除了上述介绍的沼泽湿地外，还有面积在8公顷以下的，本次未纳入调查的森林沼泽、泥炭沼泽和地热温泉湿地等。

3.5.1 东乡野生稻

东乡野生稻位于东乡县岗上积镇，面积0.1公顷，是世界上分布最北(北纬28°14′)的普遍野生稻，具有特殊的强耐冷基因和丰富的抗病虫基因，利用价值极高。

3.5.2 泥炭沼泽

泥炭沼泽是地表土壤经常过湿或有薄层积水的地段，其上生长着大量沼泽植物，其下有泥炭形成和积累。泥炭沼泽的生成、发展以及泥炭的积累是各种自然因素综合作用的结果。大面积的泥炭沼泽一般出现在温带、寒温带，亚热带地区少有分布。1948年，林英等发现南昌西山存在泥炭沼泽地，1955年开展了全面调查，西山泥炭沼泽呈小斑块状分布于600~900米的山间洼地中，共有70余块，平均面积在1亩左右。2012年重新对泥炭沼泽进行调查，发现仅存17处，平均面积不足1亩，泥炭深度在50~400厘米。沼泽植物群落有：沼柳群落、沼越橘群落、泥炭藓群落、蕨草群落、刺子莞群落。

3.5.3 森林沼泽

森林沼泽是在土壤过度潮湿、积水或有浅薄水层，常具有泥炭的生境中形成的以乔木或灌木占优势的一种森林植被类型。森林沼泽主要分布在温带地区，在亚热带山地和沿海地区有零星分布。江西多处山地有零星的森林沼泽分布，如井冈山、云居山、武功山、雩山等地均有小面积分布，面积最大的要数井冈山早禾木的江南桤木沼泽，面积达到20余亩。主要植被类型有：水松群落、江南桤木群落、腺柳群落、岗松群落、黄杨群落等。

3.5.4 地热温泉

江西省地热温泉总共有98处。因个别温泉区成群出现，若按个数计，总数约有300个左右；按地理分布可分为赣北、赣中、赣南三大温泉区。赣北温泉区约有温泉14处，主要分布在赣西北的修水、武宁、铜鼓及赣东北的德兴、乐平等县(市)。赣中有温泉24处，由西向东分布在宜春市，宜黄、崇仁、南城、余江、横峰等县。大部分温泉都分布在赣南地区，主要在瑞金、寻乌、龙南、遂川等县(市)与邻省交界处附近。

江西温泉的水温在23~84℃，属中低温水系统；50℃以上的26处，37~50℃的25处，低于37℃约47处。pH值在5.3~8.7之间，为中性偏弱碱性。

4 人工湿地

4.1 人工湿地各湿地型及面积

江西省人工湿地总面积为199394.10公顷(不含稻田/冬水田)，占湿地总面积的21.91%，主要类型有库塘、运河/输水河、水产养殖场3种。人工湿地型及面积与比例构成，如图2-10。

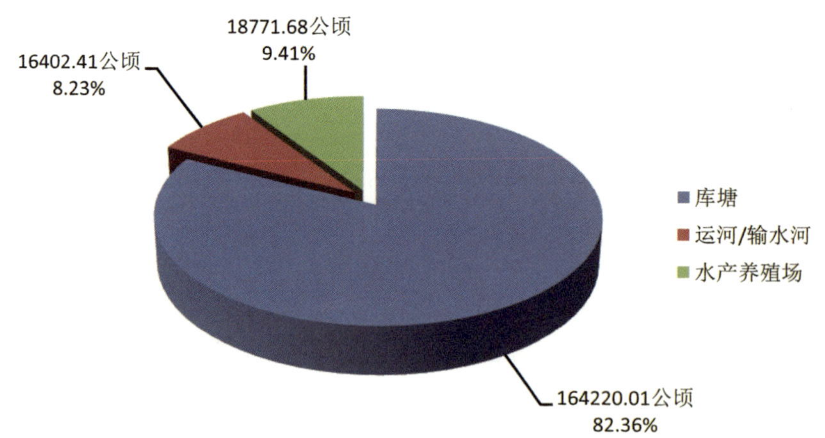

图2-10 江西省人工湿地面积与比例构成

4.1.1 库 塘

库塘湿地主要是以蓄水、发电、农业灌溉、城市景观、农村生活而构建的面积≥8公顷的人工蓄水区。库塘湿地形式包括大(小、中)型水库、农用池塘、城市景观水面等。全省库塘湿地面积164220.01公顷，占人工湿地总面积的82.36%，共有3146个斑块，主要分布于低山丘陵地区，尤其在西南部和东北部低山丘陵居多。库塘在江西省社会经济建设中发挥着重要作用。现将湿地面积≥0.17 万公顷的水库作用介绍如下：

（1）东津水库：东津水库湿地面积 0.17 万公顷，2 个斑块。水库坝址位于修水县马坳镇东津口塅村附近，1969 年 12 月动工，1995 年 7 月发电，1995 年 12 月竣工。水库以发电为主，兼顾防洪等效益。电站装机容量 6 万千瓦，年平均发电量 1.164 兆千瓦时。水库在防汛中发挥明显效益，有效削减了 1998 年、1999 年洪峰流量，使修水县城减轻水灾损失，并缓解了柘林水库防汛压力。水库内有大小岛屿 12 个，最大岛屿面积 60 余公顷；此外，有三面临水、一面临山的半岛 100 多个，适于发展水上旅游。以东津水库为主体的景区开发已成规模，为江西修河源国家湿地公园组成部分。

（2）新妙湖：新妙湖旧称北庙湖，位于江西省都昌县西部，湿地面积为 0.33 万公顷，1 个斑块。原是鄱阳湖东北岸的 1 个大湖汊，1960 年开始堵汊，1962 年建成大坝。时任江西省省长的邵式平见长坝横贯，湖光浩渺，提笔书写"新妙大坝"四字，新妙湖由此得名。湖周村落棋布，湖汊较多。水产养殖面积 0.22 万公顷，精养 66.70 公顷。2006 年水产总量 787 吨，以鲢鱼、鳙鱼、彭泽鱼、青鱼为主，特色水产有河蟹、青虾、珍珠养殖。新妙大坝建成后，鄱阳湖水位 21.71 米时，可保护内湖 3.5 万人和 0.35 万公顷农田免受洪灾。同时可减轻湖区血吸虫病威胁，并有蓄水抗旱、水产养殖等多种效益。1998 年特大洪水后，国家提出"平垸行洪、退田还湖"方针，新妙湖坝改为"单退湖圩"，正常水位时挡水防洪，超标准洪水时为鄱阳湖的蓄洪区。

（3）柘林水库：柘林水库是修河干流中上游的一座大（一）型水库，又称柘林湖、庐山西海，湿地面积 2.42 万公顷，4 个斑块，是江西省库容最大的蓄水工程。水库主坝址位于永修县柘林镇鲫鱼山与猴子崖两山之间，1958 年兴建，1975 年建成投产。水库以发电为主，兼顾防洪、浇灌、旅游、水产、航运等综合效益。原设计总装机容量 18 万千瓦，年平均发电量 6.30 兆千瓦时。2002 年调峰扩容后，装机容量增至 42 万千瓦，年发电量增加到 6.90 兆千瓦时。如遇 50 年一遇洪水时，可控制下泄 6500 立方米每秒的洪水，能有效保护下游地区 1.50 万公顷农田及京九铁路和福银高速公路等设施安全。柘林水库灌区工程设计灌溉面积 2.10 万公顷，养殖面积 2 万公顷。改善航道 153～195 公里，可航行 50 吨级船只。景区开发成规模，为云居山—柘林湖国家级风景名胜区的组成部分。2007 年 6 月，江西省水功能区划确定库区设立水资源开发利用区 4 处。该库塘湿地为江西省庐山西海国家湿地公园组成部分。

（4）上犹江水库：上犹江水库是上犹江中游的大（二）型水库，又名陡水湖，湿地面积为 0.35 万公顷，3 个斑块。水库地处江西省上犹县中南部，崇义县东北部，东南距上犹县城 18 公里。1955 年 3 月开工，1957 年 8 月建成。水库建成后，库区急流险滩被淹没，航运条件得到改善。这里是旅游胜地，区内有珍稀植物园、桂花园、山茶园、杜鹃园、蜡梅园、赏兰园、环湖长廊、望湖楼、百花亭、索桥映湖 10 个景点。1996 年 9～10 月，中国科学院地理研究所专家组对上犹市旅游资源进行了全面的科学普查，给予陡水湖较高评价，认定有国家一级景点 2 处、二级景点 3 处、三级景点 2 处。湖内的赣南树木园由 6 个孤岛组成，面积有 0.05 多万公顷，是我国南方为发展木本树种、抢救濒危树种和引进优良树种的一个引种点，自 1976 年建园起，收集有 1 万多份蜡叶标本，收藏有 1380 多个树种。现在岛上生长着 52 种世界珍稀濒危的保护植物，荟萃了亚热带植物奇珍。其中有国家Ⅰ、Ⅱ级保护树种水杉、台湾杉、银杉、金花茶、伯乐树、银杏、金钱松、福建柏、长苞铁杉、长叶竹柏等 30 种。

(5)江口水库：江口水库湿地面积为0.47万公顷，4个斑块，是赣江下游左一级支流袁水中游的大(二)型水库，又名仙女湖。水库位于江西省新余市渝水区西南部，分宜县中南部。1958年8月动工，1961年主体工程基本建成。水库以发电为主，年发电量9976万千瓦时，兼顾防洪、浇灌、旅游、水产、航运等综合效益。水库建成后，下游流量得到一定控制，减轻了下游洪水威胁，并帮助削减赣江洪峰，2万公顷农田防洪标准由3年一遇提高到5年一遇。新余市第三水厂每天从水库取水10万立方米。水库正常水位下形成72个岛屿。1995年，新余市将江口水库冠名为仙女湖，创建了国家级仙女湖风景名胜区。

(6)万安水库：为赣江中游的大(一)型水库，又名万安湖，湿地面积为0.48万公顷，1个斑块。水库位于江西省万安县中南部、赣县中北部，1958年7月动工兴建，几经停工又多次复工，1990年8月24日建成下闸蓄水，并于同年发电。年平均发电量15.16亿千瓦时。20世纪90年代以来，赣江上游多次发生洪峰流量超过1万立方米每秒的洪水，水库发挥防洪作用，平均削峰率达15%。1994年6月，拦蓄水4.8亿立方米，平均削峰率21%；1995年6月，拦蓄水4.8亿立方米，平均削峰率23.1%。到2006年年底，累计开闸2.9万次，过往船只15.9万艘次，总货运量980万吨。实际灌溉面积0.35万公顷。2006年鲜鱼产量15万吨。库周是国家森林公园和省级风景名胜区。

(7)洪门水库：黎滩河下游的大(一)型水库，又名醉仙湖，湿地面积为0.66万公顷，3个斑块。水库位于江西省南城县东南部，黎川县西北部。主坝坐落于南城洪门镇沅潭港村望天石黎滩河峡谷。水库以发电为主，年平均发电量1.13亿千瓦时，兼顾防洪、浇灌、航运、旅游与水产养殖。对水库进行科学调度，可提高抚河中下游圩堤防洪标准，减轻中下游防洪压力；解决下游丘陵缺水地区灌溉用水，可提高下游赣抚平原水利工程的灌溉保证率；改善洪门航道35公里。库区可养殖水产面积0.40万公顷，主要养殖鳙鱼、鲢鱼、鲫鱼等，年产鲜鱼5000吨。

4.1.2　运河/输水河

运河/输水河包括为水运、输水而建造的人工河流湿地，以及以灌溉、疏浚等为主要目的的沟、渠，面积1.64万公顷，占人工湿地总面积的8.23%，斑块1147个。

江西是一个运河/输水河湿地分布较广的省份，全省113个湿地区中具有运河/输水河湿地分布的有104个。鄱阳湖水系运河/输水河湿地的分布位居第一，占运河/输水河湿地总面积的95.04%；位居第二和第三的分别为湖口以下和宜昌至湖口。江西省很多历史悠久的人工河流已经具有自然河流的属性，特别是在鄱阳湖环湖区、赣江峡江以下，人工河与自然河流交织密布，已经很难准确界定人工河流和自然河流的界限。

4.1.3　水产养殖场

水产养殖场是指以水产养殖为主要目的而建造的人工湿地。包括淡水养殖的鱼池、虾池和沿岸高位养殖场。全省具有水产养殖场1.88万公顷。主要分布于鄱阳湖环湖区、赣江峡江以下等湖泊水网地区，以及长江沿江。江西省淡水水面广阔，水产养殖业发达，特别是近几十年来，部分湖泊、河流开阔水域被围垦用于养殖。

4.2　各流域的人工湿地型及面积

从一级流域看，珠江区人工湿地面积为0.06万公顷，占全省人工湿地的0.32%；长江区人工湿地面积为 19. 88 万公顷，占全省人工湿地的 99. 68%。

根据二级流域不同分析，珠江区的北江人工湿地面积 8. 46 公顷，均为库塘湿地；东江 615. 51 公顷，其中库塘 562. 56 公顷，运河/输水河 52. 95 公顷；韩江及粤东诸河 9. 87 公顷，均为库塘湿地。长江区的洞庭湖水系人工湿地面积 489. 39 公顷，其中库塘 465. 13 公顷，运河/输水河 24. 26 公顷；鄱阳湖水系人工湿地面积为 19. 27 万公顷，其中库塘 16. 02 万公顷，运河/输水河 1. 56 万公顷，水产养殖场 1. 69 万公顷；宜昌至湖口 2723. 35 公顷，其中库塘 1447. 76 公顷，运河/输水河 550. 27 公顷，水产养殖场 725. 32 公顷；湖口以下干流 2851. 28 公顷，其中库塘 1475. 99 公顷，运河/输水河 188. 88 公顷，水产养殖场 1186. 41 公顷(表 2-15)。

表 2-15　江西省各级流域人工湿地分布概况(公顷)

一级流域	二级流域	三级流域	人工湿地			
			库　塘	运河/输水河	水产养殖场	合　计
珠江区	北江	北江大坑口以上	8. 46			8. 46
	东江	东江秋香江口以上	562. 56	52. 95		615. 51
	韩江及粤东诸河	韩江白莲以上	9. 87			9. 87
	共　计		580. 89	52. 95		633. 84
长江区	洞庭湖水系	洞庭湖环湖区	9. 24			9. 24
		湘江衡阳以下	455. 89	24. 26		480. 15
		小　计	465. 13	24. 26		489. 39
	鄱阳湖水系	饶河	7461. 06	377. 14	37. 34	7875. 54
		鄱阳湖环湖区	34299. 42	4928. 74	12449. 35	51677. 51
		修河	36137. 57	944. 10	400. 44	37482. 11
		信江	10947. 99	1689. 28	251. 45	12888. 72
		赣江峡江以下	24388. 08	2985. 05	2601. 14	29974. 27
		抚河	16684. 68	1211. 73	37. 40	17933. 81
		赣江栋背至峡江	11971. 20	2569. 46		14540. 66
		赣江栋背以上	18360. 24	880. 55	1082. 83	20323. 62
		小　计	160250. 24	15586. 05	16859. 95	192696. 24
	宜昌至湖口	城陵矶至湖口右岸	1447. 76	550. 27	725. 32	2723. 35
	湖口以下干流	巢滁皖及沿江诸河	53. 82	71. 03	47. 50	172. 35
		青弋江和水阳江及沿江诸河	1422. 17	117. 85	1138. 91	2678. 93
		小　计	1475. 99	188. 88	1186. 41	2851. 28
	共　计		163639. 12	16349. 46	18771. 68	198760. 26
总　计			164220. 01	16402. 41	18771. 68	199394. 10

4.3 各湿地区的人工湿地型及面积

江西省113个湿地区中共有104个有人工湿地。其中，人工湿地面积最大的为柘林水库湿地区，面积2.42万公顷，均为库塘湿地；第二为鄱阳湖湿地区，面积1.42万公顷，包括库塘、水产养殖场两种湿地型；第三为丰城市零星湿地区，面积0.69万公顷，包括库塘、水产养殖场、运河/输水河3种湿地型(表2-16)。

表2-16 江西省各湿地区人工湿地分布(公顷)

序号	湿地区名称	人工湿地			
		库塘	运河/输水河	水产养殖场	合计
1	鄱阳湖湿地区	13144.15		1076.56	14220.71
2	赤湖湿地区	217.78		44.05	261.83
3	洪门水库湿地区	6644.71			6644.71
4	江口水库湿地区	4524.10		177.60	4701.70
5	万安水库湿地区	4825.34			4825.34
6	柘林水库湿地区	24229.05			24229.05
7	都昌候鸟省级自然保护区湿地区			84.15	84.15
8	赣江干流湿地区			11.29	11.29
9	大湖江国家湿地公园湿地区	25.00		850.91	875.91
10	南昌市市辖区零星湿地区	102.59	23.01	1077.95	1203.55
11	南昌县零星湿地区	156.28	1056.26	4998.63	6211.17
12	新建县零星湿地区	1406.64	310.95	1490.23	3207.82
13	安义县零星湿地区	619.54	157.72		777.26
14	进贤县零星湿地区	1062.38	1078.65	822.59	2963.62
15	昌江区零星湿地区	318.24			318.24
16	浮梁县零星湿地区	530.76	18.72		549.48
17	乐平市零星湿地区	2911.73	425.47		3337.20
18	安源区零星湿地区	44.48			44.48
19	湘东区零星湿地区	75.35	17.81		93.16
20	莲花县零星湿地区	203.30	130.43		333.73
21	上栗县零星湿地区	228.63	6.45		235.08
22	芦溪县零星湿地区	240.07			240.07
23	庐山区零星湿地区	77.47		110.95	188.42
24	浔阳区零星湿地区		21.01		21.01

（续）

序　号	湿地区名称	人工湿地			
		库　塘	运河/输水河	水产养殖场	合　计
25	九江县零星湿地区	638.22	361.16	598.05	1597.43
26	武宁县零星湿地区	4075.13			4075.13
27	修水县零星湿地区	2266.97	90.55		2357.52
28	永修县零星湿地区	978.24	372.59	525.83	1876.66
29	德安县零星湿地区	454.56	30.26		484.82
30	星子县零星湿地区	534.83		83.57	618.40
31	都昌县零星湿地区	1870.96		86.06	1957.02
32	湖口县零星湿地区	329.28		18.69	347.97
33	彭泽县零星湿地区	1403.96	117.85	1138.91	2660.72
34	瑞昌市零星湿地区	871.32	239.13	36.94	1147.39
35	共青城零星湿地区	274.81			274.81
36	渝水区零星湿地区	1943.00	489.71	284.81	2717.52
37	分宜县零星湿地区	1364.72	181.53	349.85	1896.10
38	月湖区零星湿地区	149.79		43.65	193.44
39	余江县零星湿地区	1898.56	195.13	18.77	2112.46
40	贵溪市零星湿地区	1607.32	460.98	26.24	2094.54
41	章贡区零星湿地区	46.00	6.05	23.43	75.48
42	赣县零星湿地区	243.52	33.16	42.15	318.83
43	信丰县零星湿地区	703.63	98.71	29.83	832.17
44	大余县零星湿地区	514.30	23.51		537.81
45	上犹县零星湿地区	2372.42	6.32		2378.74
46	崇义县零星湿地区	2161.13		31.91	2193.04
47	安远县零星湿地区	131.98	46.01		177.99
48	龙南县零星湿地区	38.05	28.10		66.15
49	定南县零星湿地区	212.02	14.62		226.64
50	全南县零星湿地区	252.74	6.84		259.58
51	宁都县零星湿地区	1974.97	52.16		2027.13
52	于都县零星湿地区	397.95			397.95
53	兴国县零星湿地区	1770.63	165.37	49.24	1985.24
54	会昌县零星湿地区	1388.84	113.27		1502.11
55	寻乌县零星湿地区	351.40	16.09		367.49
56	石城县零星湿地区	214.45	12.68		227.13

（续）

序 号	湿地区名称	人工湿地			
		库 塘	运河/输水河	水产养殖场	合 计
57	瑞金市零星湿地区	823.72	98.59		922.31
58	南康市零星湿地区	259.27	52.10	30.98	342.35
59	吉州区零星湿地区	645.53	45.63		691.16
60	青原区零星湿地区	767.11	162.59		929.70
61	吉安县零星湿地区	2128.64	322.77		2451.41
62	吉水县零星湿地区	1177.82	245.20		1423.02
63	峡江县零星湿地区	763.56	124.66		888.22
64	新干县零星湿地区	1342.69	191.23		1533.92
65	永丰县零星湿地区	1197.85	187.17		1385.02
66	泰和县零星湿地区	1550.01	612.02		2162.03
67	遂川县零星湿地区	30.27	126.16		156.43
68	万安县零星湿地区	597.44	77.25	24.38	699.07
69	安福县零星湿地区	1930.60	469.08		2399.68
70	永新县零星湿地区	726.74	241.12		967.86
71	井冈山市零星湿地区	163.15	21.92		185.07
72	袁州区零星湿地区	1570.18	289.96	8.01	1868.15
73	奉新县零星湿地区	1035.30	223.85		1259.15
74	万载县零星湿地区	815.72	26.07	24.21	866.00
75	上高县零星湿地区	3433.46	380.39	312.52	4126.37
76	宜丰县零星湿地区	2208.03			2208.03
77	靖安县零星湿地区	732.02	94.88		826.90
78	铜鼓县零星湿地区		17.65		17.65
79	丰城市零星湿地区	4556.16	1168.75	1189.94	6914.85
80	樟树市零星湿地区	3116.90	302.14		3419.04
81	高安市零星湿地区	5045.59	701.78	612.87	6360.24
82	临川区零星湿地区	2800.02	496.34	14.77	3311.13
83	南城县零星湿地区	1550.58	23.58		1574.16
84	黎川县零星湿地区	368.24	5.59		373.83
85	南丰县零星湿地区	830.61	20.17		850.78
86	崇仁县零星湿地区	1879.96	214.65		2094.61
87	乐安县零星湿地区	713.98	17.67		731.65
88	宜黄县零星湿地区	645.17	68.11		713.28

（续）

序 号	湿地区名称	人工湿地			
		库 塘	运河/输水河	水产养殖场	合 计
89	金溪县零星湿地区	901.65	356.58	22.63	1280.86
90	资溪县零星湿地区	209.25			209.25
91	东乡县零星湿地区	2704.83	254.77		2959.60
92	广昌县零星湿地区	397.98	35.15		433.13
93	信州区零星湿地区	322.06	6.24	32.96	361.26
94	上饶县零星湿地区	1510.93	137.08		1648.01
95	广丰县零星湿地区	971.25	98.37	11.04	1080.66
96	玉山县零星湿地区	1921.58	155.30	79.73	2156.61
97	铅山县零星湿地区	1304.28	303.35	19.12	1626.75
98	横峰县零星湿地区	371.59	98.35		469.94
99	弋阳县零星湿地区	933.48	210.31	38.71	1182.50
100	余干县零星湿地区	2112.08	167.96	1618.44	3898.48
101	鄱阳县零星湿地区	5159.25	787.07	368.32	6314.64
102	万年县零星湿地区	1858.87	354.55	192.87	2406.29
103	婺源县零星湿地区	1767.56		28.49	1796.05
104	德兴市零星湿地区	1343.76		8.85	1352.61
总 计		164220.01	16402.41	18771.68	199394.10

4.4 各行政区的人工湿地型及面积

江西省人工湿地面积为19.94万公顷，11个设区市均有人工湿地分布。其中，分布面积最大的为九江市，面积4.76万公顷，占全省人工湿地的23.89%。第二的为上饶市，3.31万公顷，占16.58%；第三的为宜春市，2.79万公顷，占13.98%（表2-17）。

表2-17 江西省11个设区市人工湿地分布（公顷）

设区市	人工湿地			
	库 塘	运河/输水河	水产养殖场	合 计
九江市	42595.38	1232.55	3803.76	47631.69
上饶市	28348.04	2318.58	2398.53	33065.15
南昌市	3347.43	2626.59	8400.69	14374.71
赣州市	13882.02	773.58	1058.45	15714.05
吉安市	17846.75	2826.80	24.38	20697.93
宜春市	22513.36	3205.47	2147.55	27866.38

（续）

设区市	人工湿地			
	库　塘	运河/输水河	水产养殖场	合　计
抚州市	19646.98	1492.61	37.40	21176.99
景德镇市	3760.73	444.19		4204.92
新余市	7831.82	671.24	812.26	9315.32
鹰潭市	3655.67	656.11	88.66	4400.44
萍乡市	791.83	154.69		946.52
总　计	164220.01	16402.41	18771.68	199394.10

5 湿地特点及分布规律

5.1 湿地特点

江西湿地以鄱阳湖及入湖水系形成全省湿地核心和骨架，入湖各级河流上游山丘分布众多的库塘湿地。环湖及入湖河流下游水稻田集中分布区河、渠、沟，水系发达。

5.1.1 湿地面积大、类型多，分布不均

江西湿地资源非常丰富，在国内和国际上都有重大的影响，既有我国最大的淡水湖——鄱阳湖，又有赣江、抚河、信江、饶河、修河五大江河及其支流组成的遍及全省的完整的水系网。特有的地貌类型，孕育了丰富多样的湿地类型。江西湿地总面积为91.01万公顷，占全省国土面积的5.45%。

江西湿地类型丰富，除拥有鄱阳湖这个典型的湖泊湿地外，还有纵横交织的河流湿地、沼泽湿地和人工湿地，包括了除咸水湖和荒原湿地外的内陆湿地的所有类型。

江西湿地资源总体呈北多南少，东多西少的特点，呈现放射状，以鄱阳湖为圆心向四周扩散的分布。其中北部的南昌、九江两市湿地面积为41.81万公顷，占全省湿地总面积的45.94%，南部的赣州市仅为7.23万公顷，占全省湿地面积的7.95%。东部的上饶市、景德镇市两地分布较西部的萍乡市、新余市两市多。其中上饶、景德镇两市湿地总面积20.76万公顷，占全省湿地总量的22.81%；萍乡、新余两市的湿地面积仅为1.77万公顷，占全省湿地面积的1.95%。

5.1.2 湖泊湿地资源丰富

湖泊湿地是江西省重要的湿地资源。全国最大的淡水湖——鄱阳湖位于此，该湖集水面积之大，在全国闻名。全省共有湖泊湿地37.41万公顷，占全省湿地面积的41.11%。鄱阳湖地貌西南部高，东北部低，湖床平坦，五河河口形成三角洲地形，主要是现代泥沙淤积作用而形成。三角洲上大小不一的碟形洼地在枯水季节形成了众多的小型湖泊，湖底高程多为13.50～15.00米。主要分布在东部、南部和西部，中高水位与主湖连成一片，该生境条件也正是鄱阳湖冬候鸟越冬的主要栖息地和觅食场所。

5.1.3 湿地文化源远流长、积淀深厚

从古到今湿地的美景秀水都受到青睐，有很多流传千古的诗歌、民族风情、民间艺术都出于

此。江西是江南典型的鱼米之乡，形成了很多源远流长、丰富的湿地文化，如“落霞与孤鹜齐飞，秋水共长天一色”的千古绝句。人们长期依水而居，与湿地共生相存，彼此影响，特别是经过千百年来世世代代形成的农耕艺术、农事活动，让今天的城市居民向往。

5.1.4　湿地生物多样性丰富

江西省的湿地近年来虽然受人为干扰较大，但是湿地生物多样性仍十分丰富，尤其是鸟类、鱼类等物种多样性极为丰富。由于鄱阳湖是候鸟越冬地，湿地鸟类种类繁多，且国家重点保护或珍稀濒危鸟类多。据本次调查，江西湿地鸟类有 150 种，国家Ⅰ级保护鸟类有白鹤、东方白鹳、黑鹳、中华秋沙鸭、白头鹤、大鸨、遗鸥 7 种。其中，越冬的白鹤占全球数量的 90% 以上；全球的东方白鹳也几乎都分布在鄱阳湖及周边湖泊越冬。国家Ⅱ级保护鸟类有 18 种。湿地两栖动物 51 种，其中国家Ⅱ级保护动物有大鲵、虎纹蛙 2 种。湿地爬行动物 89 种，其中国家Ⅰ级保护动物有蟒蛇 1 种；鱼类 222 种，其中属于国家Ⅰ级保护动物有中华鲟和白鲟 2 种，国家Ⅱ级保护动物有胭脂鱼 1 种；湿地哺乳类 41 种，其中国家Ⅱ级保护动物有江豚、水獭、河麂、水鹿 4 种。

江西湿地高等植物 162 科 455 属 994 种。其中，苔藓植物 49 科 82 属 137 种，蕨类植物 22 科 38 属 55 种，裸子植物 2 科 4 属 5 种，被子植物 89 科 331 属 797 种。

5.1.5　湿地土地权属

江西省湿地土地权属主要分为国有和集体。其中，国有权属占调查湿地总面积的 72.02%，集体占 27.98%。湖泊湿地、河流湿地以及运河/输水河，主要以国有权属为主，人工库塘、水产养殖场，部分湖泊以集体权属为主。湿地权属的确定，决定了将来湿地管理的主体对象。由于部分湿地权属属于当地集体经济组织所有，使湿地保护与当地群众生产和生活产生矛盾，给保护区的管理带来了很大难度。江西省各类湿地土地权属见表 2-18。

表 2-18　各类湿地土地权属(公顷)

湿地类型		国　有	集　体	合　计
河流湿地	永久性河流	270327.13		270327.13
	洪泛平原	24041.73	16378.23	40419.96
湖泊湿地	永久性淡水湖	257516.81	116486.97	374003.78
	季节性淡水湖	12.58	74.56	87.14
沼泽湿地	草本沼泽	5410.16	20416.94	25827.10
库塘湿地	库塘	88724.43	75495.58	164220.01
	运河/输水河	6530.25	9872.16	16402.41
	水产养殖场	2829.82	15941.86	18771.68
总　计		655392.91	254666.30	910059.21

5.2　湿地分布规律

江西全省皆有湿地分布，但总体呈现东多西少，北多南少的格局。湿地分布规律具体情况如下：①鄱阳湖与湖泊群是湖泊湿地的主要分布区；②江西“五河”水系是河流湿地的主要分布区；③环鄱阳湖区是人工湿地水稻田湿地的主要分布区；④以蓄水、灌溉为主的库塘湿地主要分布在赣中南丘陵山地区域；⑤运河/输水河湿地主要分布在鄱阳湖平原农田区域；⑥洪泛平原湿地主要分布在五大河流两岸；⑦沼泽湿地和水产养殖场主要分布在鄱阳湖环湖区。

第三节 鄱阳湖湿地

1 区 划

1.1 国家规程要求

根据《全国湿地资源调查技术规程》(试行)中的“第十九条湿地斑块的边界界定”的相关规定，湖泊湿地的边界界定标准如下。

(1)如湖泊周围有堤坝的，则将堤坝范围内的水域、洲滩等统计为湖泊湿地。

(2)如湖泊周围无堤坝的，将湖泊在调查期内的多年平均最高水位所覆盖的范围统计为湖泊湿地。

(3)如湖泊内水深不超过 2 米的挺水植物区面积不小于 8 公顷，需单独将其统计为沼泽湿地，并列出其沼泽湿地型；如湖泊周围的沼泽湿地区面积不小于 8 公顷，需单独列出其沼泽湿地型；如沼泽湿地区小于 8 公顷，则统计到湖泊湿地中。

1.2 区划原则

按照国家规程，结合鄱阳湖实际，鄱阳湖湖泊湿地的边界界定如下。

(1)有堤坝的区域以第一线防洪大堤为边界确定。

(2)无堤坝的区域，将多年平均最高水位所覆盖的范围统计为湖泊湿地。

即根据江西省水文局提供的鄱阳湖 14 个水文站 1998 ~2010 年最高水位数据，得到鄱阳湖区 14 个水文站近 13 年平均最高水位数据(图 2-11)。根据各站点的分布情况，按照就近原则，选择最近站点的多年平均最高水位作为鄱阳湖区相应无堤坝区域的多年平均最高水位。利用1∶50000的 DEM(数字高程模型)数据进行内插，获取鄱阳湖不同区域的多年平均最高水位数据面，然后与遥感影像及其他数据源进行叠加，提取相应高程的等高线，以该等高线为界将低于该高程的范围划为湖泊湿地范围。

(3)如鄱阳湖湖泊内水深不超过 2 米的挺水植物区面积不小于 8 公顷，则单独将其统计为沼泽湿地，并列出其沼泽湿地型；如沼泽湿地区小于 8 公顷，则统计到湖泊湿地中。

(4)考虑到本次计算采用水位相对偏低，为保持鄱阳湖完整化，将与鄱阳湖湖泊湿地斑块直接相连的沼泽湿地、深入沼泽湿地的河流湿地和鄱阳湖中岛屿一并计入鄱阳湖。

1.3　区划情况

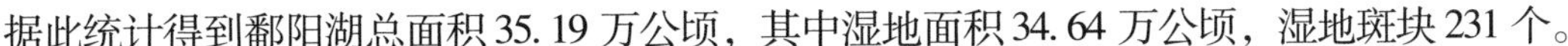
据此统计得到鄱阳湖总面积 35. 19 万公顷，其中湿地面积 34. 64 万公顷，湿地斑块 231 个。

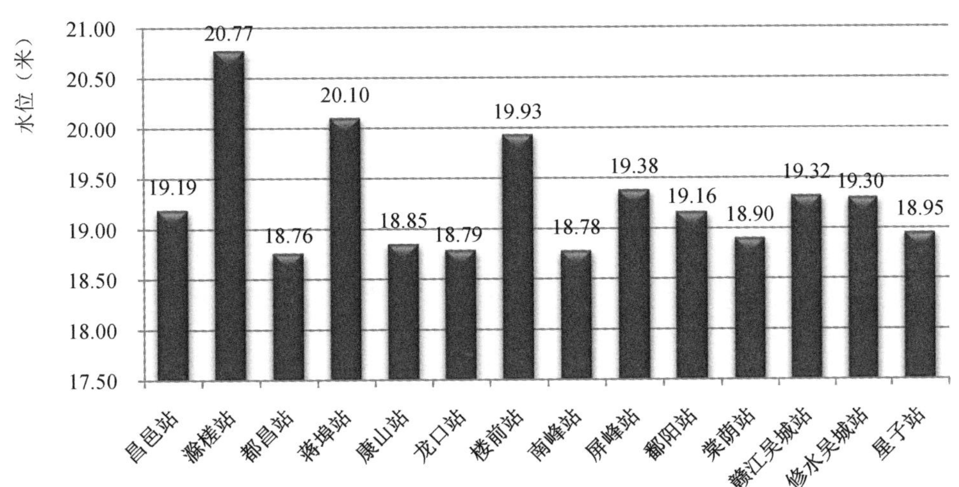

图 **2-11**　鄱阳湖区 **14** 个水文站 **1998 ~ 2010** 年平均最高水位

2　概　述

2.1　鄱阳湖湿地地理概况

鄱阳湖位于长江南岸，江西北部。地理坐标东经 115°49′ ~ 116°46′，北纬 28°11′ ~ 29°51′。鄱阳湖是中国最大的淡水湖，形似葫芦，以湖中最大岛屿松门山为界分为两部分，北部为入江水道，南部为主湖区。湖体南北长 173 公里，东西平均宽 16. 9 公里，最宽处 74 公里，最窄处 3 公里。湖盆自东南向西北倾斜，比降 12 米至 1 米。湖岸线长约 1200 公里。湖泊形态系数 109，发展系数(弯曲系数)为 6。

鄱阳湖的水位具有季节性变化极大的自然地理特点。鄱阳湖湿地包括水域、洲滩、岛屿等。全湖岛屿 41 个，面积约 103 平方公里。洲滩指高低水位之间的广阔区域，洲滩可以分为沙滩、泥滩和草洲。洲滩高程多在 12 ~ 18 米之间，星子湖区约 12 米，都昌湖区约 14 米，康山、吴城湖区约 16 米。高程 14 米以下多为泥滩，面积约 1895 平方公里；高程 14 ~ 18 米间为草洲，面积约 1235 平方公里。沙洲面积较小，但鄱阳湖周围沙化土地是江西沙化土地分布较为集中、沙化危害最为严重、治理难度较大的区域，也是江西省重点治理区。

2.2　鄱阳湖湿地气候概况

鄱阳湖地区，气候温暖，降水较多，光照充足，无霜期较长，属亚热带湿润气候。由于鄱阳湖地处中纬度，季风气候明显，同时境内水陆相间，丘陵起伏，又形成了不同的地形小气候。过去几十年来，鄱阳湖湖区的水热变化与整个鄱阳湖流域基本类似，主要体现为：从 20 世纪 60 年代到21世纪初，鄱阳湖区年平均气温呈现先降后升的趋势。转折点是20世纪80年代中期。1984年以后，温度迅速回升，湖区逐步进入显著增温时期，平均升温速度达0.5℃/年，冬季增温幅度更大。20世纪90年代平均温度比1961～1990年的平均温度高出约0.27℃；而1991～2003年的平均温度比1961～1990年的平均温度高出约0.42℃。20世纪90年代以前，鄱阳湖湖区内降水呈显著的年际和代际振荡状态，并无明显规律，但是在1990年发生突变，继而呈现显著的上升趋势。

3 鄱阳湖湿地的形成和演变

鄱阳湖湿地是随着鄱阳湖的形成、演变而逐渐由河流湿地演变为湖泊湿地的。湖泊水面大面积的扩展，使原有的河流湿地景观格局——河流洪泛平原发生根本性的变化，而形成现代鄱阳湖湖泊湿地的景观格局。

鄱阳湖盆地河流湿地的形成，首先是在地质年代中鄱阳盆地的形成。区域地质构造研究表明，受北东、北北东、北东东向几组深大断裂控制下，区内形成一些山间断陷盆地，并接受厚达数百米至数公里的红色碎屑沉积。

早第三纪晚期全区隆起和晚第三纪夷平使红色沉积盆地消失。更新世初新构造运动使继承性断裂复活，逐渐形成了中心地块相对沉降，周边相对隆升的盆地，以及以湖口—星子断裂谷为外泄通道的构造，即现代鄱阳湖盆地的构造—地貌格局。同时，流水作用沿各断裂带发育，先后形成了“古赣江”“古鄱江”“古修河”“古信江”等鄱阳湖水系的雏形。至中更新世，现代“五河”水系开始发育，规模逐渐扩大，并逐渐向中心沉降区——湖盆汇聚，通过湖口—星子古道外泄古长江。在湖盆中构成了广阔的冲积—洪泛平原，形成区内广泛分布的、具“二元结构”的冲积—冲洪积相网纹红土、砂砾石堆积。根据鄱阳湖全新世沉积研究，全新世早、中期是以冲刷型河流为主的河谷平原(盆地)景观，晚期才大量发育滞水或泛滥沉积，代表河漫或湖泊环境。可以说，鄱阳湖盆地自全新世以来，曾相继发育了河流景观和湖泊景观。二者的时间界面，应是鄱阳湖湿地开始由河流湿地逐渐演变成湖泊湿地的时期，也就是鄱阳湖形成的时期。

关于鄱阳湖的形成与演变，我国地质、地理、湖泊、水文、历史工作者都做了不少研究和探索，提出了许多论述。黄第藩等论述了鄱阳湖于第四纪初期断陷成湖的观点。张修桂阐述了现代鄱阳湖形成于我国汉代以来，其水面由北向南逐步扩展的论点。朱海虹等提出了梅家洲阻水和长江水位顶托形成鄱阳湖的见解。朱宏富等指出鄱阳湖的形成，主要是构造因素，加之全新世海侵等作用的结果。罗开富认为长江中下游紧靠江边的湖泊，包括洞庭湖、鄱阳湖和皖中湖群，是长江天然堤截蓄入江支流所致，属天然堤的伴生湖。杨达源也认为长江中下游水位的提高，导致湖盆洼地积水成湖。《鄱阳湖研究》中介绍鄱阳湖湖盆的形成与构造因素有关，鄱阳湖水域的形成是在上、中游“五河”来水与下泄长江的水量吞吐平衡中，或积水成湖，或水落滩出，可称为“吞吐型河成湖”。《鄱阳湖》再次从鄱阳湖形成的地质背景和历史地理的变革中做了探讨，指出在鄱阳湖盆地进出水量的平衡中，湖口段入江过水断面的约束和长江高水位对湖口出流的顶托和阻水，对鄱阳湖的形成和水面的大小起着关键的作用。而二者的作用又是通过长江主泓的南移和河道的加积与梅家洲的发育逐步实现的。王晓鸿等阐述鄱阳湖的形成和演变是新构造运动，全新世海侵，以及气象、水文等地质、地理因素复合作用，长期发展的结果，是海、江、湖、河长期相互作用与矛盾统一的产物，是该地区水系变迁和不断调整以达到新的水量平衡的结果。

现代鄱阳湖则形成于历史时期。根据沉积物测年和历史记载，证明现代鄱阳湖形成于距今约1600年左右的汉代。在此之前，为五河汇聚、河网交织的冲积—泛滥平原，即历史上有名的枭阳平原。也正是从那时开始，湖泊水域不断扩大，唐初(公元618年左右)达顶点，总面积达6000平方公里。唐、宋时期，古水系三角洲向湖区伸展，形成了中国最大的内河三角洲湿地，湖泊面积相对缩小。到明、清时期湖水再次扩张，直至现代。也就是说现代鄱阳湖湿地是随着鄱阳湖的形成而由河流(洪泛)湿地演变为湖泊(洪泛)湿地的。

4 鄱阳湖湿地自然环境特征

4.1 鄱阳湖湿地水质特征

根据毛战坡等2011对鄱阳湖湖区主要水质监测断面资料，主要河流、湖泊的水质评价得到以下结论：①赣江、抚河、修河等河流控制断面水质状况总体较好，Ⅰ~Ⅲ类水质比例高于90%，湖口断面水质较差，Ⅳ类及以下水质比例高于30%，主要超标污染物为TP、NH_3-N等。②鄱阳湖水质总体较好，呈现出Ⅰ~Ⅲ类水面积比例汛期>全年>非汛期，主要超标水质指标包括NH_3-N、TP等。整体处于中营养—轻度富营养化状态，靠近主要入湖河流河口的湖区水域处于轻度富营养化状态，靠近出湖区域的水域呈现中度富营养化状态。③随着鄱阳湖流域社会和经济的不断发展，湖区部分河流、湖泊水质断面污染物浓度增加，湖泊Ⅰ~Ⅱ类水面积比例呈下降趋势，但是富营养化状态无明显变化趋势。

李志军(2011)的研究表明，1985~2007年，鄱阳湖全年Ⅰ~Ⅱ类水面积比例呈明显下降趋势。特别是2007年，鄱阳湖全年水质都在Ⅱ类水以下，枯水期，超Ⅲ类水质所占比例达90%以上，丰水期超Ⅲ类水质所占比例达50%以上，表明鄱阳湖水质在逐渐恶化(表2-19)。

4.2 鄱阳湖湿地土壤特征

鄱阳湖湿地土壤资源丰富，类型繁多，主要类型包括草甸土、黄棕壤、红壤、水稻土和旱地土壤等。草甸土主要分布在海拔14~18米的沿江滨湖草地，母质为近代河湖沉积物。由于所处地地势低洼，地下水直接参与土壤的形成过程。地下水位雨季抬高，旱季下降，在湿润和干旱交替影响下，土壤出现季节性氧化、还原交替过程。另外，地面生长着草甸植被，加速了土壤有机质积累。因此，草甸土是直接受地下水影响，在草甸植被覆盖下发育而成的一种半水成型土壤。黄棕壤分布于本区北纬29°15′以北，海拔在20~60米的二级阶地，属岗地雏谷地貌。黄棕壤发育在下蜀黄土母质上，其成土过程具有脱钙、离铁和弱富铝化的特点，黏粒在剖面中淋溶沉积较明显。红壤在本地区分布极广，从海拔20~30米的低丘岗到300~400米的高丘、山麓，均有分布。成土母质类型较多，以第四纪红色黏土和泥质岩类风化物为主。水稻土是鄱阳湖湿地面积最广的一类耕作土壤，分布范围遍及湖区大小河流沿岸及湖盆周围，是湖区重要的粮食生产基地。旱地土壤包括潮土、马肝土和黄泥土。潮土是河流沉积物或草甸土经过人为旱耕熟化而成的土壤，主要分布在鄱阳湖沿岸，长江和"五河"的冲积平原。马肝土是黄棕壤经人为长期耕作而成的旱作土壤。黄泥土是红壤经人为长期耕作而形成的另一类旱作土壤。此外，鄱阳湖湿地还有零星分布的其他土壤类型，如山地草甸土、山地黄棕壤、山地黄壤、石灰石土和沼泽土等(鄱阳湖研究，1988)。

表 2-19 1985～2007 年鄱阳湖水质变化情况统计(%)

年份	水期	各类水质所占比例			主要超标项目	年份	水期	各类水质所占比例			主要超标项目
		Ⅰ、Ⅱ类	Ⅲ类	超Ⅲ类				Ⅰ、Ⅱ类	Ⅲ类	超Ⅲ类	
1985	全年	88.3	11.7	—	氨氮	2000	全年	62.8	37	0.2	氨氮
	枯水期	88.4	11.5	0.1			枯水期	64.6	35.1	0.3	
	丰水期	89.8	10.2	—			丰水期	70.2	29.8	—	
1986	全年	92.3	7.6	0.1	氨氮	2002	全年	42.1	57.8	0.1	总磷
	枯水期	92.3	7.6	0.1			枯水期	42.1	57.8	0.1	
	丰水期	99.9	0.1	—			丰水期	53.5	46.5	—	
1988	全年	77.4	22.6	—	挥发酚	2003	全年	67.1	32.4	0.5	总磷
	枯水期	59.8	26.3	13.8			枯水期	67.1	32.4	0.5	
	丰水期	91.3	8.7	—			丰水期	81.2	18.6	0.2	
1990	全年	74.9	25.1	—	挥发酚	2004	全年	58.8	32.3	8.9	总磷
	枯水期	59.5	31.9	8.7			枯水期	58.8	18.3	22.9	
	丰水期	93.7	6.3	—			丰水期	72.8	19.5	7.7	
1992	全年	88.7	11.3	—	BOD_5	2005	全年	52.5	32.6	14.9	总磷、氨氮
	枯水期	74.5	14.3	11.3			枯水期	52.5	32.6	14.9	
	丰水期	100	0	—			丰水期	52.5	47.1	0.4	
1994	全年	89.9	10.1	—	—	2006	全年	57.8	24.3	17.9	总磷、氨氮
	枯水期	89.9	10.1	—			枯水期	50.2	31.9	17.9	
	丰水期	83.7	16.3	—			丰水期	64.2	24.5	11.4	
1996	全年	58	42	—	—	2007	全年	—	15	85	总磷、氨氮
	枯水期	51.9	48.1	—			枯水期	—	8.7	91.3	
	丰水期	72.4	27.6	—			丰水期	—	48.9	51.1	
1998	全年	81.9	18.9	—	挥发酚						
	枯水期	84.6	15.4	—							
	丰水期	73.1	20.8	6.1							

5 鄱阳湖湿地类型及其特征

5.1 鄱阳湖湿地类型

鄱阳湖湿地包括湖泊湿地、沼泽湿地和人工湿地三大类。湖泊湿地，包括鄱阳湖及与其相连的受河湖洪水共同影响的河流尾闾河段；沼泽湿地，包括永久性和暂时性的湖滩草洲及河湖边沿洪泛滩地；人工湿地，包括已被围垦的河流三角洲、圩区及被围控的湖汊(内湖)、水库等。

5.2 鄱阳湖湿地的主要特征

5.2.1 湿地类型多样

鄱阳湖湿地包含众多中小湖泊、河道、碟型洼地、沙滩、泥滩、草滩等湿地，这种多类型湿地的复合体，体现了非地带性的特点，在空间分布上表现出跨地带性、间断性和随机性，构成了鄱阳湖湿地生态系统的复杂性。

5.2.2 湿地生态系统动态变化

鄱阳湖湿地生态系统处于动态变化之中，但鄱阳湖湿地的变化幅度在淡水湿地中是罕见的，水位和水域面积的变化造成鄱阳湖天然湿地各类型之间的动态变化，呈现水陆相交替出现的生态景观。整个鄱阳湖天然湿地系统处在年复一年的有规律波动之中。“高水是湖，低水似河”“洪水一片，枯水一线”是鄱阳湖湿地的典型特征。

5.2.3 湿地生态系统开放

鄱阳湖水系是一个完整、相对独立的水系单元，流域面积 16.2 万平方公里。鄱阳湖水系下垫面为长江，河湖径流和水位还受流域面积达 100 万平方公里的长江水的影响，因此，鄱阳湖生态系统受制于整个大系统的影响。这充分表明，鄱阳湖生态系统是一个开放型的大系统，系统内外存在大量的物质、能量、信息流动和交换。

5.2.4 湿地生物多样性丰富

鄱阳湖区湿地植物丰富，植物群落建群种多为世界广布种，以水生、沼生和湿生为主，其中草本植物占绝对优势。独特的湿地生态系统繁育了各种鱼类和水生动物(包括多种洄游性鱼类)，每年吸引着大量的鹤类、鹳类等珍稀候鸟来越冬，成为亚洲最大的鸟类越冬地。

第四节
“五河”湿地

1 河流水系

1.1 赣　江

赣江为鄱阳湖五大河流之首，是全省第一大河流，也是长江八大支流之一。赣江发源于江西省瑞金市与福建省长汀县交界的武夷山脉中的赣源岽，位于东经116°22′，北纬25°57′，河口为永修县吴城镇望江亭，位于东经116°01′，北纬29°11′，主河道长819公里，流域面积82809平方公里。流域内10平方公里以上河流有2000余条，50平方公里以上河流有480条，100平方公里以上河流有231条，500平方公里以上河流有44条，1000平方公里以上河流有22条，3000平方公里以上河流有11条，5000平方公里以上河流有7条，10000平方公里以上河流有1条。赣江干流自南向北，流经47个县市。贡水为主河道，习惯上称为东源，流域面积为27095平方公里，河长为312公里。贡水主流在会昌县以上又称绵江，源起于石城县、瑞金县与福建省长汀县交界处的石寮岽，向西南流入瑞金市境内，流经日东水库、壬田乡、瑞金市区，在会昌县城与湘水汇合后称贡水，向西北流至会昌县庄埠乡下洛坝与濂江汇合继续朝西北流至于都县西郊龙舌嘴与梅江汇合，向西流至赣县江口接纳平江，过江口西南流，于赣县茅店左岸接纳桃江，再西流至赣州市八镜台与章水汇合成赣江。章水流域面积7700平方公里，主河道长度235公里。赣江从赣州市起基本北流，右岸有孤江、乌江汇入，左岸有遂川江、蜀水、禾水、袁河、锦江汇入。赣江在南昌市绕扬子洲分为左右两股汊道。左股分为西支、北支，右股分为中支、南支。四支又各有分汊注入鄱阳湖。各支入湖水道，港汊纵横，洲湖交错，其中以西支为主流，经新建县联圩、铁河至吴城望江亭入湖。

1.2 抚 河

抚河位于江西省东部，发源于广昌、石城、宁都三县交界处的灵华峰东侧里木庄，位于东经116°17′，北纬26°31′，河口为进贤县三阳乡，位于东经116°16′，北纬28°37′，主河道长为348公里，流域面积16493平方公里。流域内10平方公里以上河流有380余条，50平方公里以上河流有98条，100平方公里以上河流有48条，500平方公里以上河流有9条，1000平方公里以上河流有6条，3000平方公里以上河流有2条，10000平方公里以上河流有1条。河流自南向北流，流经广昌、南丰、南城、临川、进贤等15个县(市)。南城以上俗称盱江，河长157公里；自南城到临川市河长77公里；过临川市于三阳入鄱阳湖。

1.3 信 江

信江位于全省东北，发源于浙赣边界玉山县三清乡平家源，位于东经118°05′，北纬28°59′，河口为余干县瑞洪镇章家村，位于东经116°23′，北纬28°44′，主河道长359公里，流域面积17599平方公里。流域内10平方公里以上河流有310余条，50平方公里以上河流有87条，100平方公里以上河流有46条，500平方公里以上河流有9条，1000平方公里以上河流有4条，10000平方公里以上河流有1条。源头流经七一水库、棠梨山、双明等地，自玉山县城到上饶市称为玉山水，在上饶市纳入丰溪河后始称信江，较大主要支流有玉琊溪、饶北河、丰溪河；干流过上饶后向西南流，至河口镇有铅山河于南岸汇入，自河口镇西行至黄沙港，在左岸汪二渡纳陈坊河；干流过上童，西北流至下琬于右岸纳岑港水，再过鹰潭市西北流，至锦江镇河流分汊形成河套，中有熊家洲，洲南河汊上有白塔河汇入，过锦江镇进入冲积平原圩区；大溪渡以下，信江干流于貊皮岭分为东西二大支，东西二支又各再分汊，形成弯曲交错的多支入湖水网。东支名东大河，在王惠滩分左右二支，左支于1952年被封堵，右支经马背嘴流向珠湖山与改道后的万年河汇合，然后北去会同饶河入鄱阳湖。西支名为西大河，原河道分三股，经整治并为一股经扩宽到瑞洪入鄱阳湖。

1.4 饶 河

饶河位于江西省东北部，是由乐安河与昌江在鄱阳县姚公渡汇合后之称呼。饶河发源于皖赣边界婺源县的五龙山，位于东经118°03′，北纬29°34′，河口为鄱阳县双港乡尧山，位于东经116°35′，北纬29°03′，主河道长299公里，流域面积15300平方公里。流域内10平方公里以上河流有290余条，50平方公里以上河流有72条，100平方公里以上河流有39条，500平方公里以上河流有12条，1000平方公里以上河流有3条，5000平方公里以上河流有2条，10000平方公里以上河流有1条。饶河源头乐安河自东北向西南流，过婺源、乐平，以下进入平原圩区，河道弯曲多汊道，有数处形成河套，过乐安村，向西北流，分为二支，一支西去，入鄱阳湖，一支北流至姚公渡与昌江会合，二江会合后，绕鄱阳县城，折向西北，至尧山分二支；一支北流出太子湖入鄱阳湖，另一支西去于龙口入湖。

1.5 修 河

修河在江西省西北，发源于铜鼓县高桥乡叶家山，位于东经114°14′，北纬28°31′，河口为永修县吴城镇望江亭，位于东经116°01′，北纬29°12′，主河道长419公里，流域面积14797平方公里。流域内10平方公里以上河流有300余条，50平方公里以上河流有73条，100平方公里以上河流有37条，500平方公里以上河流有8条，1000平方公里以上河流有4条，3000平方公里以上河流有2条，10000平方公里以上河流有1条。源头由南向北流，至修水县马坳乡上墈，俗称东津水，在上墈折向东流，在修水县城以上左岸有渣津水汇入，东流过杭口，再东南流至黄田里，右岸有武宁水汇入，而后又东北流经修水县城，过三都，向东流，至武宁县城西北洋浦里穿过柘林水库，再流至永修县城于山下渡接纳修河最大的支流潦河。潦河在修河主河道之南，以九岭山脉与修河主流分界，贯穿奉新、德兴、安义和高安部分，主河道长166公里，流域面积4380平方公里；在安义县境内石窝以上分南潦河和北潦河两大支，北潦河在安义县凌家又分南河与北河两支；南潦河和北潦河在石窝会合称之潦河，东北流至万家埠，原来的河道分东西两股，形成河套（1978年堵东股并流）；至永修山下渡汇入修河。修河过永修县向东北流至吴城镇注入鄱阳湖。

2 “五河”湿地的水文特征

2.1 气象特征

赣江流域地处低纬度，属亚热带季风湿润气候区。由于流域东、南、西三面高，向中间倾斜，加上流域内部武功山、于山等山地和丘陵的存在，形成了复杂的地势，对流域内气候特性起到一定制约作用。总的气候特点是：春夏之交多梅雨，秋冬季节降雨较少，春寒、夏热、秋旱、冬冷，四季变化分明，春秋季短，冬夏季长，结冰期短，无霜期长。冬季受西伯利亚冷高压影响，冷空气南下时，遇南岭等山脉阻挡，往往在本流域地面呈半静止锋型天气，常产生浅薄气旋，故有时阴雨连绵，但降雨量不大；当强冷空气自北方侵入，气压梯度大，风力强劲，气温骤降，地面多呈冷锋天气，俗称寒潮。夏季本流域一般处于太平洋副热带高压西北侧，孟加拉湾及南海大量暖湿气流源源不断输送到本流域，因而水汽充沛。此时冷空气仍频频南下，往往与暖湿气流交锋，形成大范围降雨或暴雨。春、秋季为气候转换季节，春季往往寒暖交替，天气多变，常有阴雨和低温天气出现。盛夏与伏秋季节，本流域一般受太平洋副热带高压控制，天气炎热而干旱。但有时受台风影响，出现台风雨或台风暴雨，也有时出现地区性的对流性不稳定的雷阵雨，但历时短，范围不大。赣江流域内各站实测多年平均蒸发量为1294～1765毫米；多年平均气温在17.2～19.3℃之间，极端最高气温41.6℃（宜春站1953年8月16日），极端最低气温－14.3℃（丰城站1991年12月29日）；多年平均相对湿度76%～82%，最小相对湿度为6%（峡江站1978年11月28日）；多年平均风速为1.1～2.9米/秒，最大风速20米/秒（吉安站1965年5月9日），相应风向为南风；多年平均日照时数1628～1875小时；多年平均无霜期252～285天。

抚河流域位于赣中东部，属亚热带湿润季风气候区，冬季受蒙古或西伯利亚冷高压控制，盛行西北风，天气寒冷少雨。盛夏多为副热带高压控制，盛行西南风，天气晴热少雨。春夏之交，冷暖气团交锋于境内，形成梅雨连绵。秋季常受变性高压控制，形成秋高气爽的晴朗天气。抚河流域多年平均蒸发量为1399.0毫米；多年平均气温为17.8℃，以7～8月份最高，12月至翌年1月最低，实测极端最高气温达42.2℃（黎川站2003年8月2日），极端最低气温为－13.2℃（东乡站1991年12月29日）；多年平均相对湿度为83.3%，最小相对湿度为4%（资溪站1973年12月28日、乐安站1996年4月16日）；多年平均风速为1.8米/秒，实测最大风速为34.0米/秒（宜黄站1966年8月30日），相应风向为北风；多年平均日照时数为1671.9小时；多年平均无霜期天数为273天。

信江流域位于亚热带季风气候区，全流域四季分明，气候温和，光照充足，雨量充沛。受来自印度洋孟加拉湾和太平洋东海、南海季风影响，一般从4月份开始，雨量逐渐增加；到5、6月份冷暖气流交汇于江南地带，降雨量剧增；7、8月份常受副热带高压控制，除台风雨外，雨量稀少；冬、春两季受来自西伯利亚及蒙古高原干冷气团影响，降水亦稀少。降水量在面上的分布是东多西少，周围山区多，干流河谷两侧及下游地区少。流域多年平均蒸发量为1384.7毫米，实测最大月蒸发量为363.6毫米（贵溪站1961年7月），实测最小月蒸发量为18.2毫米（余江站1998年1月）；多年平均气温为17.9℃，以7～8月份最高，12月或1月份最低，实测极端最高气温达43.3℃（玉山站1953年8月10日），极端最低气温为－15.1℃（余江站1991年12月29日）；流域多年平均相对湿度为79.2%，最小相对湿度为4%；多年平均风速为2.1米/秒，实测最大风速为22.7米/秒（弋阳站1976年7月13日），相应风向为西南西；多年平均日照小时数为1706小时；多年平均无霜期天数为263天。

饶河流域位于赣东北部，属副热带湿润季风气候区，全流域四季分明，气候温和，光照充足，雨量充沛，夏冬长，春秋短。盛夏季节多为副高压控制，盛行西南风，天气晴热少雨；冬季受西伯利亚冷高压控制，盛行西北风，天气寒冷少雨；春夏交替之时，冷暖气团常交锋于境内，梅雨连绵；秋季常受变性高压控制，形成秋高气爽的晴朗天气。饶河流域多年平均蒸发量为1426.1毫米，实测最大月蒸发量为361.5毫米（万年站1971年7月），实测最小月蒸发量为17.8毫米（万年站2005年1月）；多年平均气温为17.5℃，以7～8月份最高，12月或1月份最低，实测极端最高气温达41.8℃（景德镇站1967年8月29日），极端最低气温为－13.4℃（乐平站1991

年12月29日)；多年平均相对湿度为80%，最小相对湿度为4%；多年平均风速为1.7米/秒，实测最大风速为24米/秒(景德镇站1964年4月21日)，相应风向为西风。

修河流域地处低纬度，属亚热带湿润季风气候区，春夏之交多梅雨，秋冬季节降水较少，春寒、夏热、秋旱、冬冷，四季分明，气候温和，光照充足，雨量充沛。夏冬季长，春秋季短，结冰期短，无霜期长。冬季受西伯利亚冷高压影响，天气寒冷。流域内夏季一般处于太平洋副热带高压西北侧，孟加拉湾及南海大量暖湿气流源源不断。此时，如冷空气南下，常形成暖湿气流交汇，大范围降雨或暴雨。春、秋季为气候转换季节，寒暖交替，天气多变，常有阴雨和低温天气出现。盛夏与伏秋季时，流域一般受太平洋副热带高压控制，天气炎热，呈干旱状，但有时受台风影响，出现台风雨或台风暴雨，或出现历时短、范围小的地区性对流性不稳定的雷阵雨。流域内各站实测多年平均蒸发量为1116.3～1535.5毫米；多年平均气温在16.4～17.4℃之间，极端最高气温42.1℃(修水站1988年7月18日)，极端最低气温－15.8℃(奉新站1991年12月29日)；多年平均相对湿度79%～83%，最小相对湿度为6%(武宁站1986年3月15日)；多年平均风速为0.8～2.2米/秒，最大风速23.0米/秒(靖安站1981年5月2日)，相应风向为东风；多年平均日照时数1444～1812小时；多年平均无霜期255～276天。

2.2 降 水

赣江流域降水量充沛，流域内多年平均降水量在1400～1800毫米之间，降水量年内分配极不均匀，据赣江流域各代表站统计，4～6月多年平均降水量占全年降水量的41%～51%。流域内总的降水趋势是边缘山区大于盆地，东部大于西部，下游大于中、上游。赣江流域暴雨频繁，根据流域内雨量站的历年实测暴雨统计，最大日暴雨量多出现在4～9月。其中，5～6月以锋面雨的形式出现，使大暴雨更集中，7～9月主要是受台风影响产生暴雨。

抚河流域多年平均降水量1732.2毫米，东部武夷山一带可达2000毫米以上，往西及西北逐渐减少。流域多年平均水面蒸发量为1050～1150毫米。上游山区较小，下游平原区较大。多年平均径流深以东部支流发源地武夷山一带最大，可达1200毫米以上。向西及西北逐渐减少，至下游平原湖区约800毫米，流域平均1024毫米。

信江多年平均降水量1855.2毫米，上游约1800毫米，在闽赣交界的铅山河上游最大可达2150毫米，铅山南面武夷山一带为暴雨区。中游南部山区约2000毫米，下游约1600毫米。多年平均径流深上游约1100毫米，武夷山主峰附近可达1500毫米。中游南部山区约1400毫米，下游约800毫米。

饶河流域多年平均年降水量1849.7毫米，自东部山区向西部滨湖递减，以德兴怀玉山为暴雨中心，可达1900毫米以上，东部一般在1800毫米以上，西部滨湖约1500毫米。多年平均水面蒸发量上游约800毫米，下游约1100毫米，流域平均约1000毫米。多年平均径流深分布与降水量基本一致，东部德兴县附近约1200毫米，流域下游约600毫米。

修河流域多年平均降水量1663.2毫米，由西南向东递减。暴雨中心在支流潦河上游，可达2000毫米以上，最大值达2023毫米。多年平均水面蒸发量为800～1100毫米，由山区向下游平原逐渐增大。多年平均径流深与降水相似，由下游约500毫米向潦河上游及修河南边与锦江的分水界增大到约1200毫米。

2.3 径 流

受季风气候及降雨影响，鄱阳湖流域五河径流量年际变化较大。五河控制站1956年以来最大径流量与最小径流量之比为4~7。鄱阳湖水系径流主要来自五河，绝大部分来源于赣江。赣江入湖径流量占到五河总入湖径流量的60%以上；其他诸河占比重较小。

五河汛期多年平均径流量占年径流量的60%~69.2%。其中，信江、饶河、抚河约为65%；赣江和修河约为60%。

赣江流域径流在地区上的分布与降水量的地区分布基本一致。流域的周边山区为径流的高值区，多年平均径流深大于1200毫米；从周边山区向流域中部的吉太盆地递减，在吉太盆地形成低值区，多年平均径流深小于700毫米。五河流域主要测站年径流参数统计见表2-20，径流年内分配统计见表2-21。由表2-21可知，赣江最大月径流多出现在6月，最小月径流多出现在12月，连续最大4个月均在4~7月，约占年径流的53%~61%。

抚河流域径流补给来源主要为降水，以李家渡水文站为控制。抚河流域多年平均径流深为797.5毫米。最小年径流出现在1963年，其年径流深为232.7毫米；最大年径流出现在1954年，其年径流深为1622.6毫米。径流分布趋势与降雨分布相应，干流上游大于下游，山区大于平原。径流的年内分配极不均匀，主汛期4~6月份来水占全年总量的48%以上，枯水期10月至翌年2月来水只占全年来水量的17.8%~21.4%。

信江流域径流补给来源主要为降水，以梅港水文站为控制。信江流域多年平均径流深为1157毫米。最小年径流量出现在1963年，其年径流深为391~740毫米；最大年为1998年，年径流深为2094~2217毫米。分布趋势与降雨分布相应，东大西小，山区大于平原，多雨区均在1200毫米以上，武夷山区高达1400毫米。多年平均径流系数0.61，分布趋势与年径流深相同。径流的年内分配极不均匀，主汛期4~6月份来水占全年总量的53%以上，枯水期8月至翌年2月来水只占全年来水量的21.5%~28.3%。

饶河流域径流补给来源主要为降水。年径流的分布也大致与降雨的地域分布趋势相似。乐安河年径流略高于昌江；各河中、上游稍高于下游，自上而下递减。据现有测站资料统计，乐安河流域年径流深大致为1062~1108毫米；昌江流域年径流深约969~1007毫米。年际间水量变化较大。昌江、乐安河最枯年份均为1963年；昌江最丰年份为1954年，而乐安河最丰年份为1998年。按历年各月平均水量大于或接近于多年平均水量作为汛期，则每年汛期为4~7月。径流的年内分配极不均匀。饶河各站汛期4~7月4个月水量约为年总水量的70%，枯水期9月至翌年3月来水只约占全年来水量的30%。

修河流域径流丰沛，为降水补给，径流与降水量在时间上分布基本一致。各站径流量的大小变化符合自上而下渐增的规律。最大月径流多出现在6月份，最小月径流多出现在12月份，连续最大3个月径流主要集中在汛期4~6月，约占全年径流的50%左右。柘林水库兴建后，受其调蓄作用，下游虬津站径流年内分配较为均匀，各月径流占全年的百分比为5.5%~11.9%。

表 2-20 五河流域主要测站年径流参数统计

所在河流	站 名	集水面积（平方公里）	多年平均流量（立方米/秒）	Cv	Cs/Cv	径流模数（升/秒·平方公里）	径流深（毫米）
赣江干流	峡山	15975	430	0.35	2.0	26.9	848.9
	栋背	40231	1060	0.34	2.0	26.3	830.9
	吉安	56223	1490	0.33	2.0	26.5	835.8
	峡江	62724	1640	0.32	2.0	26.1	824.5
	石上	72760	1880	0.31	2.0	25.8	814.8
	外洲	80948	2150	0.29	2.0	26.6	837.6
盱江	沙子岭	1225	39.8	0.32	2.0	32.5	1025.5
抚河	廖家湾	8723	267	0.32	2.0	30.6	964.8
	李家渡	15811	403	0.37	2.0	25.3	797.5
临水	娄家村	4969	159	0.31	2.0	32.5	1026.4
信江	上饶	2736	99.6	0.37	2.5	36.4	1148
	弋阳	8753	317	0.36	2.5	36.2	1142
	梅港	15535	570	0.36	2.5	36.7	1157
昌江	潭口	1760	55.2	0.40	2.5	31.4	989
	樟树坑	3227	103	0.40	2.5	31.9	1007
	渡峰坑	5013	154	0.40	2.5	30.7	969
乐安河	三都	1415	48.3	0.40	2.0	34.1	1076
	香屯	3893	131	0.38	2.0	33.7	1062
	虎山	6374	224	0.38	2.0	35.1	1108
	石镇街	8376	290	0.38	2.0	34.6	1092
修河	高沙	5303	156	0.35	2.5	29.4	928
	虬津	9914	291	0.40	2.5	29.4	926
潦河	万家埠	3548	110	0.36	2.5	31.0	978

表 2-21 五河流域主要测站径流年内分配统计(%)

所在河流	站 名	1月	2月	3月	4月	5月	6月	7月	8月	9月	10月	11月	12月
赣江干流	峡山	3.08	4.91	9.16	13.72	16.73	20.72	8.81	7.08	5.83	4.03	3.23	2.72
	栋背	3.34	4.89	8.99	13.26	15.45	18.93	9.18	7.80	6.65	4.62	3.77	3.13

（续）

所在河流	站 名	1月	2月	3月	4月	5月	6月	7月	8月	9月	10月	11月	12月
赣江干流	吉安	3.29	4.93	8.90	13.79	16.25	18.80	9.40	7.47	5.94	4.46	3.72	3.05
	峡江	3.20	4.84	8.73	13.97	15.98	18.89	9.53	7.31	6.22	4.46	3.80	3.03
	石上	3.17	4.90	9.09	14.39	16.72	18.98	9.87	6.50	5.73	4.24	3.55	2.92
	外洲	3.21	4.72	8.52	14.10	16.47	18.89	10.21	6.86	5.95	4.19	3.77	3.11
盱江	沙子岭	3.5	5.3	8.6	12.6	16	20	9.5	6.6	5.6	5	4	3.3
抚河	廖家湾	3.5	5.3	8.8	13.6	16.3	20	10.5	5.8	4.6	4.1	4.1	3.5
	李家渡	3	5.4	10.1	15.3	17.9	21.7	9.8	4.3	3.4	2.7	3.4	3
临水	娄家村	3.8	6	10.6	15.4	14.1	19.2	8.9	5.9	5.2	3.6	4.2	3.1
信江	上饶	3.3	5.5	10.6	14.7	17.6	21.2	11.4	4.5	3.3	2.7	2.9	2.3
	弋阳	3.3	5.4	10.2	14.6	17	21.5	10.3	4.8	4	3	3.1	2.8
	梅港	3.2	5.1	9.7	14.4	17.6	22.1	10.5	5.1	3.9	2.8	3	2.6
昌江	潭口	2.0	4.7	8.7	14.4	16.6	22.7	15.8	6.8	3.0	2.0	1.9	1.4
	樟树坑	2.4	4.6	8.5	13.4	17.0	22.9	15.6	6.5	3.0	2.2	2.2	1.7
	渡峰坑	2.2	4.3	8.4	14.2	17.4	23.2	16.0	6.3	2.7	2.0	2.0	1.4
乐安河	三都	2.0	4.5	8.8	14.8	17.2	23.6	14.9	5.4	3.0	2.2	2.2	1.6
	香屯	2.4	4.9	9.2	15.5	17.5	21.8	14.1	5.2	3.1	2.2	2.1	1.9
	虎山	2.8	5.0	9.2	15.1	18.0	22.0	13.2	5.1	3.0	2.2	2.4	2.0
	石镇街	2.6	5.1	9.1	15.3	17.2	20.9	13.4	5.7	3.5	2.6	2.5	2.2
修河	高沙	2.9	5.2	9.3	15.7	17.3	19.1	12.1	5.6	4.1	2.8	3.2	2.5
	虬津	7.4	6.3	9.1	9.2	11.2	10.7	11.9	8.4	7.7	5.5	6.2	6.5
潦河	万家埠	3.1	4.5	7.4	12.1	15.8	19.8	13.0	8.1	5.8	3.8	3.8	2.8

2.4 水能资源

五河流域水力资源丰富，水能理论蕴藏量6134.1兆瓦，技术可开发量为5295.3兆瓦，经济可开发量4171.3兆瓦，已经或正在开发水力资源蕴藏量2221.3兆瓦(表2-22)。

表 2-22 江西省五大河流水能蕴藏量统计(兆瓦)

河 流	水能蕴藏量	技术可开发量	经济可开发量	已经或正在开发量
赣江	3607.8	3102.7	2460.1	1109.8
抚河	609.9	371.6	235.2	144.8
信江	850.0	671.5	430.9	234.0
饶河	377.7	254.5	215.4	62.5
修河	688.7	895.0	829.7	670.2
总 计	6134.1	5295.3	4171.3	2221.3

2.5 泥 沙

赣江及其支流的泥沙主要来源于雨水、洪水对表土的侵蚀。赣江流域除平江 20 世纪 80 年代以前水土流失较严重外，其他地方及平江 20 世纪 90 年代以后的植被均良好，水土流失不甚严重。因此，赣江属少沙河流。据赣江各测站泥沙资料统计分析，赣江的悬移质泥沙年际年内变化规律与径流基本一致，丰水丰沙，枯水少沙。泥沙主要集中在主汛期 4 ~6 月，该时期的输沙量占全年的 60% ~70%。

抚河流域植被覆盖良好，水土流失不甚严重，属于少沙河流。上游盱江广昌至南城河段，两岸山丘多红砂岩，风化侵蚀较严重，林木稀少，水土流失比流域其他地方严重。抚河流域泥沙主要集中在主汛期的 4 ~6 月，输沙量占全年的 72.9%；各站多年平均含沙量在 0.095 ~0.141 公斤/立方米之间，基本上属于少沙河流。流域最大年输沙量为 352 万吨(1998 年，李家渡站)，最大年侵蚀模数为 456 吨/平方公里(2002 年，沙子岭站)；悬移质泥沙最大粒径为 1.104 毫米，历年平均粒径 0.078 毫米，中数粒径 0.05 毫米，粒径小于 0.5 毫米的泥沙占 99%。

信江流域各站多年平均含沙量在 0.117 ~0.197 公斤/立方米之间，基本上属于少沙河流。多年平均输沙量上饶站为 56.33 万吨、弋阳站为 131.24 万吨、梅港站为 212.35 万吨。流域最大年输沙量(以梅港站为代表)为 501 万吨，最大年侵蚀模数(以上饶站为代表)为 669 吨/平方公里；悬移质泥沙中数粒径为 0.110 毫米，平均粒径为 0.04 毫米，最大粒径为 0.736 毫米。

饶河及其支流的泥沙主要来源于雨、洪水对表土的侵蚀。饶河的悬移质泥沙年际年内变化规律与径流基本一致，丰水丰沙，枯水少沙。泥沙主要集中在主汛期 4 ~7 月，该时期的输沙量占全年的 80% 以上。乐安河含沙量略高于昌江。

修河干流及其支流的泥沙来源主要是雨、洪水对表土的侵蚀。流域内土壤植被较好，多年平均含沙量仅为 0.101 ~0.475 公斤/立方米之间，属少沙河流。

全省五大河流中，依据水文测站实测资料分析，多年平均含沙量以修河上游的噪口水为最大(杨树坪水文站为 0.466 公斤/立方米)，其次是赣江上游的平江(翰林桥水文站为 0.444 公斤/立方米)，再次为贡水(峡山水文站为 0.23 公斤/立方米)和桃江(居龙滩水文站为 0.213 公斤/立方米)，赣江的禾水最小(上沙兰水文站为 0.077 公斤/立方米)，其余各河流水文站多年平均含沙量在 0.23 公斤/立方米以下。就含沙量年内分布而言，五大河流的分布规律与其径流量基本一致，高峰值均出现在每年的 3 ~8 月，低谷值在 1 ~2 月、9 ~12 月，且前者一般较后者大。

五大河中赣江含沙量最大，多年平均含沙量为0.133公斤/立方米；饶河的多年平均含沙量是最小的，多年平均含沙量为0.081公斤/立方米（渡峰坑站为0.088公斤/立方米，虎山站为0.081公斤/立方米）。五大河各主要控制站含沙量特征统计见表2-23。

表2-23 五大河各主要控制站悬移质含沙量特征值统计（公斤/立方米）

水系	站名	多年平均含沙量	历年最大		历年最小		统计年份
			含沙量	年份	含沙量	年份	
赣江	外洲	0.133	0.758	1989	0	2003	1956~2007
抚河	李家渡	0.114	0.788	1998	0.066	1966	1956~2007
信江	梅港	0.119	1.19	1971	0	2006	1955~2007
饶河	虎山	0.081	1.45	1979	0	2005	1956~2007
潦河（修河支流）	万家埠	0.108	0.54	1990	0	1994	1957~2007

五大河各主要测站的多年平均输沙量：外洲为895万吨、李家渡为142万吨、梅港为209万吨、虎山为56万吨、万家埠为37万吨。各站输沙量特征统计见表2-24。

表2-24 五大河各主要控制站输沙量特征值统计（万吨）

水系	站名	多年平均输沙量	历年最大		历年最小		统计年份
			输沙量	年份	输沙量	年份	
赣江	外洲	895	1860	1961	222	1963	1956~2007
抚河	李家渡	142	350	1998	26	1963	1956~2007
信江	梅港	209	500	1973	67	2001	1955~2007
饶河	虎山	56	180	1995	15	1963	1956~2007
潦河（修河支流）	万家埠	37	110	1973	11	2001	1957~2007

鄱阳湖流域各站输沙量年际变化剧烈，赣江、抚河、信江、修河各站最大输沙量与最小输沙量之比在1:6~19:1之间，饶河虎山和渡峰坑站高达41:1~42:1。鄱阳湖流域五大河月输沙量与月径流量年内分配基本一致，汛期更为集中。五河汛期多年平均输沙量占年输沙量的75%~87%，抚河、信江、饶河约为85%；赣江和修河约为75%。

第三章
湿地生物资源

第一节
湿地植物与植被

1 江西省湿地植物物种多样性

1.1 概 述

湿地植物(wetland plants)是湿地生态系统的重要组成部分，是湿地物质生产、能量流动、生物地化循环、污染物吸收转化、支持生物多样性等功能的基础。然而，到目前为止，对湿地植物还没有一个完整而确切的定义。从已有的水生植物、湿生植物的定义来看，水生植物(hydrophyte)被定义为："植株的部分或整体浸没在水里，能适应水域环境的植物。"湿生植物(hygrophyte)则是："生长在很湿润的空气和土壤环境中的植物。"(《简明生物学词典》，1982)这两个定义都不足以说明湿地植物的概念。

叶居新(2000)在《江西湿地》中提出："湿地植物就是在生态上适应湿地的植物，能在湿地生境正常生长、发育、繁衍。"由此，对湿地植物的认定，可将其生境作为主要判断依据。湿地的定义在《湿地公约》中已有明确界定，据此，我们认为凡在湿地生境中生长的植物都是湿地植物，包括长年生长在积水区和季节性积水区的，也包括水域周边过湿生境中的一些种类。

根据湿地植物在不同湿地生境中的分布特点，可按水生态类型将湿地植物分为沉水植物、浮叶植物、漂浮植物、挺水植物、沼生植物和湿生植物六大类。

(1)沉水植物：根系着生于水体基质，细弱植株沉入水体，花序或花各部简化，花期露出水面或于水中，水媒或自花传粉；如：苦草、狸藻、金鱼藻、穗状狐尾藻、水盾草、黑藻、竹叶眼子菜、菹草、水车前、大茨藻等。

(2)浮叶植物：根系着生于水体基质，茎通常短缩，叶常为背腹异面叶，呈莲座状，以长叶柄从各方伸展于水面接受光照，叶柄长度依水深有较大变化，或因变态茎上的叶生长时间不同而使叶片浮于水面，植株不耐缺水；如：荇菜、芡实、睡莲、菱、毛茛、莼菜、水龙、喜旱莲子草等。

(3)漂浮植物：根系悬生于水体，植株较小，易随水体流动而漂动；如：苹、槐叶苹、满江红、浮萍、品藻、无根萍、凤眼莲、水鳖等。

(4)挺水植物：根系着生于水体基质，植株大部分挺出水面接受光照，缺水时可在潮湿土壤上生长；如：芦苇、芦竹、荻、莲、菰、碎米莎草、高秆莎草、荆三棱、水葱、扁秆藨草、水龙、千屈菜、花菖蒲、菖蒲、慈姑、泽泻、灯心草等。

(5)沼生植物：根系着生于潮湿或水环境基质，植株在水湿或沼泽环境中完成生活周期，花序挺出水面，风媒或虫媒；如：针蔺、沼生水马齿、肉根毛茛、水毛茛等。

(6)湿生植物：近水体生长的中生植物，生活周期中需阶段性水湿与干旱，往往花果期处于后种生境，为湿地生态系统中的重要组分。如：稗、薹草、大狗尾草、马唐、五节芒、小飞蓬、一年蓬、大蓟、马兰、钻形紫菀、狗牙根、多头苦荬菜、长穗飘拂草等。

江西地处中亚热带，水热条件充沛，地形复杂，水系发达，湿地生境类型多样，植物种类丰富，区系组成复杂。

1.2 湿地植物的组成与区系地理分析

1.2.1 湿地植物的种类组成

根据野外调查、标本查阅及参考相关文献统计，江西省有湿地高等植物994种(含种以下单位)，隶属于162科455属(表3-1)。其中，苔藓植物有49科82属137种，分别占各阶元总数的30.25%、18.02%、13.78%；蕨类植物有22科38属55种，分别占各阶元总数的13.58%、8.35%、5.53%；裸子植物有2科4属5种，分别占各阶元总数的1.23%、0.88%、0.50%；被子植物有89科331属797种，分别占各阶元总数的54.94%、72.75%、80.19%。被子植物中双子叶植物66科221属477种，单子叶植物有23科110属320种。

表3-1 江西省湿地高等植物组成

分类群		科数	占总科数的比例(%)	属数	占总属数的比例(%)	种数	占总种数的比例(%)
苔藓植物		49	30.25	82	18.02	137	13.78
蕨类植物		22	13.58	38	8.35	55	5.53
裸子植物		2	1.23	4	0.88	5	0.50
被子植物	双子叶植物	66	40.74	221	48.57	477	48.00
	单子叶植物	23	14.20	110	24.18	320	32.19
总计		162	100.00	455	100.00	994	100.00

1.2.2 湿地种子植物的生态型与生活型组成

1.2.2.1 生态型组成

按上述分类统计，分析江西省802种湿地种子植物的生态类型组成(图3-1)，其中沉水植物40种，占江西省湿地种子植物的4.99%；浮叶植物32种，占3.99%；漂浮植物11种，占1.37%；挺水植物22种，占2.74%；沼生植物62种，占7.73%；湿生植物635种，占79.18%。可见，最具优势的为湿生植物，它们主要分布在湖滨滩地、河岸带和圩堤上，只受季节性水淹。

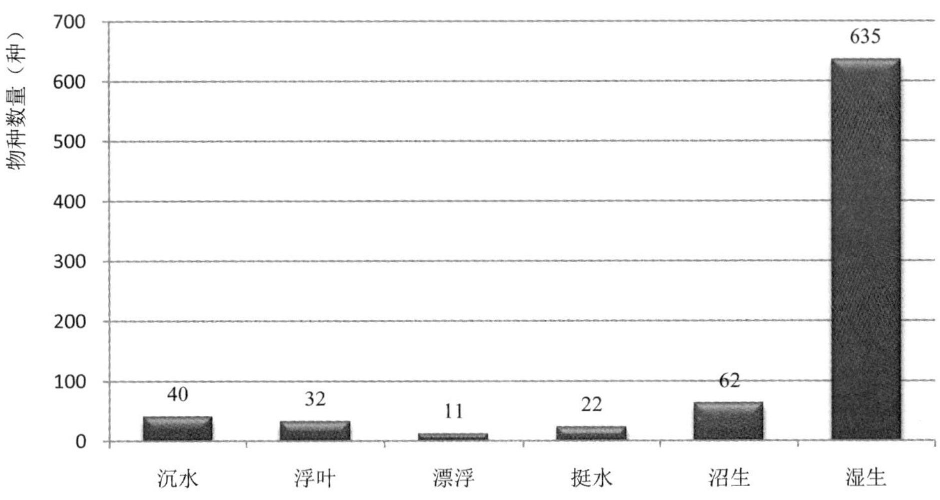

图 **3-1**　江西省湿地种子植物生态类型组成

1.2.2.2　生活型组成

根据 C. Raunkiaer 的分类方法，江西省湿地种子植物的生活型谱如图 3-2。其中，高位芽植物(Phanerophytes，PH)占 6.56%，地上芽植物(Chamaephytes，CH)占 19.43%，地面芽植物(Hemicryptophytes，H)占 1.67%，一年生植物(Therophytes，TH)占 59.33%，地下芽植物(Geophytes，G)占 13%。可见，在江西省湿地植物的生活型组成中，一年生植物占绝对优势，主要为湿地沉水植物和漂浮植物；其次为地上芽植物和地下芽植物。生活型谱中占次要地位的为地面芽植物和高位芽植物，主要有分布于湿地周边的一些耐湿植物，包括少量木本植物。

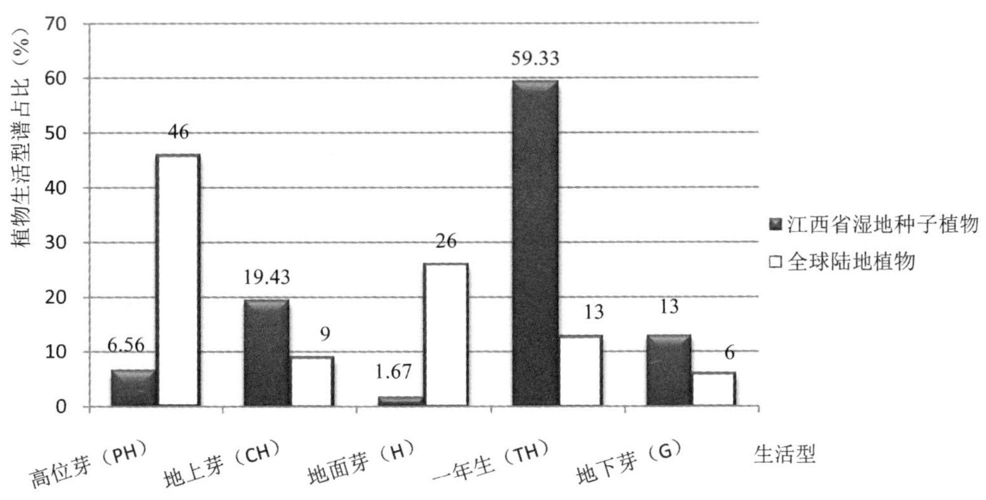

图 **3-2**　植物生活型谱占比

从图 3-2 可以看出，江西省湿地植物的组成与全球陆地植物组成有着明显的区别，体现出了湿地生态系统的生境特点。大量一年生植物的存在表明水位的季节性波动带来湿地生境的波动性变化也是很大的，这对许多植物的生存而言是严酷的生态因子，这其中不乏一些湿地短命植物。

1.2.3 苔藓植物区系地理分析

江西省湿地苔藓植物物种统计，苔纲和角苔纲类依照《中国苔纲和角苔纲植物属志》，藓纲依照《中国苔藓志》(1～8卷)。据鉴定和统计，江西省共有湿地苔藓植物49科82属137种。其中，苔纲26科30属39种；角苔纲1科2属2种；藓纲22科50属96种(含1个变种)。

1.2.3.1 优势科、属统计

以含6种以上(包括6种)的科为优势科进行统计，江西湿地苔藓植物共9个优势科，且均隶属于藓纲，含33属64种，分别占江西湿地苔藓植物总科数的18.37%，总属数的40.24%，总种数的46.72%(表3-2)。

表3-2 江西省湿地苔藓优势科的属、种统计

序 号	科 名	拉丁文	属 数	占总属数(%)	种 数	占总种数(%)
1	泥炭藓科	Sphagnaceae	1	1.22	6	4.38
2	曲尾藓科	Dicranaceae	4	4.88	7	5.11
3	丛藓科	Pottiaceae	7	8.54	11	8.03
4	葫芦藓科	Funariaceae	3	3.66	7	5.11
5	真藓科	Bryaceae	3	3.66	6	4.38
6	提灯藓科	Mniaceae	2	2.44	7	5.11
7	柳叶藓科	Amblystegiaceae	4	4.88	6	4.38
8	灰藓科	Hypnaceae	5	6.10	8	5.84
9	金发藓科	Polytrichaceae	4	4.88	6	4.38
总 计			33	40.24	64	46.72

江西省湿地苔藓植物的优势属以属内所含种数大于3统计，按种数多少排序(表3-3)。优势属为泥炭藓科的泥炭藓属和提灯藓科的匐灯藓属，这2个属各6个种。

表3-3 江西省湿地苔藓优势属排序

序 号	属 名	种 数	占总种数(%)
1	泥炭藓属 *Sphagnum*	6	4.38
2	匐灯藓属 *Plagiomnium*	6	4.38
3	凤尾藓属 *Fissidens*	5	3.65
4	泽藓属 *Philonotis*	5	3.65
5	真藓属 *Bryum*	4	2.92
6	灰藓属 *Hypnum*	4	2.92
7	地钱属 *Marchantia*	3	2.19
8	曲尾藓属 *Dicranum*	3	2.19
9	小石藓属 *Weissia*	3	2.19
10	葫芦藓属 *Funaria*	3	2.19
11	立碗藓属 *Physcomitrium*	3	2.19

（续）

序　号	属　名	种　数	占总种数(%)
12	羽藓属 *Thuidium*	3	2.19
13	青藓属 *Brachythecium*	3	2.19
14	仙鹤藓属 *Atrichum*	3	2.19
总　计		54	39.42

1.2.3.2　区系成分分析

参照吴征镒、王荷生的观点，根据江西省苔藓植物的现代地理分布范围，将苔藓植物区系划分为下列成分(表3-4)。

表3-4　江西省湿地苔藓植物的区系成分

区系成分	种　数	百分比(%)
1. 世界分布	17	12.41
2. 泛热带分布	10	7.30
5. 热带亚洲至热带大洋洲分布	2	1.46
6. 热带亚洲至热带非洲分布	1	0.73
7. 热带亚洲分布	8	5.84
8. 北温带分布	47	34.31
9. 东亚和北美洲间断分布	4	2.92
10. 旧世界温带分布	4	2.92
11. 温带亚洲分布	1	0.73
12. 地中海、西亚至中亚分布	1	0.73
14. 东亚分布	36	26.28
14.1. 日本—喜马拉雅分布	17	12.41
14.2. 中国—喜马拉雅分布	2	1.46
14.3. 中国—日本分布	17	12.41
15. 中国特有成分	6	4.38
总　计	137	100

(1)世界分布：带叶苔、毛地钱、石地钱、地钱、泥炭藓、角齿藓、长蒴藓、鳞叶凤尾藓、长叶纽藓、小石藓、葫芦藓、真藓、丛生真藓、细叶真藓、大羽藓、拟金发藓、桧叶金发藓原变种。

(2)泛热带分布：此区包括普遍分布于东、西两半球热带，和在全世界热带范围内有一个或数个分布中心，但在其他地区也有一些热带类群的分布。包括如下种类：双齿异萼苔、黄色细鳞苔、秃叶泥炭藓、纤枝短月藓、钝叶匐灯藓、具缘匍灯藓、东亚泽藓、鳞叶藓、卷叶湿地藓、薄网藓。

(3)热带亚洲至热带大洋洲分布：此区在旧世界热带的东翼，亚洲至大洋洲的热带地区，其西端可达马达加斯加，但一般不到非洲。包括：大凤尾藓和南亚小曲尾藓。

(4)热带亚洲至热带非洲分布：是旧世界分布的西翼，即从热带非洲至印度—马来西亚，但不见于澳大利亚。仅1种：全缘广萼苔。

(5)热带亚洲(即热带东南亚至印度—马来西亚，太平洋诸岛)分布：此区是旧世界热带的中心部分，包括印度、斯里兰卡、缅甸、泰国、印度尼西亚、菲律宾、新几内亚等，东部可到斐济等南太平洋岛屿，但不到澳大利亚大陆。其中分布区的北部边缘可达我国西南、华南及台湾，甚至更北。包括如下种类：大蠕形羽苔、狭叶羽苔、紫背苔、黄砂藓、暖地泥炭藓、暖地泥炭藓拟柔叶亚种、白边鞭苔、灰羽藓。

(6)北温带分布：此区指广泛分布于欧洲、亚洲和北美洲温带地区的类群。包括如下种类：裸蒴苔、绿片苔、宽片叶苔、毛叶苔、深绿叶苔、斜齿合叶苔、短瓣大萼苔、异叶裂萼苔、刺叶护蒴苔、小叶苔、花叶溪苔、溪苔、蛇苔、角苔、黄角苔、尖叶泥炭藓、黄牛毛藓、变形小曲尾藓、疣肋曲柄藓、棕色曲尾藓、曲尾藓、小凤尾藓、卷叶凤尾藓、大叶凤尾藓、狭叶葫芦藓、刺叶真藓、泽藓、齿缘泽藓、细叶小羽藓、柳叶藓、曲肋薄网藓、仰叶拟细湿藓、长肋细湿藓、弯叶大湿原藓、羽枝青藓、弯叶青藓、鼠尾藓、绢藓、棉藓原变种、圆条棉藓、弯叶灰藓、卷叶灰藓、沼生长灰藓、毛梳藓、塔藓、赤茎藓、仙鹤藓。

(7)东亚和北美洲间断分布：此区指间断分布于东亚和北美洲温带及亚热带地区的类群。包括如下种类：睫毛苔、长叶提灯藓、灰白青藓、长柄绢藓。

(8)旧世界温带分布：此区指广泛分布于欧洲、亚洲中高纬度的温带和寒温带，或个别延伸到亚洲—非洲热带山地甚至澳大利亚的类群。包括种类有绒苔、叉苔、红叶藓、红蒴立碗藓。

(9)温带亚洲分布：此区指局限于亚洲温带地区的类群。仅1种：尖叶匐灯藓。

(10)地中海、西亚至中亚分布：此区指分布于现代地中海周围，经过西亚或西南亚至苏联中亚和我国新疆、青藏高原及蒙古高原一带的干旱地带的类群。仅1种：盔瓣耳叶苔。

(11)东亚分布：此区指东喜马拉雅一直分布到日本的类群，向北不超过俄罗斯的阿穆尔州，向西南部超过越南北部和喜马拉雅东部，向南最远到菲律宾、苏门答腊和爪哇。本成分中除广泛分布于喜马拉雅至日本的类型外，因种的分布中心不同，还可划分为日本—喜马拉雅成分、中国—喜马拉雅成分和中国—日本成分。

①日本—喜马拉雅分布：包括种类有刺边合叶苔、长叶疣鳞苔、小蛇苔、尖叶对齿藓、花状湿地藓、剑叶藓、东亚小石藓、丝瓜藓、卵蒴丝瓜藓、日本匐灯藓、匐灯藓、侧枝匐灯藓、卷叶泽藓、细叶泽藓、拟木毛藓、大灰藓、南亚灰藓。

②中国—日本分布：包括种类有卵叶羽苔、大瓣扁萼苔、尖叶扁萼苔、东亚钱袋苔、长刺带叶苔、楔瓣地钱东亚亚种、粗裂地钱风兜变种、日本曲尾藓、阔叶小石藓、拟合睫藓、大桧藓、刀叶树平藓、东亚万年藓、短肋羽藓、暖地明叶藓、东亚小金发藓、苞叶小金发藓。

③中国—喜马拉雅分布：包括种类有拟尖叶泥炭藓、金发藓原变种。

(12)中国特有分布：此区以云南或西南诸省为中心，向东北、向东或向西北辐射，而主要分布于秦岭—山东以南的亚热带和热带地区，个别可突破国界到邻近各国如缅甸、中南半岛、朝鲜、俄罗斯远东、蒙古等，总之是以中国整体的自然植物区为中心而分布界限不越出国界很远。

江西主要有如下种类：钝角剪叶苔、粗对齿藓、尖顶夭命藓、中华葫芦藓、江岸立碗藓、黄边立碗藓。

1.2.3.3　江西省苔藓植物区系特征

江西省的湿地类型较齐全，湿地水系又非常完整，为湿地苔藓植物提供了多样的栖息环境。这次湿地调查共记录湿地苔藓植物 49 科 82 属 137 种。优势科、属主要集中于藓类植物中，优势科如曲尾藓科、丛藓科和灰藓科，优势属如泥炭藓属、匐灯藓属和凤尾藓属。苔类植物仅地钱属种类较多，分布较广。

江西省地处长江中下游地区，属亚热带季风气候区，雨量充沛。由于立地条件的差异，江西苔藓植物类群成分由南向北呈规律性变化，赣南富含亚热带、热带区系成分；赣北则多暖温带属种；中部和东部最富东亚类型，从而使江西显示出由南亚热带至中亚热带向北亚热带过渡的特征。这种分布特征与此次湿地调查的结果相符。

江西省湿地水系是以鄱阳湖为中心向四周呈放射状分布，境内的赣、修、抚、信、饶五大水系均汇入鄱阳湖而进长江，多数水系位于赣中部、北部，湿地面积较大，类型丰富，湿地苔藓多样性更丰富。本次调查的湿地苔藓类群中，以北温带分布类群最丰富，占 33.58%；其次为东亚分布的类群，占 31.39%；再次为世界分布类群，占 12.41%；而泛热带分布类群仅占 7.30%。本次湿地苔藓调查的结果较好地印证了江西苔藓成分的构成和分布特征。

1.2.4　蕨类植物区系地理分析

1.2.4.1　江西省湿地蕨类植物的基本组成

通过全省湿地植物普查及查阅相关标本，按秦仁昌先生系统可将全省湿地蕨类植物分为 22 科 38 属 55 种，分别占江西全省蕨类植物科、属、种的（49 科 114 属 401 种）44.9%、33.3%、13.7%。

1.2.4.2　科的区系特点

江西省湿地植物中科的类型较为齐全。从系统发育上看，既具有较多的原始科，如卷柏科、瓶尔小草科、阴地蕨科、紫萁科、里白科等，也有较为进化即处于进化的中间位置的科，如裸子蕨科、蕨科、蹄盖蕨科等，还有系统发育和进化地位很高的水骨龙科等，可见江西省湿地蕨类植物区系的发育历史是古老的。江西所处的地理环境为该地区蕨类植物稳定的繁衍、进化、散布提供了很好的条件。

在江西省湿地分布的 22 个科内，大部分科内属、种贫乏，所有的科内拥有属均在 4 属以下。其中，含 1 属的有 16 个科，占 72.7%；含 2 属的有 1 个科，占 4.5%；含 3 ~ 4 属的有 5 个科，占 22.7%。从科内包含种数方面看，仅含 1 个种的有 12 个科，占 54.5%；2 ~ 4 种的 6 个科，占 27.2%；含 10 种以上的科为 4 个，仅占 18.2%。这些特征与湖南、江苏等其他省的湿地蕨类植物特征一致。

大科组成中热带性明显增强。江西省湿地蕨类植物区系中，为热带、亚热带分布的科有海金沙科。在亚热带蕨类区系中占有非常重要地位的鳞毛蕨科、水龙骨科、蹄盖蕨科种的比例很高。泛热带分布的凤尾蕨科、金星蕨科的属种的数量和比例都明显较多，成为种类最多的科。

1.2.4.3　属的组成特点及地理成分分析

大部分属内种类较为贫乏，全部为小于 5 种的属。在 38 个属中，在江西仅产 1 种的有 25 属，占5.8%；2~4种的12属，占31.6%，种在属中的分布不均匀，卷柏属和凤尾蕨属的种最多，均有4种。

江西省湿地蕨类植物区系中属的地理成分较为复杂，共分为9种类型(表3-5)：其中，热带分布的属25个，占65.8%，如凤尾蕨属等；而温带分布的属仅2个，占5.26%，如卵果蕨属；亚热带分布性质的属6个，占15.79%，如鳞毛蕨属、复叶耳蕨属。在热带分布的属中，以泛热带分布的最多，共有7属，占18.42%；其次为热带亚洲分布，共有5属，占13.16%。由此可见，本植物区系具有明显的热带起源，这与其从热带北缘到中亚热带的地理位置是一致的。

表3-5 江西省湿地蕨类植物属的分布型

分布区类型	属数(个)	百分比(%)
1. 世界分布	5	13.16
2. 泛热带分布	7	18.42
3. 热带亚洲和热带美洲间断分布	3	7.89
4. 旧世界热带分布	3	7.89
5. 热带亚洲至热带大洋洲分布	3	7.89
6. 热带亚洲至热带非洲分布	4	10.53
7. 热带亚洲分布	5	13.16
8. 北温带分布	2	5.26
11. 温带亚洲分布	6	15.79
总 计	38	100

1.2.4.4 珍稀濒危蕨类植物

调查发现，江西省湿地蕨类中珍稀濒危的蕨类植物有东京鳞毛蕨和水蕨科的2个种，即粗梗水蕨、水蕨。

1.2.4.5 江西省湿地蕨类植物区系特征

(1)江西省湿地共有蕨类植物55种，隶属于38属22科：种类以鳞毛蕨科、金星蕨科、卷柏科、水龙骨科、蹄盖蕨科为数最多，前面3个科指示出江西省湿地蕨类植物区系明显具有热带性质。

(2)江西省湿地蕨类植物中优势科、属十分明显：其中优势科有鳞毛蕨科、金星蕨科、蹄盖蕨科、凤尾蕨科等；优势属有：鳞毛蕨属、凤尾蕨属、卷柏属、复叶耳蕨属。

(3)江西省湿地蕨类植物多为世界分布科：如石松科、瓶尔小草科、紫萁科、蹄盖蕨科、槐叶苹科和满江红科均是世界分布科。从系统发育上看，石松科、木贼科、瓶尔小草科、紫萁科等是比较原始的科。水蕨科、苹科、槐叶苹科和满江红科是典型的水生植物。

(4)江西省湿地蕨类植物区系中，一些在系统发育上较进化的科占据了主体：如鳞毛蕨科、金星蕨科、水龙骨科、凤尾蕨科等，而且很多是中生代或更古老的种类，如古生代的石松、卷柏等，中生代前期的紫萁、芒萁等，侏罗纪期的海金沙等。因此，江西省湿地蕨类植物区系起源古老。显示出该区蕨类植物是在旧的植物区系的基础上发展起来的，有着晚出性和兼容性的特点，是江西省蕨类植物多样性的重要分化中心和保存中心。

1.2.5 种子植物区系地理分析

1.2.5.1 科的组成

根据种子植物科所含的种数将种子植物科进行分组，可将江西省湿地种子植物分为6类(表3-6)。其中，含50种以上的特大科有3个，共94属255种，其种数占总种数的31.80%，分别为菊科(30/50)(属数/种数，下同)、莎草科(12/116)和禾本科(52/89)。含15～49种的大科有8科，共50属176种，其种数占总种数的21.95%，如报春花科(3/15)、凤仙花科(1/16)、茜草科(8/17)、菱科(1/20)、玄参科(8/24)、唇形科(15/27)和蓼科(3/42)。这些特大科与大科在江西省湿地植物中占有明显的优势，是构成湿地植物区系及植被的重要成分。含10～14种的中等科有11个，共50属125种，其种数占总种数的15.59%，如大戟科(7/12)、谷精草科(1/10)、百合科(7/10)、灯心草科(2/10)、毛茛科(3/11)、十字花科(6/12)、眼子菜科(1/11)、水鳖科(5/11)、蔷薇科(6/14)、豆科(9/14)、泽泻科(3/10)等。含5～9种的小科有24科，共80属162种，其种数占总种数的20.20%，如柳叶菜科(4/8)、萝摩科(4/7)、鸢尾科(2/7)、虎耳草科(6/8)、堇菜科(1/8)、狸藻科(1/8)、茨藻科(2/9)等。含2～4种的寡种科有20个，共36属59种，其种数占总种数7.36%，如葫芦科(3/3)、雨久花科(2/3)、茅膏菜科(1/3)、黄杨科(1/3)、小二仙草科(2/4)、紫草科(4/4)、锦葵科(3/4)、爵床科(4/4)等。仅含1种的单种科有25科，如棕榈科、黄眼草科、蒟蒻薯科、水玉簪科等，其种数占总种数的3.12%。

表3-6 江西省湿地种子植物科的分组

等级	分级标准	科数	占总科(%)	所含属数	占总属(%)	所含种数	占总种数(%)
单种科	仅含1种	25	27.47	25	7.46	25	3.12
寡种科	含2～4种	20	21.98	36	10.75	59	7.36
小科	含5～9种	24	26.37	80	23.88	162	20.20
中等科	含10～14种	11	12.09	50	14.93	125	15.59
大科	含15～49种	8	8.79	50	14.93	176	21.95
特大科	含50种以上	3	3.30	94	28.06	255	31.80
总计		91	100	335	100	802	100

1.2.5.2 属的组成

对江西省湿地种子植物335个属根据各属所含种数进行分组，可以分为5组(表3-7)。其中，含15种以上的大属有5个，占总属数的1.49%，共134种，占总种数的16.71%，如凤仙花属(16)(该属所含种数，下同)、菱属(20)、蓼属(32)、薹草属(51)和飘拂草属(15)。这些属是江西省湿地植被构成的主体，如鄱阳湖湿地的优势种主要是薹草属、蓼属各种。含10～14种的中等属有5个，占总属数的1.49%，共60种，占总种数的7.48%，如谷精草属(10)、眼子菜属(11)、荸荠属(12)、珍珠菜属(13)、莎草属(14)。含5～9种的小属有23个，占总属数的6.87%，共153种，占总种数的19.08%，如酸模属(9)、藨草属(9)、柳属(9)、慈姑属(7)、猪殃殃属(7)、灯心草属(7)、婆婆纳属(7)、堇菜属(8)等。含2～4种的寡种属有96个，占总属数的28.66%，共249种，是含种数最多的，占总种数的比例为31.05%，如看麦娘属(3)、焯菜属(3)、鼠尾草属(2)、黍属(4)等。仅含1种的属比例最高，占总属数的61.49%，其种数占总种数的比例则为25.69%，如蛇床属、枫杨属、博落回属、鸡眼草属、萝藦属、茶菱属等。

表3-7 江西省湿地种子植物属的分组

等 级	分级标准	属 数	占总属(%)	所含种数	占总种数(%)
单种属	仅含1种	206	61.49	206	25.69
寡种属	含2~4种	96	28.66	249	31.05
小属	含5~9种	23	6.87	153	19.08
中等属	含10~14种	5	1.49	60	7.48
大属	含15种以上	5	1.49	134	16.71
合 计		335	100	802	100

1.2.5.3 科的区系地理成分

根据种子植物各科的现代地理分布特点，按照吴征镒等(2003)对世界种子植物科的分布区的划分方法与原则对江西省湿地种子植物科的分布区类型进行划分见表3-8。

表3-8 种子植物科的分布区类型统计

分布区类型	科 数	比例(%)
1. 世界分布	43	47.25
2. 泛热带分布	25	27.47
2-2. 热带亚洲、非洲和美洲(南美洲)间断	1	1.10
2-3. 以南半球为主的泛热带	1	1.10
3. 热带亚洲和热带美洲间断分布	2	2.20
4. 旧世界热带分布	1	1.10
4-1. 热带亚洲、非洲和大洋洲间断	1	1.10
5. 热带亚洲至热带大洋洲分布	1	1.10
8. 北温带分布	2	2.20
8-4. 北温带和南温带间断	9	9.89
9. 东亚和北美洲间断分布	3	3.30
10. 旧世界温带分布	2	2.20
总 计	91	100

其中，世界分布的科43个，占总科数的47.25%。分别为酢浆草科、鼠李科、景天科、水马齿科、苋科、金鱼藻科、龙胆科、败酱草科、香蒲科、小二仙草科、紫草科、石竹科、茄科、车前科、浮萍科、兰科、桑科、旋花科、桔梗科、睡莲科、千屈菜科、柳叶菜科、虎耳草科、堇菜科、狸藻科、茨藻科、泽泻科、毛茛科、十字花科、眼子菜科、水鳖科、蔷薇科、豆科、伞形科、报春花科、茜草科、玄参科、唇形科、蓼科、菊科、禾本科、莎草科、藜科等。

泛热带分布及其变型的科有25个，占总科数的27.47%，是江西省湿地种子植物区系第二大分布区类型。本类型可分为1正型2变型。泛热带分布正型的分别有马兜铃科、樟科、楝科、卫矛科、梧桐科、藤黄科、沟繁缕科、野牡丹科、棕榈科、黄眼草科、蒟蒻薯科、水玉簪科、葫芦科、雨久花科、锦葵科、爵床科、荨麻科、天南星科、萝摩科、鸭跖草科、大戟科、谷精草科、凤仙花科、商陆科、马齿苋科等。

热带亚洲、非洲和美洲(南美洲)间断分布变型的只有1科,即鸢尾科。以南半球为主的泛热带变型的有1科,即石蒜科。

热带亚洲和热带美洲间断分布有2科,占总科数的2.20%,即野茉莉科、马鞭草科。

旧世界热带分布及其变型的有2科,占总科数的2.20%,为胡麻科、水蕹科等,分别属于该分布型的正型及变型。

热带亚洲至热带大洋洲分布的只有1科,占总科数的1.10%,即马钱科。

北温带分布及其变型有11科,占总科数的比例为12.09%,可分为1正型1变型。正型有2科,即忍冬科、百合科。变型有9科,为胡桃科、桦木科、黑三棱科、茅膏菜科、牻牛儿苗科、黄杨科、罂粟科、杨柳科、灯心草科等。

东亚和北美洲间断分布是一个比较古老的分布区类型。江西省湿地种子植物中有3科属于这一类型,占总科数的比例为3.30%,即三白草科、松科、杉科等。

此外,还有旧世界温带分布的2个科,占总科数的比例为2.20%,即柽柳科、菱科等。

从科的区系成分来看,世界广布成分占的比例很大。泛热带分布各科的分布也很广泛,包括东、西半球热带、亚热带,甚至有延伸到温带的,这些科的本质和起源与世界广布成分一样不易理清。而这两类成分加起来的科数占总科数的比例接近四分之三。这表明,江西省湿地种子植物区系科的成分分布较广泛,不易理清其起源及本质,也就具有隐域性的特点。同时,具有一些间断分布的类型,也表明江西省湿地种子植物区系具有一定的古老性。

1.2.5.4 属的区系地理成分

依照吴征镒(1991)关于中国种子植物属的分布区类型的划分方法,对江西省湿地种子植物335属进行划分见表3-9。

表3-9 江西省湿地种子植物属的分布区类型统计

分布区类型	属 数	比例(%)	全国属数	占全国的比例(%)
一、1. 世界分布	67	20.00	104	64.42
二、泛热带分布及其变型	87	25.97	—	—
2. 泛热带分布	85	25.37	316	26.90
2-1. 热带亚洲、大洋洲和南美洲间断	2	0.60	17	11.76
三、3. 热带亚洲和热带美洲间断分布	5	1.49	80	6.25
四、旧世界热带分布及其变型	15	4.48	—	—
4. 旧世界热带分布	4	1.19	159	2.52
4-1. 热带亚洲、非洲和大洋洲间断	11	3.28	18	61.11
五、5. 热带亚洲至热带大洋洲分布	9	2.69	217	4.15

(续)

分布区类型	属 数	比例(%)	全国属数	占全国的比例(%)
六、6. 热带亚洲至热带非洲分布及其变型	9	2.69	120	7.50
七、热带亚洲分布及其变型	18	5.37	—	—
7. 热带亚洲分布	15	4.48	413	3.63
7-1. 爪哇、喜马拉雅至中国华南、西南间断	1	0.30	34	2.94
7-4. 越南至中国华南	2	0.60	62	3.23
八、北温带分布及其变型	61	18.21	—	—
8. 北温带分布	54	16.12	145	37.24
8-4. 北温带和南温带间断	1	0.30	131	0.76
8-5. 欧亚大陆和温带南美洲间断	6	1.79	6	100
九、9. 东亚和北美洲间断分布	11	3.28	130	8.46
十、旧世界温带分布及其变型	26	7.76	—	—
10. 旧世界温带分布	22	6.57	136	16.18
10-1. 地中海、西亚和东亚间断	3	0.90	28	10.71
10-3. 欧亚和南部非洲间断	1	0.30	27	3.70
十一、11. 温带亚洲分布	4	1.19	61	6.56
十四、东亚分布及其变型	19	5.67	—	—
14. 东亚分布	11	3.28	70	15.71
14-2. 中国—日本	8	2.39	111	7.21
十五、15. 中国特有分布	4	1.19	248	1.61
总 计	335	—	—	—

世界分布属有67个，占全国同类型属的64.42%，这些属是江西省湿地植被中主要的优势种，进一步说明江西省湿地植物区系的隐域性特点。这些属分别为漆姑草属、莼菜属、睡莲属、薹草属等。

泛热带分布及其变型有87属，是江西省湿地种子植物分布区类型中最大的一个类型，占其余种子植物属(除去世界分布属统计，下同)的25.97%。这些属的各种是江西省湿地植被中重要的伴生种，部分是优势种。这一类型有1个正型1个变型。泛热带分布正型的分别为榕属、冷水花属、细辛属、莲子草属、青葙属、商陆属、荷莲豆属、马齿苋属、合萌属、决明属、田菁属、铁苋菜属、算盘子属、叶下珠属、乌桕属、南蛇藤属、凤仙花属、马松子属、苘麻属、梵天花属、木槿属、沟繁缕属、节节菜属、水龙属、丁香蓼属、小二仙草属、天胡荽属、醉鱼草属、菟丝子属、马蹄金属、番薯属、鱼黄草属、牵牛属、大青属、马鞭草属、牡荆属、马缨丹属、曼陀罗属、母草属、水蓑衣属、风箱树属、耳草属、半边莲属、尖瓣花属、下田菊属、藿香蓟属、白酒草属、鳢肠属、豨莶属、水车前属、苦草属、野古草属、孔颖草属、狗牙根属、马唐属、稗属、画眉草属、野黍属、球穗草属、白茅属、柳叶箬属、鸭嘴草属、假稻属、稻属、千金子属、求米草属、黍属、雀稗属、芦苇属、甘蔗属、囊颖草属、狗尾草属、球柱草属、飘拂草属、水蜈蚣属、湖瓜草属、砖子苗属、扁莎草属、大藻属、黄眼草属、谷精草属、鸭跖草属、聚花草属、凤眼莲属、水玉簪属等。属于该分布型的变型——热带亚洲、大洋洲和南美洲间断分布的有2属，分别为薄柱草属和蓝花参属。

热带亚洲和热带美洲间断分布的有5属，占总属数的1.49%。这些属分别为樟属、过江藤属、地榆属、裸柱菊属、月见草属。

旧世界热带分布及其变型有15属，占总属数的4.48%。其中旧世界热带分布正型有12属，分别为楼梯草属、楝属、娃儿藤属、荩草属、菅属、石龙尾属、马㼎儿属、一点红属、水筛属、牛鞭草属、水竹叶属、雨久花属。该分布型的变型——热带亚洲、非洲和南美洲间断分布有3属，即爵床属、水蕹属、水鳖属。

热带亚洲至热带大洋洲分布有9属，占总属数的2.69%。这些属分别为大豆属、野牡丹属、虻眼属、水蜡烛属、通泉草属、栝楼属、蜈蚣草属、淡竹叶属、结缕草属。

热带亚洲至热带非洲分布有9属，占总属数的2.69%。这些属分别为蓖麻属、杠柳属、观音草属、香茶菜属、白接骨属、野茼蒿属、毛茛泽泻属、莠竹属、芒属。

热带亚洲分布及其变型有18属，占总属数的5.37%。该分布区类型有1正型2变型。属于正型的属分别为赤车属、蛇莓属、盾果草属、石荠苎属、黄棉木属、蛇根草属、鸡矢藤属、苦荬菜属、楔颖草属、薏苡属、水禾属、河八王属、稗荩属、省藤属、芋属等。属于该分布型变型——爪哇、喜马拉雅和华南、西南分布的只有1属，即重阳木属。属于该分布型的变型——越南至华南分布的有2个属，即赤杨叶属、裂果薯属等。

以上为热带分布，共有143属，占除世界广布属外的53.36%。江西省湿地种子植物区系热/温值为1.12，与江西全省植物区系的热/温值接近，说明江西省湿地植物区系具有地带性特点。

北温带分布及其变型共有61属，是江西省湿地种子植物区系中第三大分布型，占总属数的18.21%，有1正型2变型。该分布型正型的属分别为松属、柳属、桤木属、构属、桑属、蓼属、剪秋罗属、漆姑草属、萍蓬草属、翠雀属、水毛茛属、紫堇属、景天属、金腰属、梅花草属、虎耳草属、路边青属、委陵菜属、蔷薇属、车轴草属、野豌豆属、黄杨属、柳叶菜属、毒芹属、鸭儿芹属、独活属、水芹属、胡萝卜属、点地梅属、海乳草属、打碗花属、风轮菜属、地笋属、薄荷属、夏枯草属、香科科属、枸杞属、玄参属、水八角属、忍冬属、婆婆纳属、紫菀属、蓟属、蒲公英属、黑三棱属、泽泻属、看麦娘属、菵草属、雀麦属、拂子茅属、野青茅属、鹅观草属、粟草属、棒头草属、菖蒲属、藜芦属、葱属、鸢尾属、舌唇兰属、玉凤花属、绶草属等。该分布区类型的变型——北温带和南温带间断分布的属有水毛茛属、景天属、金腰属、蓝布政属、巢菜属、柳叶菜属、枸杞属、婆婆纳属、黑三棱属、慈姑属、雀麦属、藨草属等。该分布型的变型——欧亚和南美洲温带间断分布的属有看麦娘属等。

东亚和北美洲间断分布是一个比较古老的分布型，该分布型在本植物区系中有11属，占总属数的3.28%。这些属分别为落羽杉属、三白草属、莲属、水盾草属、绣球属、扯根菜属、黄水枝属、鸡眼草属、蛇床属、菰属、庭菖蒲属等。

旧世界温带分布及其变型有26属，占总属数的7.76%，可以分为1个正型2个变型。属于该分布型正型的属分别为荞麦属、鹅肠菜属、柽柳属、菱属、鹅绒藤属、附地菜属、活血丹属、野芝麻属、益母草属、败酱属、飞廉属、天名精属、菊属、旋覆花属、稻槎菜属、橐吾属、苦苣菜属、黑藻属、燕麦属、黑麦草属、郁金香属、萱草属等。该分布型的变型——地中海区，西亚和东亚间断分布的有 3 个属，分别为马甲子属、窃衣属、牛至属等。该分布区类型变型——欧亚和南非间断有 1 属，即苜蓿属。

温带亚洲分布有 4 属，占总属数的 1.19%。该属为枫杨属、狗娃花属、黄鹌菜属、马兰属。

东亚分布及其变型有 19 属，占总属数的 5.67%，可以分为 1 个正型 2 个变型。东亚分布正型有 10 属，占总属数的 2.99%。这些属分别为蕺菜属、芡属、斑种草属、水团花属、盒子草属、党参属、泥胡菜属、沿阶草属、石蒜属、白及属等。该分布型变型——中国—日本的有 8 属，占总属数的 2.39%，这些属分别为水杉属、荻属、博落回属、鸡眼草属、萝藦属、茶菱属、苦竹属、玉簪属等。

中国特有分布有 4 属，占总属数的 1.19%。这些属分别为水松属、箬竹属、皿果草属、虾须草属等。

1.2.5.5 种的区系地理成分

种是植物区系地理分析的最基本单元。进行种的区系类型分析，可以进一步确定一个具体植物区系的地带性质及其与世界各植物区系的联系。根据吴征镒(2004)和郝日明(1998)对种子植物区系成分分析的方法，可将本区种子植物区系的种分为 15 个分布区类型 21 个变型(表 3-10)，足见江西省湿地植物区系性质的复杂。

表 3-10 江西省湿地种子植物种的分布区类型统计

分布区类型	种 数	比例(%)
一、世界分布	93	11.60
1. 世界分布	93	11.60
二、泛热带分布	246	30.67
2. 泛热带分布	42	5.24
2-1. 热带亚洲、大洋洲和中至南美洲(或墨西哥)间断	2	0.25
三、3. 热带亚洲和热带美洲间断分布	1	0.12
四、4. 旧世界热带分布	6	0.75
五、5. 热带亚洲和热带大洋洲分布	39	4.86
六、6. 热带亚洲至热带非洲分布	11	1.37
6-2. 热带亚洲和非洲东部或马达加斯加间断	1	0.12
七、7. 热带亚洲分布	120	14.96
7-4. 越南(或中南半岛)至中国华南(或西南)	24	2.99
八、北温带分布	297	37.03
8. 北温带分布	65	8.10
8-4. 北温带和南温带间断(泛温带)	5	0.62

（续）

分布区类型	种　数	比例(%)
九、9. 东亚和北美洲间断分布	5	0.62
十、10. 旧世界温带分布	16	2.00
十一、11. 温带亚洲分布	83	10.35
十四、14. 东亚分布	76	9.48
14-2. 中国—日本	47	5.86
十五、中国特有分布	141	17.58
15-1. 华南、华中、华东、华北、东北和滇黔桂至中国—喜马拉雅森林亚区分布	9	1.12
15-2. 华南、华中、华东、华北和滇黔桂至中国—喜马拉雅森林亚区分布	4	0.50
15-3. 华南、华中、华东和滇黔桂至中国—喜马拉雅森林亚区分布	31	3.87
15-5. 华南、华东和滇黔桂至中国—喜马拉雅森林亚区分布	11	1.37
15-6. 华中、华东(部分可入滇黔桂)至中国—喜马拉雅森林亚区分布	26	3.24
15-7. 华中(部分可入滇黔桂)至中国—喜马拉雅森林亚区分布	4	0.50
15-9. 华南、华中、华东和华北分布(部分种入滇黔桂或台湾)	1	0.12
15-11. 华东、华北、东北分布	2	0.25
15-12. 华东、华北分布	2	0.25
15-15. 华南、华中和华东分布(部分种入滇黔桂或台湾)	18	2.24
15-16. 华南和华北分布(部分种入滇黔桂或台湾)	1	0.12
15-17. 华东和华中分布	17	2.12
15-19. 华东分布	8	1.00
15-19a. 江西特有分布	7	0.87
十六、外来入侵成分	25	3.12
16. 外来入侵成分	25	3.12
总　计	802	100

世界分布指分布于世界各个大陆的种类，分布范围常跨越寒、温、热，几乎遍布世界各大洲，而没有特殊分布中心。世界分布的物种有93种，占总种数的11.60%。主要由两栖和湿生植物构成，如蓼属的水蓼、红蓼、箭头蓼等，酸模属的小酸模、皱叶酸模、钝叶酸模等，以及马鞭草、泽漆、猪殃殃等。这些物种包含了江西湿地种子植物区系中40%的沉水植物、1/3的挺水植物，如眼子菜属、茨藻属、狸藻属、狐尾藻属等属的一些种，以及芦苇和香蒲属各种。

热带分布指分布于东西半球热带和旧世界范围热带地区的种类，主要包括6个分布型3个变型，有246种，占总种数的30.67%。其中，泛热带分布及其变型有42种，主要有水车前、过江藤、蜈蚣草等，另有地耳草、裸柱菊等2种属于该分布型的变型——热带亚洲、大洋洲和中至南美洲(或墨西哥)间断分布。热带亚洲和热带美洲间断分布有1种，即叶下珠。旧世界热带分布有

6种，如积雪草、草龙、水苋菜等。热带亚洲和热带大洋洲分布有39种，如无尾水筛、五节芒、爵床等。热带亚洲和热带非洲分布及其变型有11种，如野茼蒿、冠果草、打碗花。热带亚洲分布有120种，主要由湿生和两栖植物构成，如薹草属各种、牛皮消、萝摩、娃儿藤等。

温带分布指分布在亚热带、温带、寒带地区的种类，主要包括6个分布型4个变型，共有297种，占总种数的37.03%。其中，北温带分布及其变型有65种，主要有狗牙根、地榆、沼生水马齿等。另外，泛温带分布是该分布型的变型，主要有北水苦荬、碎米荠、浮萍、品藻、水茫草等。东亚和北美洲间断分布有5种，这是一个起源古老的分布区类型，如日本茨藻、池杉、落羽杉等。旧世界温带分布有16种，主要有天名精、大旋覆花、牛鞭草等。温带亚洲分布有83种，如羊乳、薤白、鸡腿堇菜等。中亚分布仅有1种，如柔弱斑种草。东亚分布也称东亚特有，指仅限分布于东亚区域的种类，有76种，有1个正型和2个变型，主要有结缕草、黄花石蒜、蓬虆等。

中国特有分布是指其分布范围局限于中国大陆至海南岛、台湾地区的种类，个别种可能延伸至与中国接壤的国家或地区。江西湿地种子植物共有141种属于中国特有，根据这些物种的分布特征，可以分为13个变型。其中15－1至15－8是以中国—日本森林亚区和中国—喜马拉雅森林亚区为分布中心，15－9至15－19是以中国—日本森林亚区为分布中心。

15－1华南、华中、华东、华北、东北和滇黔桂至中国—喜马拉雅森林亚区分布有9种，如重阳木、野大豆、单蕊败酱等。15－2华南、华中、华东、华北和滇黔桂至中国—喜马拉雅森林亚区分布有4种，如水竹、野灯心草、黄花菜、玄参等。15－3华南、华中、华东和滇黔桂至中国—喜马拉雅森林亚区分布有31种，如肖梵天花、算盘子、阔叶箬竹。15－5华南、华东和滇黔桂至中国—喜马拉雅森林亚区分布有11种，黑龙骨、苦竹、穿孔薹草。15－6华中、华东（部分可入滇黔桂）至中国—喜马拉雅森林亚区分布有26种，如沿阶草、枫杨、湖北野青茅等。15－7华中（部分可入滇黔桂）至中国—喜马拉雅森林亚区分布有4种，如水杉、齿萼凤仙花、翼萼凤仙花、细柄凤仙花等。

15－9华南、华中、华东和华北分布（部分种入滇黔桂或台湾）有1种，如黄杨等。15－11华东、华北、东北分布有2种，如芥叶蒲公英、华北剪股颖等。15－12华东、华北分布有2种，如弓角菱、东北菱等。15－15华南、华中和华东分布（部分种入滇黔桂或台湾）有18种，如小果蔷薇、南丹参、金毛耳草等。15－16华南和华北分布（部分种入滇黔桂或台湾）有1种，如珠芽景天等。15－17华东和华中分布有17种，如刺苦草、庐山楼梯草、纤细通泉草等。15－19华东分布有15种，如南湖菱、肉根毛茛、江南谷精草等。其中异被地杨梅、海绵基荸荠、封怀凤仙花、婺源凤仙花、南昌格菱、短四角菱、武功山飘拂草等7种是江西特有分布。

外来入侵成分是指通过自然或人类活动等无意或有意传播至分布范围之外的植物。江西省湿地种子植物有25种属于外来入侵种，如马缨丹、野燕麦、毒麦、野老鹳草、柳叶马鞭草、绿穗苋、刺苋、喜旱莲子草、土荆芥、灰绿藜、杂配藜、垂序商陆、北美独行菜、斑地锦、蓖麻、月见草、圆叶牵牛、藿香蓟、豚草、鬼针草、小飞蓬、一年蓬、庭菖蒲、野胡萝卜、凤眼莲等。

1.2.6 江西省湿地种子植物区系特点

1.2.6.1 植物区系成分多样，兼有地带性与隐域性分布的特点

中国的种子植物科属共有15个分布区类型，而此次调查发现，在江西省湿地种子植物区系

科有 8 个类型，属有 13 个类型，缺少地中海区、中亚等分布区类型。世界分布类型有 43 科和 67 属，分别占各阶元总数的 47.25% 和 20.00%，说明江西省湿地种子植物区系具有较强的隐域性。泛热带、旧世界热带等热带分布类型共有 143 属，占总属数的 42.69%；北温带、旧世界温带等温带分布类型共有 102 属，占总属数的 30.45%。其热/温值为 1.10，与江西全省植物区系的热/温值接近，与江西处于南亚热带向北亚热带过渡的性质一致，说明江西省湿地植物区系具有地带性特点。

1.2.6.2 多数湿地植物群落中优势种明显，覆盖度大

在不同生态环境中发育的湿地植物群落均有比较明显的优势种。在未受人为过度干扰的情况下，植被覆盖度多在 70% 以上，有时达到 100%。典型的有以下几种类型：湖泊湿地中，薹草、芦苇、南荻、蓼子草、虉草、菱、莲、菰、竹叶眼子菜、喜旱莲子草、稗等群落，覆盖度在 80% 以上；江河洲滩湿地中，狗牙根、假俭草、牛鞭草、芦苇、荆三棱、喜旱莲子草、水蓼、荻等群落，覆盖度在 60% ~100% 之间；库塘湿地中，满江红、浮萍、喜旱莲子草、水葫芦、大藻、千金子、李氏禾等群落，覆盖度在 50% ~100% 之间。此外，在人为严重干扰或弃荒地上经常发育有小飞蓬、狗尾草等单优势种群落。

1.2.6.3 双子叶植物丰富度较高，而单子叶植物在多度上占优势

在江西省湿地种子植物物种组成中，共有双子叶植物 477 种，占总种数的 59.48%，其中菊科和蓼科最多，分别有 50 种和 42 种，两科的总种数占双子叶植物总数的 19.29%。总体上，双子叶植物种类的特点是科数多，属类多。对比而言，单子叶植物物种数相对较少，共有 320 种，占总数的 39.90%，且主要集中分布于禾本科与莎草科，分别有 89 种和 116 种，占单子叶植物总种数的 64.06%。在各种类型的湿地植物群落中的建群种多为单子叶植物，盖度大，重要值高。如湖泊湿地中的薹草群落、虉草群落、芦苇群落等。这与湿地特殊的生态环境有很大关系，也与单子叶植物中有较多的广布种和隐域性的区系成分有关。

1.2.6.4 特有现象相对缺乏

本次调查表明，江西省湿地种子植物区系中尚未发现江西特有属；属于中国特有成分的属有 5 个，分别为水松属、水杉属、皿果草属、盾果草属、虾须草属。

1.3 湿地植物常见种与优势种

1.3.1 湿地常见植物种

江西湿地类型多样，虽然湿地植物种类广布种较多，但不同类型湿地中的常见种还是略有不同。

（1）湖泊湿地常见种：水蓼、黑藻、苦草、穗状狐尾藻、金鱼藻、菱属某些种、荇菜、薹草属某些种、看麦娘、菵草、碎米荠属某些种、泥花草、芦苇、菰、南荻、荸荠等。

（2）河道湿地常见种：金鱼藻、苦草、眼子菜属某些种、黑藻、李氏禾等。

（3）河岸带湿地常见种：柳、乌桕、苦楝、枫杨、杨树、江南桤木、桑、牡荆、狗牙根、牛鞭草、假俭草、半边莲、水蓼、稗、蔗草、夏飘拂草、莎草等。

（4）溪流湿地常见种：腺柳、细叶水团花、石菖蒲、凤仙花属某些种、楼梯草、水芋、硬头黄、水竹等。

(5)池塘湿地常见种：浮萍、满江红、槐叶苹、喜旱莲子草、凤眼莲、菹草、无根萍、品藻、李氏禾等。

(6)沼泽湿地常见种：泥炭藓、荸荠属某些种、藨草、灯心草、圆叶节节菜、慈姑属某些种、藨草属某些种、飘拂草属某些种、莎草属某些种、李氏禾、蓼属某些种等。

(7)人工湿地常见种：朱蕉、再力花、水葱、美人蕉、梭鱼草、菖蒲、芦苇、旱伞草、香根草、香蒲、水烛、荇菜、睡莲、金银莲花等。

1.3.2 构成江西湿地植被的主要建群种

江西省湿地植物群落类型多样，群落物种组成丰富。分布广、面积大的群落其建群种主要如下。

沉水植被通常以水鳖科、眼子菜科、茨藻科、小二仙草科、金鱼藻科的一些草本植物为主。

浮叶植被通常以睡莲科、菱科、龙胆科的一些种类为主。

挺水植被通常以禾本科、莎草科、灯心草科、天南星科、香蒲科为主。

湿生植被通常以莎草科、禾本科、蓼科、十字花科为主。

1.4 珍稀濒危湿地植物

江西省湿地植物中列入《国家重点保护野生植物名录》(第一批)的种类有 15 种，其中国家Ⅰ级保护植物 5 种；国家Ⅱ级保护植物 10 种(表 3-11)。其中，蕨类植物 3 种，被子植物 12 种。其中典型的湿地植物有 9 种，如野大豆、樟常见分布于湿地之中。

表 3-11 江西省湿地重点保护植物名录

物种名	国家重点保护等级
中华水韭 *Lsoctes sinensis*	Ⅰ
水蕨 *Ceratopteris thalictroides*	Ⅱ
粗梗水蕨 *Ceratopteris pteridoides*	Ⅱ
水松 *Glyptostrobus pensilis*	Ⅰ
* 水杉 *Metasequoia glyptostoboides*	Ⅰ
莼菜 *Brasenia schreberi*	Ⅰ
长喙毛茛泽泻 *Ranalisma rostratum*	Ⅰ
金荞麦 *Fagopyrum dibotrys*	Ⅱ
莲 *Nelumbo nucifera*	Ⅱ
贵州萍蓬草 *Nuphar bornetii*	Ⅱ
樟 *Cinnamomum camphora*	Ⅱ
野大豆 *Glycine soja*	Ⅱ
四角刻叶菱 *Trapa incisa*	Ⅱ
乌苏里狐尾藻 *Myriophyllum ussuriense*	Ⅱ
野生稻 *Oryza rufipogon*	Ⅱ

注：* 为栽培种。

1.5　江西省特有湿地植物

如前所述，江西湿地的特有成分贫乏，在科的水平上未见特有成分，属的水平上有5个中国特有属，如皿果草属、盾果草属、虾须草属等，而种的水平上中国特有种是区系的重要组成。在中国特有分布中，江西特有分布共有4科5属7种(表3-12)。其中，凤仙花科2种，菱科2种，莎草科2种，灯心草科1种。从生活型来看，这7种都是草本植物。从对水环境适应的生态类型来看，菱科2种是浮叶植物，海绵基荸荠是沼生植物，其余4种为湿生植物。从分布生境来看，菱科2种分布于湖泊湿地，其余5种主要分布于山溪沼泽或溪流湿地。这是湿地高频度干湿交替，和不同区域不同类型湿地的干湿变换节律不同，形成高异质性生境，从而促使物种分化的结果。

表3-12　江西湿地特有植物一览

科　名	种　名
凤仙花科	婺源凤仙花 *Impatiens wuyuanensis*
	封怀凤仙花 *Impatiens fenghwaiana*
菱科	南昌格菱 *Trapa puseudoincisa* var. *nanchangensis*
	短四角菱 *Trapa quadrispinosa* var. *yongxuensis*
莎草科	海绵基荸荠 *Eleocharis pellucida* var. *spongiosa*
	武功山飘拂草 *Fimbristylis wukungshanensis*
灯心草科	异被地杨梅 *Luzula inaequalis*

1.6　湿地外来入侵植物

调查统计，江西省湿地外来入侵植物有47种，隶属21科37属，其中恶性入侵的物种有14种，严重入侵的有15种，局部入侵并造成局部危害的有7种，一般入侵，危害性不明显的有11种(表3-13)。从这些外来入侵植物在江西湿地的分布范围来讲，绝大部分全省湿地均有分布，占总种数的82.61%，局部区域分布的有8种，其中形成群落的有喜旱莲子草、凤眼莲、野老鹳草、裸柱菊、望江南、一年蓬、豚草、藿香蓟等，已对土著湿地植被造成一定危害。

1.7　湿地资源植物及保护利用

江西省湿地植物资源丰富，生态服务功能强大，保护与合理利用湿地植物资源对生物多样性保育和区域社会经济发展具有十分重要意义。根据湿地植物资源的不同价值功能，人们在湿地植物资源开发利用上做了大量工作。从全省的利用现状来看，主要在湿地植物景观构建、湿地经济植物栽培、湿地生物处理系统建设、湿地生物多样性保育等方面开展了大量工作。

1.7.1　湿地资源植物利用方面

(1)湿地植物景观资源利用：随着人们生活水平的提高和对湿地功能的认识不断深入，湿地美学价值越来越受到重视。利用湿地植物的可观赏性，以湿地公园建设为核心，美化水域的构建

表3-13 江西湿地外来入侵植物一览

科 名	种 名	危害程度	入侵范围
蓼科	小酸模 *Rumex acetosella*	4	主要分布于鄱阳湖区
苋科	绿穗苋 *Amaranthus hybridus*	2	全省广布
	刺苋 *Amaranthus spinosus*	1	全省广布
	喜旱莲子草 *Alternanthera philoxeroides*	1	全省广布
	青葙 *Celosia argentea*	2	全省广布
藜科	土荆芥 *Chenopodium ambrosioides*	1	全省广布
	灰绿藜 *Chenopodium glaucum*	4	全省广布
	杂配藜 *Chenopodium hybridum*	2	全省广布
商陆科	垂序商陆 *Phytolacca americana*	2	全省广布
十字花科	臭荠 *Coronpus didymus*	4	全省广布
	北美独行菜 *Lepidium virginicum*	2	全省广布
豆科	望江南 *Cassia occidentalis*	3	五河及鄱阳湖的圩堤、岸边
	含羞草决明 *Cassia mimosoides*	3	全省广布
	南苜蓿 *Medicago polymorpha*	4	鄱阳湖分布
	红车轴草 *Trifolium pretense*	2	全省栽培及逸生
	白车轴草 *Trifolium rpens*	2	全省栽培及逸生
牻牛儿苗科	野老鹳草 *Geranium carolinianum*	2	全省分布
大戟科	飞扬草 *Euphorbia hirta*	3	全省分布
	斑地锦 *Euphorbia maculata*	3	全省分布
	蓖麻 *Ricinus counis*	2	赣江中上游两岸种植及逸生
锦葵科	野西瓜苗 *Hibiscus trionum*	4	全省分布
柳叶菜科	月见草 *Oenothera biennis*	2	赣北分布
伞形科	野胡萝卜 *Daucus carota*	2	主要分布于鄱阳湖区
旋花科	圆叶牵牛 *Ipomoea purpurea*	1	全省广布
马鞭草科	马缨丹 *Lantana camara*	1	全省广布
	柳叶马鞭草 *Verbena bonariensis*	3	主要分布于鄱阳湖及周边
茄科	曼陀罗 *Datura stramonium*	2	鄱阳湖有分布
蓼科	小酸模 *Rumex acetosella*	4	主要分布于鄱阳湖区
玄参科	直立婆婆纳 *Veronica arvensis*	4	全省广布
	阿拉伯婆婆纳 *Veronica persica*	3	全省广布
车前科	北美车前 *Plantago virginica*	2	全省广布

（续）

科　名	种　名	危害程度	入侵范围
菊科	藿香蓟 *Agerarum conyzoides*	1	全省广布
	豚草 *Ambrosia artemisifolia*	1	全省广布
	钻形紫菀 *Aster subulatus*	1	全省广布
	鬼针草 *Bidens pilosa*	1	全省广布
	婆婆针 *Bidens bipinnata*	3	全省广布
	野茼蒿 *Conyza bonariensis*	2	全省广布
	小飞蓬 *Conyza canadensis*	1	全省广布
	一年蓬 *Erigeron annuus*	1	全省广布
	鳢肠 *Eclipta prostrate*	4	全省广布
	裸柱菊 *Soliva anthemifolia*	4	全省广布
	苦苣菜 *Sonchus oleraceus*	4	全省广布
禾本科	野燕麦 *Avena fatua*	2	全省广布
	毒麦 *Lolium temulentum*	1	全省广布
天南星科	大薸 *Pistia stratiotes*	1	全省广布
雨久花科	凤眼蓝 *Eichhornia crassipes*	1	全省广布
鸢尾科	庭菖蒲 *Sisyrinchium rosulatum*	4	全省广布

注：危害程度一栏中，1 = 恶性入侵；2 = 严重入侵；3 = 局部入侵；4 = 一般入侵。

越来越多，如南昌的象湖、渔洲湾、艾溪湖等，在建设过程中不仅利用本土湿地植物，而且还引入了一定数量外来湿地植物。湿地景观建设不仅利用湿地植物改善了湿地环境，而且也对湿地植物资源的保护起了重要作用。

（2）湿地植物直接经济价值的开发利用：湿地植物资源具有价值多元化特征，许多具有直接经济价值。如：利用湿地植物发展畜牧业，在河漫滩、鄱阳湖草洲进行放牧；利用湿地食用植物资源，采取野生湿地植物供食用，如菱、茭白、蒌蒿等；还有大面积种植水生经济植物，如茭白、菱、荸荠、小叶慈姑、水芹、菖蒲、芡实、莲等。芦苇、南荻作为纤维植物也得到开发利用。

（3）利用天然和人工湿地植物系统处理环境污染：湿地是天然的污水处理厂，利用湿地处理生活污水和农业面源污染也是湿地植物资源利用的一个重要方面。许多人工湿地在江西得到建设，芦苇、菰、菖蒲、水烛、凤眼莲、菹草等，常被用来构建人工湿地植被。

（4）生物多样性的保育：湿地是生物多样性最为丰富的生态系统类型，湿地植物是湿地中的生产者，是生态系统的基础，对湿地生物多样性具有支撑作用。在江西省湿地中生活的鸟类就有151 种。

1.7.2 江西省常见的湿地资源植物

1.7.2.1 具观赏价值对环境有保护与改造功能的资源植物

(1)观赏植物类：目前运用得比较多的有莲、睡莲、荇菜、萍蓬草、香蒲、水烛、菖蒲、菱、穗状狐尾藻、水葱、泽泻、金鱼藻、芡实等。

(2)绿肥植物类：在农业上常培育湿地植物作为农田绿肥，该类植物有紫云英、满江红、合萌、辣蓼、酸模、羊蹄、苔草、薹草、莎草、看麦娘、碎米荠、竹叶眼子菜、下江委陵菜等。

(3)水土保持植物类：河柳、旱柳、乌柏、芦苇、南荻、马兰、结缕草、狗牙根、假俭草、牛鞭草、菰、薹草等。

1.7.2.2 食用资源

(1)野菜类：蕨、荠菜、水田碎米荠、马齿苋、羊蹄、辣蓼、萹蓄、蚕茧蓼、下江委陵菜、蒌蒿、鼠麹草、马兰、稻槎菜等。

(2)食用色素植物类：杠板归、狼杷草、下江委陵菜、南荻等。

(3)精油植物类：菖蒲、莎草、石龙尾、蒌蒿、水蜈蚣、鸡矢藤、湿地松等。

(4)饲料牧草类：看麦娘、牛鞭草、雀稗、糠稷、狗牙根、马唐、假俭草、稗草、白茅、五节芒、虉草、鸡眼草、灰化薹草、红穗薹草、竹叶眼子菜、苔草、菹草、眼子菜、一年蓬、鼠曲草、马兰、蒌蒿、弹裂碎米荠、蔊菜、野菱等。

(5)鸟类食料：据初步观察了解到，湖区鸟类除了要觅食大量的鱼虾动物外，还以植物的根、茎、叶、果等为主要觅食对象，并以各种植物群落环境为栖息场地。这类植物主要有：苔草、竹叶眼子菜、菹草、水蓼、马兰、虉草、白茅、蒌蒿、下江委陵菜、野古草、莎草、禾草、黑藻、老鸦瓣等。

1.7.2.3 药用植物资源

(1)药用植物类：芦苇、香附子、老鸦瓣、水蜈蚣、菖蒲、半边莲、芫花、紫花地丁、酸模、喜旱莲子草、薹草、狗牙根、杠板归、芡实、蚊母草、苦楝、益母草、血见愁、沿阶草、肉根毛茛、鸡矢藤、谷精草、灯心草、马兰、香蒲等。

(2)有毒植物及土农药植物：毛茛、禺毛茛、石龙芮、肉根毛茛、铁线莲、牡荆、苍耳等。

1.7.2.4 工业用植物资源

(1)纤维植物类：南荻、芦苇、五节芒、薹草、针蔺、藨草、灯心草、虉草等。

(2)油脂植物类：湿地松、水田碎米荠、珍珠菜、紫云英、球果蔊菜、乌柏、南蛇藤等。

(3)能源植物类：石龙芮、斑地锦、乌柏、南荻、芦苇等。

2 湿地植物群落类型与分布

2.1 概 述

江西省湿地是以鄱阳湖及其流域为核心，由湖泊、河流、河岸带、库塘、山间溪流以及人工沟渠等多种类型湿地组成。流域作为最大的湿地单元，全省湿地可分为 9 个基本流域湿地单元，即：属鄱阳湖流域的赣江流域、抚河流域、信江流域、饶河流域、修河流域以及鄱阳湖湖体及周边入湖河流；属洞庭湖流域的湘江流域；属珠江流域的东江、北江、韩江流域；还有最北面的长江中下游干流流域。

各流域单元又由不同的湿地生境组成，不同生境中发育有类型多样各具特点的湿地植被。通常一类生境中的主要及稀有植物群落是反映一个地区植被特点的重要标志。主要植物群落是指在某一湿地类型中分布范围或群落面积相对较大、对湿地环境影响也较大的群落类型；稀有植物群落是指在调查范围内，仅分布于某一特殊生境中，现存面积较小，常处于濒危状态，且在植被研究上具有一定学术价值或有较高经济价值的湿地植物群落。

江西省湿地生境复杂，湿地植物物种丰富，群落类型多样，共有 7 个植被型组，17 个植被型，116 个群系，分布于 9 大类生境中。在不同生境中发育的湿地植物群落均有着各自的特点，群落优势种明显，层次结构相对简单，许多群落均为单层结构，在未受人为过度干扰的情况下，植被覆盖度多在 70% 以上。

2.1.1 湖泊湿地生境

湖泊湿地在江西主要有鄱阳湖及其周边的大小卫星湖，主要集中在江西的中北部。均为浅水性湖泊，受水位季节性变化影响，湖泊大面积的洲滩季节性淹露，为各类湿地植物生长与植被发育提供了优越的条件。该生境中有湿地植被型 5 个，群系 60 个。优势群落有：薹草群落、芦苇群落、南荻群落、蓼子草群落、虉草群落；稀有群落有：水蕨群落、水车前群落、单叶蔓荆群落、蚕茧蓼群落等。

在湿地植物组成上，主要以禾本科、莎草科、蓼科、菊科、蔷薇科的草本植物为主。植物群落结构简单，物种组成一般不超过 12 个种，优势植物层片明显。

2.1.2 河道湿地生境

江西河流众多，在河流平均水位以下的区域为河道，周年大部分时间为水域。河道底质类型多样，有砾石、卵石、沙石、泥沙、泥质等不同基质。河道深浅不一，上游通常较浅，下游干流通常较深。河水流速具有时空变化。河道中生长着众多水生植物，发育着以沉水植被为主的湿地植被类型，在空间上上游多于下游，支流多于干流，缓流区多于急流区，浅水区多于深水区。该生境共有 2 个植被型，17 个群系。主要植物群落有：轮叶黑藻群落、金鱼藻群落、苦草群落、菱群落、菹草群落、竹叶眼子菜群落等。

2.1.3 河口湿地生境

河口是河流的终端，是与受水体的接合部。江西的河口湿地主要是“五河”与鄱阳湖的交汇处，河流在河口区水流进展平缓，水面逐渐开阔，泥沙开始沉积，湿地植被也较河道更为丰富，共有 3 个植被型，32 个群系。主要植物群落有：莎草群落、蓼群落、狗牙根群落、牛鞭草群落、芦苇群落、苦草群落等；稀有群落有水蕨群落。

2.1.4 河岸带湿地生境

河岸带是河流的一部分，是平均水位到最高水位这一区间的部分，有季节性的水淹，水淹时间长短不一，包括河漫滩地、潮湿河岸、江河冲积洲等，其土壤含水量明显高于周边的陆地区域。受河岸地形的影响，宽窄不一，一般下游宽于上游，平原宽于山地。河岸带植被类型多样，多沿河流条带状或斑块状分布，有 5 个植被型，67 个群系，以森林湿地植被、草丛湿地植被为主。主要群落有：狗牙根群落、假俭草群落、枫杨群落、乌桕群落、苦楝群落、柳群落、牛鞭草群落、喜旱莲子草群落等。

2.1.5 溪流湿地生境

溪流湿地主要指形成于河流上游源头山地谷地，汇集地表径流，宽度数米至十余米不等的河床及两岸，基质通常为砾石，其周边为森林植被。生长于溪流湿地生境中的湿地植物明显不同于其他湿地，植物群落多沿溪流条带状分布于溪流两侧或溪流之中。该生境调查有 3 个植被型，14 个群系，常见的群落类型有：竹类灌丛、水团花灌丛、蕨类草丛、苔藓植丛、石菖蒲群落、凤仙花群落、楼梯草群落等。稀有群落有：黄杨群落、方竹群落等。

2.1.6 沼泽湿地生境

江西省典型的沼泽湿地面积不大，主要有分布于山区洼地的苔藓沼泽、森林沼泽、莎草沼泽，以及一些山间长久的弃耕地积水形成的沼泽化草甸。鄱阳湖大面积的季节性洲滩均纳入湖泊湿地之中。经调查，该生境有 3 个植被型，16 个群系。主要的植被类型有：江南桤木林、柳丛、泥炭藓群落、灯心草群落、蔗草群落、蓼群落、针蔺群落、芒尖薹草群落、单性薹草群落等；稀有群落有：金荞麦群落、萱草群落、叶下珠群落。

2.1.7 库塘湿地生境

库塘湿地包括 9000 多座大小不一的人工水库，以及村庄、城镇周边的天然、人工小水体，湿地斑块众多，各水体水深、水质、人类利用方式各不相同。在水库中由于水体较深，基本无水生植物生长，但在库尾、库湾浅水处仍发育着水生植物群落和库边带湿地植物群落。生长于此生境中的湿地植物众多，植被类型复杂，但面积不大，多呈小面积斑块状分布，湿地植被调查有 4 个植被型，14 个群系。常见的有：菰群落、菖蒲群落、喜旱莲子草群落、凤眼莲群落、轮叶黑藻群落、菹草群落、菱群落、水烛群落等；稀有群落有：水松群落、水蕨群落。

2.1.8 沟渠湿地生境

沟渠湿地指广泛分布于全省各地农业生产区的以人工溉渠为主的湿地类型，受人为活动影响大，湿地植物种类相对较少，植被类型有 3 个植被型 15 个群系。常见的有：细叶水团花群落、腺柳群落、菰群落、喜旱莲子草群落、轮叶黑藻群落、菹草群落、金鱼藻群落等；稀有群落有薏苡群落、莼菜群落、泽泻群落等。

2.1.9 水田湿地生境

水田为江西省面积最大，分布最广的人工湿地类型，水田以水稻种植为主，此外还种植有莲、荸荠、慈姑、水芹等水生经济植物，在水田周边，尤其是在水田休耕期或弃耕地中，发育着类型多样的湿地植被，多以小面积斑块状出现。常见的群落类型有紫云英群落、节节草群落、谷精草群落、看麦娘群落、水田碎米荠群落、苹群落、浮萍群落、满江红群落等。

湿地植被受水生态因子的影响，随着水位或土壤水分的变化，湿地植被往往具有快速变化的特点，极易受到外界环境的干扰。尤其是许多湿地植被的生存依赖于其特殊生境，一旦其生存环境遭到破坏，这些植被类型也将陷入灭绝的境地。湿地植物与植被又是湿地动物的主要食源和栖息场所，植被一旦遭破坏，则生活在其中的动物也将难以幸免。在所有危及湿地植被生存的因素中，围垦、环境污染、滥采乱挖、肆意侵占和盲目开发等人为因素对湿地植被的影响和破坏是最大的。如因环境污染而造成的中华水韭群落已绝迹，水蕨、水车前等群落已难觅踪迹，分布于云居山的长喙毛茛泽泻也仅剩几十株个体，且趋于灭绝状态。

2.2 湿地植被分类系统

根据《中国植被》对植物群落的划分方法，依据群落的植物种属成分、水生态因子的生境特点、群落的外貌特征、群落的动态特征等，将江西湿地植被按植被型组(vegetation type group)—植被型(vegetation type)—植被亚型(vegetation sub type)—群系组(formation group)—群系(formation)—群丛组(association group)—群丛(association)建立分类等级系统。

植被型(组)是湿地植被分类的主要的高级单位，通常把生活型相同或相近，同时对水热条件生态关系一致的植物群落联合称为植被型。如沉水植物型、浮叶植物型等。其命名是以优势种的生活型而命名的。在植被型下通常存在亚型等级。

群系(组)是湿地植被分类的主要中级单位。凡是建群种或共建种相同的植物群落便可联合为一个群系。如鄱阳湖由多种薹草构成的群落可联合成为薹草群系，群系组的是以群落建群种的属名来命名的，群系是根据群落的建群种的种名命名的。

群丛(组)是湿地植被分类的基本单位，被联合成为一个群丛的各植物群落应具有正常的共同植物种类组成，相同的生态、动态、形态特征。

根据上述划分原则，本次植被分类工作划分到群系，根据调查统计和全国第二次湿地资源调查实施细则，江西省湿地植被可划分为6个植被型组，16个植被型，116个群系(表3-14)。

本分类系统为了避免划分过细而造成混乱，故对部分群落进行了合并处理，采用属名作为群系的名称，相当于分类系统中的群系组。如菱属植物，该属在江西共有10种之多，它们既可单独成群落，又可成为共建种，因其生境、习性、形态和群落外貌等基本一致，故归并为菱群系；类似的还有薹草群系、莎草群系、藨草群系、苦草群系、狸藻群系、金鱼藻群系、眼子菜群落等。此外，对建群种相同，出现于2种以上不同生境，其结构与组成有所区别的群落也均予以了归并处理，如水竹林、喜旱莲子草群系、狗牙根群系、芦苇群系等。对一些分类等级进行了调整，在水生植被型下仅设了漂浮、浮叶和沉水植物3个植被亚型，而将挺水植物群落归入到其他植被型中。

此外，有一些群落并非典型群落学意义上的湿地植被，但也出现于湿地生境中，故本系统也将其列入了，如香樟林、乌桕林、篌竹林等，主要出现于河岸带滩地上，若不列入则难以反映河岸带湿地的植被状况。而对广泛出现于人工湿地中的水稻群落则未纳入。

2.3 湿地植物群落类型及生态地理分布

2.3.1 森林湿地植被型组

森林湿地植被在江西主要有两大类，一类是分布于山地常年积水洼地中的森林沼泽植物群落，另一类是分布于河岸带季节性淹水滩地中的以耐湿植物为主构成的森林植物群落类型。该植被型组可分为针叶林湿地、阔叶林湿地、竹林湿地3个植被型。

2.3.1.1 针叶林湿地植被型

Ⅰ. 暖性针叶林湿地植被亚型

(1)水松群系：该群系小片分布于余江中童乡艾家村,弋阳圭峰乡、清湖乡,横丰、铅山等地水域中。为珍稀残遗植物。

表 3-14 江西省湿地植被分类系统

植被型组	植被型	植被亚型	群系(组)
Ⅰ. 森林湿地植被型组	1. 针叶林湿地植被型	1)暖性针叶林湿地植被亚型	(1)水松群系
			(2)池杉群系*
			(3)水杉群系*
	2. 阔叶林湿地植被型	2)落叶阔叶林湿地植被亚型	(4)江南桤木群系
			(5)枫杨群系
			(6)旱柳群系
			(7)南川柳群系
			(8)乌桕群系
			(9)桑树群系
			(10)苦楝群系
			(11)意杨群系*
		3)常绿阔叶林湿地植被亚型	(12)香樟群系
			(13)黄杨群系
	3. 竹林湿地植被型		(14)淡竹群系
			(15)水竹群系
			(16)篌竹群系
			(17)方竹群系
Ⅱ. 灌丛湿地植被型组	4. 落叶阔叶灌丛湿地植被型		(18)细叶水团花群系
			(19)马甲子群系
	5. 竹类灌丛湿地植被型		(20)箬竹群系
	6. 沙生灌丛湿地植被型		(21)单叶蔓荆群系
			(22)芫花叶白前群系
Ⅲ. 草丛湿地植被型组	7. 禾草高草湿地植被型		(23)芦苇群系
			(24)芦竹群系*
			(25)假鼠妇草群系
			(26)斑茅群系
			(27)南荻群系
			(28)菰群系
			(29)虉草群系
			(30)薏苡群系
			(31)李氏禾群系
			(32)普通野生稻群系

（续）

植被型组	植被型	植被亚型	群系(组)
Ⅲ．草丛湿地植被型组	7. 禾草高草湿地植被型		(33)野古草群系
			(34)糠稷群系
			(35)菵草群系
			(36)稗草群系
			(37)狗尾草群系
	8. 禾草低草湿地植被型		(38)狗牙根群系
			(39)假俭草群系
			(40)牛鞭草群系
			(41)双穗雀稗群系
			(42)看麦娘群系
			(43)结缕草群系
	9. 莎草湿地植被型		(44)薹草群系
			(45)荸荠群系
			(46)莎草群系
			(47)飘拂草群系
			(48)牛毛毡群系
			(49)荆三棱群系
			(50)藨草群系
	10. 杂类草湿地植被型		(51)狭叶香蒲群系
			(52)水烛群系
			(53)菖蒲群系
			(54)石菖蒲群系
			(55)下江委陵菜群系
			(56)水田碎米荠群系
			(57)肉根毛茛群系
			(58)金荞麦群系
			(59)蓼子草群系
			(60)蚕茧蓼群系
			(61)酸模叶蓼群系
			(62)竹叶小蓼群系
			(63)丛枝蓼群系
			(64)疏花蓼群系

（续）

植被型组	植被型	植被亚型	群系（组）
Ⅲ. 草丛湿地植被型组	10. 杂类草湿地植被型		（65）水蓼群系
			（66）齿果酸模群系
			（67）长刺酸模群系
			（68）蒌蒿群系
			（69）细叶艾群系
			（70）芫荽菊群系
			（71）裸柱菊群系⁺
			（72）茵陈蒿群系
			（73）紫云英群系
			（74）望江南群系
			（75）半边莲群系
			（76）野老鹳草群系
			（77）野胡萝卜群系
			（78）水芹群系
			（79）野芋群系
			（80）慈姑群系
			（81）谷精草群系
			（82）泽泻群系
			（83）灯心草群系
			（84）节节草群系
			（85）还亮草群系
	11. 蕨类草丛湿地植被型		（86）水蕨群系
Ⅳ. 苔藓湿地植被型组	12. 苔藓湿地植被型		（87）泥炭藓群系
			（88）金发藓、白发藓群系
Ⅴ. 水生植被型组	13. 漂浮植物型		（89）紫萍、浮萍群系
			（90）凤眼莲群系⁺
			（91）大薸群系
			（92）水鳖群系
			（93）满江红、槐叶苹群系
	14. 浮叶植物型		（94）菱群系
			（95）荇菜群系
			（96）芡实群系

（续）

植被型组	植被型	植被亚型	群系(组)
V. 水生植被型组	14. 浮叶植物型		(97)莲群系
			(98)萍蓬草群系
			(99)莼菜群系
			(100)喜旱莲子草群系+
			(101)眼子菜、小叶眼子菜群系
			(102)水龙群系
			(103)苹群系
	15. 沉水植物型		(104)苦草群系
			(105)竹叶眼子菜群系
			(106)篦齿眼子菜群系
			(107)微齿眼子菜群系
			(108)菹草群系
			(109)穗状狐尾藻群系
			(110)轮叶黑藻群系
			(111)金鱼藻群系
			(112)水车前群系
			(113)茨藻群系
			(114)黄花狸藻群系
Ⅵ. 沙生湿地植被型组	16. 沙生湿地草丛型		(115)柳叶白前群系
			(116)球柱草群系

注：* 为人工、半人工植物群落；+ 为外来入侵植物群落。

(2)池杉群系：全省各地均有种植，小面积出现于村庄、农田附近积水洼地中。为人工群落。

(3)水杉群系：人工群落，在庐山、井冈山等地有小面积分布。

2.3.1.2 阔叶林湿地植被型

Ⅱ. 落叶阔叶林湿地植被亚型

(1)江南桤木群系：该群系为江西最为常见的森林沼泽类型，在井冈山八面山、行洲、湖阳，永修县云居山，靖安九岭山、东源乡，安远县三百山均有分布。面积不大，约 30 公顷。

(2)枫杨群系：该群系为河岸边最为常见的类型，多沿河岸呈条带分布，全省各地均可见。

(3)旱柳群系：该群系分布于河滩地上，小片或条带状分布，鄱阳湖周边也有。多为天然群落也见有人工栽植。

(4)南川柳群系：该群系多见于溪流岸边呈小片或条形分布，盖度常达 70% 以上。以赣西北为多。

(5)乌桕群系：该群系为水边生长的最为常见的乔木种类，全省广布，河岸带、鄱阳湖高滩地上均可见，赣江多处江心洲上成片分布。

（6）桑树群系：该群系多见沿河岸或堤坝条带分布，在赣江新干段江心洲上见有约 20 公顷的群落。

（7）苦楝群系：苦楝也是河岸带最为常见的乔木树种，土壤多为沙壤土，在五河的洲滩地上均见有成片分布。新干县莒洲有较大面积分布。

（8）意杨群系：该群系为人工群落。全省各地均有栽种，面积较大，主要在河滩地和鄱阳湖洲滩地上分布，部分地区也见于农田。

Ⅲ. 常绿阔叶林湿地植被亚型

（1）香樟群系：香樟为国家Ⅱ级保护植物，也是江西河岸、塘边常见的常绿乔木，条带状或小片分布，为典型的地带性植被，高可达 18 ~ 20 米。全省均可见，以吉安地区最多，其中不少为古树。该群落不是典型的湿地植被类型，但由于在一些季节性水淹的河滩地和积水的池塘水边常见其分布，故纳入湿地植被中。

（2）黄杨群系：分布于山地溪流谷地中，主要见于怀玉山、武夷山，面积较小。

2.3.1.3 竹林湿地植被型

（1）淡竹群系：竹林也是一类在溪流、水库周边及浅水区分布的植被类型，以散生竹为主要建群种，通过群落密度大，形成单优势种群落。淡竹群系主要分布于山地溪流两边的河岸带，群落高 1.5 ~ 3 米，沿河流呈小面积的带状分布。

（2）水竹群系：该群系通常出现于山地溪流两侧，群落高达 4 ~ 5 米，沿河流小面积分布。

（3）篌竹群系：该群系多见于水库库尾或库湾浅水区，群落高 2 米，盖度通常在 85% 以上。全省各地均有分布，柘林水库分布面积达 40 公顷。

2.3.2 灌丛湿地植被型组

2.3.2.1 落叶阔叶灌丛湿地植被型

灌丛湿地在江西分布面积较小，主要在江河源头，山区溪流两侧及积水洼地中。

（1）细叶水团花群系：该群系条带状或团块状分布于全省各地山溪、水沟、池塘边，尤其以村边小水沟两侧常见。高 1.5 ~ 2.0 米。

（2）马甲子群系：该群系小片出现于河岸带沙地上，群落高达 2 米。赣南较多。

2.3.2.2 竹类灌丛湿地植被型

箬竹群系：全省均有分布，多见于低海拔山间溪流边，盖度可达 90% 以上。

2.3.2.3 沙生灌丛湿地植被型

（1）单叶蔓荆群系：该群系主要分布于鄱阳湖及赣江水边的沙地上，都昌县多宝乡、星子县蓼花乡、南昌县小岗乡、新建县厚田均有大面积分布。株高 50 ~ 80 厘米，群落盖度 30% ~ 60%。

（2）芫花叶白前群系：该群系主要分布于鄱阳湖滩地上，高约 40 厘米，盖度 40% 左右，面积约 5 公顷。

2.3.3 草丛湿地植被型组

草丛湿地植物群落是江西省最主要的湿地植被类型，类型多样，分布广泛，主要由禾本科、莎草科、蓼科、菊科、蔷薇科、豆科等的一些种类组成，可分为 4 个植被型，55 个群系。

2.3.3.1　禾草高草湿地植被型

(1)芦苇群系：该群系对水分的适应幅度较大，最适积水深度为30厘米，最适pH值范围在6.0～7.0之间，耐碱不耐酸。江西省的芦苇群落在全省可见，面积大小不一，最集中分布在鄱阳湖，面积达到10000公顷以上，群落高2～3米，盖度70%～100%。

(2)芦竹群系：该群系在江西多分布在村庄附件的水塘边，为人工种植，群落高3.5～4.5米，盖度80%～100%。

(3)假鼠妇草群系：该群系不多见，在鄱阳湖松门山、吉山、星子沙山附近的高滩地上有分布，面积6公顷，群落高达2.5米，盖度60%，外貌较为零乱。

(4)斑茅群系：该群系主要分布于山谷溪流边的砾石滩地上，群落盖度变化大，高3米左右。

(5)南荻群系：该群系主要分布于鄱阳湖滩地上。群落高1.5～2.5米，盖度85%～95%，群落内常伴生有薹草、蓼、委陵菜等。

(6)菰群系：该群系全省广泛分布，在村庄边的水塘、沟渠中多见，常为人工种植，在鄱阳湖有大面积的天然群落，面积达到200公顷以上。

(7)虉草群系：该群系大面积出现于鄱阳湖低滩地上，面积达到2万公顷以上，群落盖度从15%到70%不等；五河两岸的河滩地上也有小面积分布。

(8)薏苡群系：该群系主要出现于山边小水沟中，呈条带状分布，高达1米。

(9)李氏禾群系：该群系在全省广泛分布，主要生长在弃荒地和小面积的积水洼地中。群落盖度60%以上，高达50厘米。

(10)普通野生稻群系：该群系仅分布于江西省东乡县岗上积乡洼地积水处，沟渠边及池塘浅水处，面积大约0.0003万公顷(3.00公顷)。

(11)野古草群系：野古草为两栖植物，斑块状分布于鄱阳湖洲滩地上，常有薹草伴生。群落高40～50厘米，盖度70%～80%。

(12)糠稷群系：该群系全省分布，主要生长在山间溪流边洼地中，鄱阳湖洲滩地上也有分布，群落高40厘米，盖度50%～70%。

(13)茵草群系：该群系小面积斑块状出现于弃耕地、湖滩、水塘边，群落高20厘米，盖度50%～70%。

(14)稗草群系：该群系全省广泛分布，主要生长在农田及弃荒地中。

(15)狗尾草群系：该群系全省广布，主要分布于河岸带、河堤之上。

2.3.3.2　禾草低草湿地植被型

(1)狗牙根群系：该群系全省广布，河漫滩、圩堤、湖滨、沟渠边的低平湿地均有大面积分布，群落高10～15厘米，盖度90%～98%。

(2)假俭草群系：该群系全省广布，主要生长于河堤、河漫高滩地，群落盖度常达100%，高10厘米左右。

(3)牛鞭草群系：该群系全省广布，主要生长于河堤、河漫滩、湖滩地，群落盖度达100%，高10厘米左右。

(4)双穗雀稗群系：该群系主要分布于弃耕地、河漫滩，呈斑块状分布。

(5)看麦娘群系：该群系全省各地均有分布，主要生长在沟渠、浅水及休耕农田之中，常以小面积斑块状出现。

2.3.3.3 莎草湿地植被型

(1)薹草群系：该群系在鄱阳湖有大面积分布，是鄱阳湖湿地植物的主要组成，有多种薹草或形成单优势种或成为共建群落，主要有灰化薹草、红穗薹草、芒尖薹草、阿及薹草、弯喙薹草等。全省其他各地则呈斑块状或条带状分布于山间低洼平地，小沟渠两侧。

(2)荸荠群系：该群系常见条带状分布于山地沟谷平坦洼地中，弃耕农田中见有成片分布。

(3)莎草群系：该群系分布于全省河漫滩、沟边、田边之浅水中，呈斑块状或条带状分布，有多个种类。

(4)飘拂草群系：该群系条带状或小斑块状生长于全省各地的水沟边、河滩地。

(5)牛毛毡群系：该群系全省广布，在湖滩地、河漫滩地、休耕农田中均有分布，群落高4～5厘米，盖度约60%，多呈小面积的斑块。

(6)藨草群系：该群系全省均有分布，主要生长在河岸带、山地溪流边、水塘、湖泊静止的浅水处，多呈斑块状分布。

2.3.3.4 杂类草湿地植被型

(1)狭叶香蒲群系：该群系全省各地均有分布，小面积出现于池塘、沟渠中，土壤中性偏碱性，酸性土壤中少见。群落高1.5～2.0米，盖度50%～80%。

(2)水烛群系：该群系分布同狭叶香蒲。

(3)菖蒲群系：该群系多分布于村庄附近的池塘中，为人工、半人工植物群落，面积通常不大。

(4)石菖蒲群系：该群系主要分布于山间溪流中，斑块状出现，要求水质清洁，全省各地山溪可见。

(5)下江委陵菜群系：该群系在鄱阳湖洲滩上可见，常与薹草群落相间分布。

(6)水田碎米荠群系：该群系全省均有分布，主要生长在鄱阳湖滩地、弃耕农田、山间积水洼地中。在鄱阳湖有大面积分布，丰水期可在水下生长，植株长达3米，成为沉水植被。

(7)肉根毛茛群系：该群系在鄱阳湖沙质滩地可见有大面积分布，物种组成单一，偶见蓼子草、细子蔊菜、刺果酸模伴生。

(8)蓼子草群系：该群系主要分布于鄱阳湖洲滩地上，面积极大，群落高10～15厘米，盖度40%～80%，秋冬季生长；其他还在水库的库湾滩地上也可见有小面积的斑块。

(9)蚕茧蓼群系：该群系仅见大面积出现于鄱阳湖洲滩上，秋季开花，与薹草群落相间分布，枯水年份生长好于丰水年份。群落高50厘米左右，常见薹草、看麦娘、水田碎米荠等伴生。

(10)酸模叶蓼群系：该群系小面积斑块状出现于湖滩、河滩、池塘与沟渠边，群落高40～50厘米。

(11)竹叶小蓼群系：该群系分布于鄱阳湖及赣江边沙质滩地上，呈小面积斑块，不多见。

(12)丛枝蓼群系：该群系斑块状出现于鄱阳湖薹草群落中，在山丘溪流洼地中也常见。

(13)疏花蓼群系：该群系主要呈斑块状分布于鄱阳湖洲滩湿地，面积较小，群落高10～15厘米，盖度30%～60%，在河滩、沟渠边也有分布。

(14)水蓼群系：该群系斑块状生长于湖泊、池塘、沟渠浅水处，盖度一般为40%～60%。

(15)齿果酸模群系：该群系全省可见，条带状分布于河滩地上。

(16)长刺酸模群系：该群系条带状分布于鄱阳湖的圩堤、河岸上，群落高60～90厘米，盖度50%～85%，常有酸模叶蓼、蒌蒿、水田碎米荠等伴生。

(17)蒌蒿群系：该群系大面积分布于鄱阳湖洲滩地上，春季生长最为茂盛，群落高60～90厘米，盖度70%～95%。

(18)细叶艾群系：该群系小面积斑块状出现于山前积水洼地中。

(19)芫荽菊群系：大面积出现于鄱阳湖星子湖心洲滩地上，高5～10厘米，盖度20%～50%。

(20)裸柱菊群系：裸柱菊为外来入侵植物，以其为优势种构成的群落主要分布于信江、鄱阳湖高滩地上，与狗牙根、薹草伴生。

(21)紫云英群系：该群系大面积栽培于休耕水田中，供做绿肥，在鄱阳湖春季的洲滩局部也可见有成片的紫云英群落。

(22)望江南群系：该群系条带状分布于鄱阳湖区圩堤上。

(23)半边莲群系：该群系春季多出现于河漫滩地，呈小面积斑块状，不常见。

(24)野芋群系：该群系全省均有分布，以南部为多，小面积斑块状分布于河岸、溪流边、山间洼地。

(25)慈姑群系：该群系在江西多处地方有人工栽培，以南昌县、新建县为多，天然群落常面积较小，斑块状分布于库湾、山前积水塘、溪流平缓的浅水区。

(26)谷精草群系：该群系全省各地溪流、沟渠边多见，面积小，在一些积水的弃耕地中也见成片群落出现。

(27)灯心草群系：该群系全省均有分布，主要生长于池塘、沟渠、江河、水田边的浅水或水湿生境中，山间积水洼地也常见，一般面积都较小，斑块状分布。

(28)节节草群系：该群系常见大面积分布于矿山尾矿库、山边积水弃耕地中。

(29)还亮草群系：该群系不常见，条带状分布于鄱阳湖多处圩堤下。

2.3.4　苔藓湿地植被型组

本次调查江西省该型组仅有苔藓湿地植被型1种。

(1)泥炭藓群系：该群系在江西分布面积极小，见于山地泥炭沼泽中。

(2)金发藓、白发藓群系：该群系的分布较泥炭藓更罕见。

2.3.5　水生植被型组

2.3.5.1　漂浮植物型

(1)紫萍、浮萍群系：该群系全省广布，主要生长在静水水塘中，以及水稻田里，营养程度高的水体中尤其容易大面积生长。

(2)凤眼莲群系：该群系为典型的外来入侵植物，全省广布，主要生长在静水池塘、缓流沟渠、江河港汊中。盖度常可达100%。

(3)大薸群系：该群系主要分布于村庄边的池塘中，常覆盖整个水面。

(4)水鳖群系：该群系分布于水质较洁净的池塘中，全省各地均有，但数量不多。

(5)满江红、槐叶苹群系：该群系全省广布，主要分布于水稻田、弃耕地、山边积水洼地中，静水水塘中也见较大面积的生长。

2.3.5.2 浮叶植物型

（1）菱群系：菱群系是江西省最为常见的浮叶植物群落，全省菱属植物有9种，最常见的是细果野菱和短四角菱，主要分布于各地的湖泊、池塘、流速平缓的河湾江汉、水库库尾，鄱阳湖及其周边子湖泊中有大面积分布。

（2）荇菜群系：该群系全省广泛分布，主要生长在湖泊、池塘、水库库湾浅水中。

（3）芡实群系：主要分布在鄱阳湖周边的浅水水域中，村边池塘中也常见，有的为人工种植。

（4）莲群系：莲群落在江西多为人工群落，野生莲群落现已难觅踪迹。全省均有分布，主要生长在池塘、湖泊、沟渠中，在村庄附近常见有集中连片种植。

（5）萍蓬草群系：该群系小面积斑块状分布于河湾、湖湾、库湾的近岸浅水区。

（6）莼菜群系：该群系多为人工栽培植物群落，在上饶广丰、玉山等地见有少量野生群体。

（7）喜旱莲子草群系：该群系全省广布，为最常见的入侵植物群落，在静水或缓流中生长。

（8）眼子菜群系：该群系全省广泛分布，主要生长于池塘、湖湾、库湾、水稻田等浅水中。

（9）水龙群系：该群系主要分布于江西南部，池塘、河湾、积水洼地等浅水生境中。

（10）苹群系：该群系全省广布，常见于水稻田、池塘、山边积水洼地、湖湾等浅水生境中。

2.3.5.3 沉水植物型

（1）苦草群系：该群系主要分布于鄱阳湖、江河下游、小支流、水库库湾以及沟渠、池塘中，对水质要求较高，一般为清洁水体，江西常见的有苦草、刺苦草、密齿苦草等。鄱阳湖各浅碟形湖中有大面积分布，为冬候鸟的重要食物资源。

（2）竹叶眼子菜群系：该群系在鄱阳湖、江河下游和各地沟渠中均有分布，一般生长在水深1～2米的水体中，以鄱阳湖分布面积最大。

（3）篦齿眼子菜群系：该群系分布于全省各地的静水池塘、沟渠中，一般小面积出现，盖度50%左右。

（4）微齿眼子菜群系：该群系在鄱阳湖及其周边的子湖泊中均有发现，要求水质较清洁，鄱阳湖白沙洲有较大面积群落分布。

（5）菹草群系：该群系全省广布，池塘、沟渠、湖泊、静水河湾等浅水中均可见，对水质要求不高，群落盖度可达80%。

（6）穗状狐尾藻群系：该群系主要分布于鄱阳湖洲滩小水体、五河河口两侧小水体、水库库湾小水体中，群落盖度常达90%。要求水体清澈，水质洁净。

（7）轮叶黑藻群系：该群系是分布最广的沉水植物群落，在河流上游、小支流、沟渠、水库库湾、湖泊浅水中均有分布，一般为静水或缓流中。

（8）金鱼藻群系：该群系主要分布于河道浅水、池塘、江汉、水库浅湾中，水质通常较清洁。

（9）水车前群系：该群系主要出现于鄱阳湖多个碟形湖中，与竹叶眼子菜、苦草群落混生，对水质要求较高，群落盖度60%～80%。

（10）茨藻群系：该群系全省均有分布，鄱阳湖、柘林水库库湾有较大面积的群落，大茨藻较常见。

（11）黄花狸藻群系：该群系条带状分布于鄱阳湖水陆交错地段的浅水中。

2.3.6　沙生湿地植被型组

本次调查江西省该型组仅有沙生湿地草丛型1种。

(1)柳叶白前群系：该群系主要分布于河滩、湖滩沙地上，以鄱阳湖周边最为常见，群落盖度20%~30%，高度达40厘米。

(2)球柱草群系：该群系在鄱阳湖及赣江两岸的沙化土地上常见，群落高15厘米左右，盖度20%~40%。

第二节
湿地动物资源

湿地野生动物是湿地生态系统的基本组成部分，了解并保护湿地野生动物对于维系区域生态安全和生物多样性具有重大意义。江西省湿地野生动物物种丰富，有许多具有经济价值的物种和受国家、地方保护的物种。

湿地动物缺乏明确的定义。一般认为湿地动物指适应湿地生活、栖息于湿地水域中或水域边缘的物种或是虽然不栖息于湿地水域中但经常到湿地边缘活动饮水和取食的种类。参考上述标准，具体到虾蟹类、贝类、鱼类、两栖类动物的生活史全部或部分都离不开水域和潮湿的环境，因此它们属于湿地动物类群；爬行动物虽然摆脱了对水环境的依赖成了真正的陆生动物，但是大多数依旧喜欢在湿地生活、栖息于湿地水域或水域边缘，及一些虽不栖息于湿地的水域中但经常到湿地边缘活动、饮水和觅食的爬行类动物；湿地鸟类和哺乳类参照本次调查技术规程给出的定义和名录。本节涉及的江西湿地动物包括本次调查结果和近年来的调查资料。

1　湿地动物种类组成及特点

1.1　种类组成

经此次60个重点湿地调查和对以往文献查证，江西省湿地野生动物共计696种(含亚种)，隶属8纲41目112科315属。其中，贝类97种，虾蟹类46种中，鱼类222种，两栖类51种，爬行类89种，鸟类150种，哺乳类41种。

江西省湿地淡水贝类和虾蟹类丰富。贝类97种中，双壳纲种类为46种，隶属3目3科15属；腹足纲种类51种，隶属2目11科18属。虾蟹类46种中，蟹类3科5属36种，虾类3科3属10种。

江西省湿地鱼类有222种(含5亚种)，约占全国总种数(830种)的26.75%，隶属于12目28科96属。其中，鲤形目鱼类156种，占全省湿地鱼类总种数的70.27%；鲇形目25种，占11.26%；鲈形目23种，占10.36%。这3目鱼类共计204种，占全省湿地鱼类总种数的91.89%。

江西省湿地两栖类动物共51种(含亚种)，隶属2目8科22属。其中，有尾目2科4属5种；无尾目6科18属46种。8个科中，蛙科属数和种类最多，有10属24种，分别占江西省两栖类动物总属数和总种数的45.45%、47.05%；其次是锄足蟾科，为4属10种，分别占18.18%、19.61%。

江西省湿地爬行类动物共89种，隶属2目14科51属。以游蛇科的属数和种数最多，有22属52种，分别占全省爬行类动物总属数和总种数的42.31%、58.43%。有17种是中国特有种；有1种属于国家Ⅰ级保护动物，即蟒蛇。

江西省典型湿地哺乳类动物有8目18科32属41种，占江西省哺乳类动物105种的39.05%，包括食虫目1科1属1种，翼手目2科4属4种，鳞甲目1科1属1种，啮齿目5科9属17种，鲸目2科2属2种，食肉目4科11属12种，偶蹄目2科3属3种，兔形目1科1属1种。江西省湿地哺乳类动物中啮齿目种类最多(17种)，占江西省湿地哺乳类动物的41.46%。江西省湿地哺乳类动物中既有典型东洋界的哺乳类动物，如穿山甲、鼬獾、果子狸、华南兔等；也有典型古北界种类，如刺猬、貉、黑线姬鼠、黑腹绒鼠、东方田鼠；同时，江西省湿地也分布有广布种类，如黄鼬、小家鼠、褐家鼠等。

江西省湿地鸟类占全省鸟类总数的31.18%，隶属11目24科70属。其中鸻形目所占比例最大，占全省湿地鸟类总数的30.67%；其次是雁形目和鹳形目，分别占22.67%、12.67%。根据居留类型区分，冬候鸟和旅鸟109种，占全省湿地鸟类总数的72.67%。这些湿地鸟类主要集中分布于鄱阳湖及“五河”水系湿地。

1.2 湿地野生动物资源特点

1.2.1 野生动物资源极其丰富

全省湿地野生动物有41目112科696种，分别占全省野生动物目、科、种总数的80.39%、65.88%和63.91%。其中占全省同类物种目、科、种总数100%的湿地野生动物有鱼类、两栖类、爬行类、贝类和虾蟹类，与全省现存种属相一致。爬行类、湿地鸟类和哺乳类野生动物也占全省同类物种总数的98.89%、31.19%和40.20%。可见，湿地是江西省区域内野生动物分布最为集中的地方之一，保护湿地对于维护全省的生物多样性具有重要意义。全省湿地动物与同类物种组成情况见表3-15。

表3-15 江西省湿地野生动物基本情况

类别	湿地野生动物			全省野生动物			湿地动物占全省同类物种比例(%)		
	目	科	种	目	科	种	目	科	种
贝类	5	14	97	5	14	97	100	100	100
虾蟹类	1	6	46	1	6	46	100	100	100
鱼类	12	28	222	12	28	222	100	100	100
两栖类	2	8	51	2	8	51	100	100	100
爬行类	2	14	89	3	15	90	66.67	93.33	98.89
鸟类	11	24	150	19	72	481	57.89	33.33	31.19
哺乳类	8	18	41	9	27	102	88.89	66.67	40.20
总计	41	112	696	51	170	1089	80.39	65.88	63.91

1.2.2 有经济利用价值的种类多

江西省湿地动物许多具有重要经济价值。就鱼类而言，江西主要的经济鱼类有：青鱼、草鱼、鲢、鳙、鲤、鲫、鳊、鳡、日本鳗鲡、大银鱼、翘嘴红鲌、鳜等；刀鲚、似鳊、银鲴、鮈亚科的种类、黄颡鱼等鱼类在数量或是渔业产量上都占有很大的比例；黄鳝等也是江西省最为重要的特种水产养殖品种之一。

特别是鄱阳湖湿地的环境条件非常优越，成为了许多定居性鱼类的重要产卵场所，尤其是鲤、鲫、鲇等在湖中有大面积的产卵场；长江中下游许多重要的洄游性经济鱼类也在此湿地栖息、繁殖。目前，鄱阳湖建立了鄱阳湖鲤鲫鱼产卵场省级自然保护区和鄱阳湖银鱼产卵场省级自然保护区。因此，保护江西省湿地对维护长江渔业资源意义重大。

两栖类、爬行类中许多种类在江西省也已经开展规模化养殖，如棘胸蛙、中国大鲵以及一些蛇类，对减缓资源压力起到一定作用。

1.2.3 珍稀及保护物种多

湿地贝类中，有38种蚌类是我国特有种，占全国特有蚌类的67.9%；丽蚌属许多种类作为珍珠核用于育珠；蛏蚌为人们喜食的蚌类，具有较高价值。而由于过度捕捞，螺蚌类种群衰退严重，许多种在野外已难采集到活体标本。

湿地两栖类动物中大鲵和虎纹蛙2种属于国家Ⅱ级保护野生动物。按《中国物种红色名录》，极危(CR)1种，为大鲵；易危(VU)5种，分别是虎纹蛙、长肢林蛙、棘胸蛙、九龙棘蛙和小棘蛙。此外，东方蝾螈、黑斑肥螈、崇安髭蟾、中华蟾蜍、黑斑蛙、棘胸蛙等两栖类动物是江西省重点保护野生动物。

湿地爬行类动物中，有17种属于中国特有物种。属于国家Ⅰ级保护野生动物的有1种，即蟒蛇。扬子鳄在江西省已多年未见报道，故本文不统计在名录中。按《中国物种红色名录》，极危(CR)1种，为蟒蛇；濒危(EN)2种，为乌龟和平胸龟；易危(VU)10种，分别是中华鳖、王锦蛇、玉斑锦蛇、黑眉锦蛇、灰腹绿锦蛇、乌梢蛇、灰鼠蛇、眼镜蛇、尖吻蝮和短尾蝮。蟒蛇在江西省仅见于最南部的龙南等县，数量非常稀少。

同时，江西省湿地爬行类动物物种绝大多数已列入《国家保护的有益的或者有重要经济、科学研究价值的陆生野生动物名录》。此外，平胸龟、中华鳖、王锦蛇、黑眉锦蛇、灰鼠蛇、乌梢蛇、银环蛇和眼镜蛇还被列为江西省重点保护野生动物。

鄱阳湖湿地及其周边地区有不少丘陵山地，栖息着众多的陆生哺乳类动物，其中河麂是比较有代表性的1种，河麂是国家Ⅱ级保护的大型哺乳动物，常在草洲觅食。湿地哺乳类动物中，属于国家Ⅱ级保护动物的有4种，即江豚、水獭、河麂、水鹿。以前，在九江和湖口一带发现有珍贵淡水鲸类之一的白鳍豚；但2006年年底，中外科学家历经了为期38天的寻找白鳍豚之旅后，遗憾地宣布，往返3336公里的考察未发现一头白鳍豚。覆盖白鳍豚历史分布江段的长江科考未寻找到最后的白鳍豚，科学家们称这个结果证明白鳍豚种群处于功能性灭绝，可能成为世界上第一个被人类消灭的鲸类动物。目前，中外科学家普遍认同导致白鳍豚在20年的时间内几近消亡的原因在于人类活动的干扰和栖息地的破坏。白鳍豚处于长江和鄱阳湖水生生物食物链的顶端，在长江水域中没有任何天敌，因此其灭绝不可能是自然原因造成，故本书没有将白鳍豚统计在名录中。

全省湿地鸟类中国家重点保护鸟类有25种，有7种属于国家Ⅰ级保护鸟类，分别是东方白鹳、黑鹳、中华秋沙鸭、白头鹤、白鹤、大鸨和遗鸥。其中，白鹤占全球数量的90%以上，全球的东方白鹳也几乎分布在鄱阳湖及周边湖泊。此外，白头鹤、中华秋沙鸭在江西的越冬数量较大，值得关注。

2 鱼 类

鱼类是终生生活在水中，用鳃呼吸的低等脊椎动物。鱼类的生长、发育、繁殖等生命活动都必须在水中完成，因此，鱼类是对水环境最为依赖的动物之一。湿地中鱼类的生存和繁衍，都依赖于湿地水环境。

2.1 江西省鱼类区系组成及其特征

江西鱼类按组成成分分析(表3-16)，主要成分是鲤科鱼类，有124种，占鱼类总数的55.86%。其中，鄱阳湖分布有74种，占全省鲤科总数的59.68%；赣江分布有75种，占60.48%；抚河分布有74种，占59.68%；信江分布有79种，占63.71%；饶河分布有79种，占63.71%；修河分布有63种，占50.81%。其次是鲿科种类较多，有17种。其中，鄱阳湖分布有11种，占全省鲿科总数的64.71%；赣江分布有9种，占52.94%；抚河分布有12种，占70.59%；信江分布有8种，占47.06%；饶河分布有12种，占70.59%；修河分布有5种，占29.41%。鳅科分布也较多，有16种。其中，鄱阳湖分布有8种，占50%；赣江分布有11种，占68.75%；抚河分布有7种，占43.75%；信江分布有7种，占43.75%；饶河分布有12种，占75.00%；修河分布有8种，占50.00%。

表3-16 江西省鱼类的主要科、种组成分析

科 名	鲤科	鳅科	平鳍鳅科	鲿科	银鱼科	鮨科	鰕虎鱼科	其他	合 计
全省种数	124	16	12	17	5	6	7	35	222
鄱阳湖	74	8	1	11	5	5	3	31	138
占全省比重(%)	59.68	50.00	8.33	64.71	100	83.33	42.86	88.57	62.16
赣江	75	11	0	9	0	6	4	24	129
占全省比重(%)	60.48	68.75	0	52.94	0	100	57.14	68.57	58.11
抚河	74	7	4	12	2	5	2	20	126
占全省比重(%)	59.68	43.75	33.33	70.59	40.00	83.33	28.57	57.14	56.76
信江	79	7	6	8	2	2	4	17	125
占全省比重(%)	63.71	43.75	50.00	47.06	40	33.33	57.14	48.57	56.31
饶河	79	12	4	12	1	6	3	20	137
占全省比重(%)	63.71	75.00	33.33	70.59	20	100	42.86	57.14	61.71
修河	63	8	3	5	0	3	4	16	102
占全省比重(%)	50.81	50.00	25.00	29.41	0	50.00	57.14	45.71	45.95

注：根据吴志强《鄱阳湖水系四大家鱼资源及其与环境的关系研究》整理。

鲤科是鱼类分类学中一个庞大的科。江西的鲤科鱼类包括9个亚科。我国淡水养殖的主要鱼类"青、草、鲢、鳙"四大家鱼都属鲤科鱼类。其中，青鱼和草鱼是中国特有鱼类；鲢仅产于中国和越南；鳙仅产于亚洲东部。鲤和鲫在鄱阳湖渔获物中占50%以上，这是鄱阳湖鱼类的一大重要区系特征。这一鱼类区系特征与鄱阳湖"洪水一片，枯水一线"的水文特点有着直接的关系。季节性湖泊，枯水期广袤的洲滩有利于湖草生长，洪水期湖草被淹，成为草上产卵鱼类——鲤、鲫鱼卵的良好附着基和幼鱼育肥场，因而促使鲤、鲫鱼种群的繁衍，成为优势种。

从主要生活水域和洄游习性来看，江西鱼类大体可分4个类型。一是在江湖、海洋之间洄游的称洄游性鱼类，如中华鲟、白鲟、鲥、刀鲚、鳗鲡、弓斑东方鲀等；二是在江、湖之间洄游的鱼类，称为半洄游性鱼类，如青鱼、草鱼、鲢、鳙、鳡、鳤等；三是在湖泊中生长和繁殖的鱼类，不做有规律的洄游活动，称为定居性鱼类，鄱阳湖的多数鱼类都属于这个类型，如鲤、鲫、鳊、鲂、鲇科、乌鳢、太湖新银鱼、黄颡鱼等；四是山溪定居性鱼类，如胡子鲇、中华纹胸鮡、月鳢等。山溪定居性鱼类分布在山区溪流，也可能随水流而降河到鄱阳湖。

关于江西鱼类区系复合体，按其起源、地理分布、物种演化和生态系的原因，大体上分为4类。

(1)晚第三纪早期区系复合体：本区系复合体的鱼类是起源于第三纪以前的古老鱼类，如鲤、鲫、鲇、麦穗鱼、鳜、胭脂鱼、泥鳅等，是鄱阳湖中主要的经济鱼类，多数种类喜草上产卵。

(2)中国平原区系复合体：本复合体鱼类的发生(起源)中心在我国东部的江河平原水域，是江西平原鱼类中的优势种类，且多是一些适于开阔水域的中上层鱼类。如鲢、鳙、鳊、鲌鱼等。该复合体中几乎所有种类的卵都在良好的氧气条件下发育，多数种类产浮性卵或半浮性卵。

(3)中印区系复合体：该复合体一是印度平原鱼类，即热带低地沼泽鱼类，如黄颡鱼、鮠鱼、胡子鲇、黄鳝、乌鳢、刺鳅等；二是中印山麓鱼类，如平鳍鳅科、鮡科的一些鱼类等。

(4)古北区鱼类：本区系为北方山地平原群，主要是适合低温，富清流水，耐低氧鱼类，这一类群为数较少，如中华鲟、花鳅等。

总的来说，江西鱼类区系组成是以中国平原为主体，种类最多；第三纪区系鱼类次之；印度平原、中印山麓鱼类再次之。从鱼类区系特征来看，大体上为中国—印度区和古北区的混合体。

江西鱼类中有不少属于珍稀种，其中用国家Ⅰ级保护的有中华鲟、白鲟，属国家Ⅱ级保护的有胭脂鱼，属江西省级重点保护动物有鲥鱼、长吻鮠、弓斑东方鲀、月鳢、斑鳢、鳗鲡的幼鱼和子陵吻鰕虎鱼等7种。

2.2　江西省主要的经济鱼类

江西省主要的经济鱼类有鲤、鲫、鳊、鲂、鲢、草鱼、青鱼、鳡、鳜、鲇、乌鳢、黄鳝、泥鳅、鲚、鲥、鳗鲡和银鱼等30余种。这些鱼类大多分布较广，有较高的经济价值，并在生产和消费中占有相当的位置。

(1)鲤：鲤科，湖泊定居性大型鱼类。栖息在水的下层，杂食性，4~6月产卵。适应性强，广泛分布于全省水域。鄱阳湖的鱼类捕获量中，鲤鱼约占三分之一。

(2)鲫：鲤科，分布极广的中型鱼类。栖息于水的下层，分布于全省各地水域。4~7月产卵。生长较慢，一般个体100~200克，大的可达1公斤多。鄱阳湖年均捕获量约1500吨。

鲫鱼适应性极强。各种各样的金鱼，就是由金色鲫鱼经过长期人工培育和选择而得到的重要观赏鱼类。

(3)鳊：鲤科，分布广。一般栖息于水的中、下层。成鱼以水草为主食，分布于全省各地水域。

(4)鲢：又名白鲢，鲤科。生活于水的上层，以摄食浮游植物为主。4～6月产卵，天然产卵场主要在赣江中游。鲢是我国最主要的养殖鱼类，四大淡水养殖鱼类之一。

(5)鳙：又名花鲢、胖头鱼，鲤科。形似白鲢而头特大，栖息于水体上、中层，以摄食浮游动物为主，最大个体可达40～50公斤。全省均有分布。4～6月产卵，天然产卵场主要在赣江中游。为我国四大淡水养殖鱼类之一。

(6)草鱼：又名白鲩，鲤科。生活于水体中下层，以摄食水草为主。全省均有分布。4～6月产卵，天然产卵场主要在赣江中游。为我国四大淡水养殖鱼类之一。

(7)青鱼：又名鲩鱼、黑鲩，鲤科。生活在水体中下层，以底栖软体动物为主要食物，也摄食水生昆虫和小虾。全省均有分布。5～7月产卵，天然产卵场主要在赣江中游。为我国最普通而特有的四大淡水养殖鱼类之一。

(8)银鱼：包括寡齿新银鱼、太湖新银鱼、乔氏新银鱼等，是定居湖泊的小型鱼类。生活于水体中上层，主食浮游动物。

(9)鳜：又名桂鱼，鮨科。是一种凶猛的肉食性鱼类。全省江河湖泊均有分布。人工养殖已获得成功。

(10)黄鳝：又名鳝鱼，合鳃鱼科。栖息于池塘、小河和水田，常潜伏泥洞或石缝中。肉食性，产量多，耐储存和长途运输。

(11)子陵吻鰕虎鱼：鰕虎鱼科。生活于沙石底的溪涧中。幼鱼即驰名中外的"石鱼"，肉嫩味美。庐山、九江、德安、彭泽、南城、上犹等地均有分布。庐山的"三石"，即石耳、石鸡和石鱼。由于过度捕捞，数量剧减，已列为省级重点保护动物。

3 湿地鸟类

江西省境内河流、湖泊面积较大，如国际重要湿地鄱阳湖及"五河"流域，这些湿地为湿地鸟类提供了良好的生存场所。

根据1997～2001年在全省范围内开展的第一次野生动植物资源调查统计整理，有占全球95%以上的白鹤在鄱阳湖越冬，种群数量3000余只；占全球90%以上的东方白鹳在此越冬，种群数量2800余只。

江西有关鸟类的调查很多，主要涉及鄱阳湖等国家级自然保护区和省级自然保护区等。根据江西省第二次湿地调查和多年的野外考察，并参考相关文献，对江西省湿地鸟类资源情况整理如下。

3.1 湿地鸟类种类组成

签订《湿地公约》的初衷就是保护水禽及其栖息生境。鸟是湿地生态系统中最活跃最敏感的因子，因此，在湿地调查中，对湿地鸟类的调查是重点。

《湿地公约》定义"水禽是在生态上依赖湿地的鸟类"水禽应该包括下列种类：潜鸟目(潜鸟)、鹈形目(鹈鹕、鸬鹚、鹲鸟)、鹳形目(鹭、鹳、火烈鸟等)、雁形目(天鹅、雁类、鸭类)、鹤形目(鹤类、秧鸡)、鸥形目所有种、鸻形目所有种、隼形目(鹰类、隼类)的部分种类。按照上述范围，中国的水禽约250种(陈克林，1998)。然而，按照"生态上依赖湿地"的原则，上述名录是不完整的。鹰类和隼类中有不少种类是与湿地关系不大的，而雀形目中有很多鸟类却是"依赖湿地"的鸟类。东北林业大学李枫(1997)认为：湿地鸟类至少可以分为3类：一是完全依赖于湿地，主要或仅仅在湿地出现；二是不完全依赖湿地，在非湿地生境能同时见到；三是典型生境并非湿地，但湿地存在时也可以利用。第一类是典型的湿地鸟类，第二、三类的鸟类大多也被划为湿地鸟类。因此，依据鸟对湿地的依赖程度，将湿地鸟类分为典型的湿地鸟类和广义的湿地鸟类(即前述的第二、三类鸟)。本书着重分析前面一种类型鸟类，即典型湿地鸟类。

江西省共有鸟类481种，其中湿地鸟类151种，占全省鸟类总种数的31.39%。鸻形目主要包括各种鸻鹬类，常见的有鹤鹬、青脚鹬、白腰草鹬、扇尾沙锥、黑腹滨鹬、反嘴鹬、环颈鸻、长嘴剑鸻等。这些鸻鹬类在江西为冬候鸟或过路鸟类，为中小型的涉禽，主要分布在全省的大小湖泊、河道或池塘的浅水处。雁形目主要包括各种雁鸭类，常见的有豆雁、白额雁、灰雁、小天鹅、绿翅鸭、绿头鸭、斑嘴鸭、赤颈鸭、鸳鸯等。其中，豆雁、白额雁、灰雁、小天鹅和斑嘴鸭是鄱阳湖湖区及草洲主要的雁鸭类。斑嘴鸭在全省分布极广，数量也较大，几乎在全省各地的大小湖泊、河道和水库均能见到，冬季常集大群活动；雁鸭类大都是冬候鸟，主要分布在鄱阳湖及其流域以及其他的大小湖泊、水库、河道。鹳形目主要包括各种鹭科和鹳科鸟类，常见的种类有苍鹭、池鹭、白鹭、牛背鹭、中白鹭、夜鹭、栗苇鳽、黑鳽、东方白鹳等。鹭科鸟类大都是江西的夏候鸟，偏爱集体在树上筑巢。白鹭为江西的夏候鸟，但多年来由于气候的变化，很多白鹭个体在冬季没有迁徙到其他地方，成为江西的留鸟。

3.2 鸟类区系组成

按居留型组成分，留鸟15种，占湿地鸟类物种总数的10.00%；夏候鸟26种，占17.33%；冬候鸟79种，占52.67%；旅鸟30种，占20.00%(表3-17)。由此可见，江西省湿地鸟类主要以冬候鸟为主。

表3-17 江西省湿地鸟类区系组成

项 目	留 鸟	夏候鸟	冬候鸟	旅 鸟	总 计	百分比(%)
东洋种	5	8	0	2	15	10.00
古北种	1	4	67	23	95	63.33
广布种	9	14	12	5	40	26.67
总 计	15	26	79	30	150	100
百分比(%)	10.00	17.33	52.67	20.00		100

按鸟类区系组成分，古北种鸟类95种，占总种数的63.33%；东洋种鸟类15种，占总种数的10.00%；广布种鸟类40种，占总种数的26.67%。由此可见，古北界鸟类所占比例最大。江西省地属东洋界，但其中古北界鸟类所占比例高达五分之三，主要是因为江西的湿地鸟类大多为冬候鸟，而冬候鸟大都为古北界鸟类，这些鸟类多在古北界繁殖。这也进一步说明了国际重要湿地——鄱阳湖湿地为非繁殖鸟（冬候鸟和旅鸟）提供了良好的越冬和停歇场所。邵明勤等在分析江西省鸟类多样性与区系时，也提到江西古北界冬候鸟占很大比重与鄱阳湖湿地有密切联系。

3.3 湿地鸟类分布特点

江西省湿地鸟类共计150种，其中冬候鸟和旅鸟109种，占江西省湿地鸟类种类的72.85%。鄱阳湖及其流域是这些水鸟分布的集中地，每年11月至翌年4月，大量的冬候鸟和旅鸟来此越冬和中转。鄱阳湖分布的国家重点保护水鸟很多，其中，白鹤90%以上的种群集中在鄱阳湖越冬，南矶湿地国家级自然保护区分布有大量的湿地鸟类。鄱阳湖国家级自然保护区分布的冬候鸟数量相当壮观。另外，九江、余干、鄱阳的白沙洲等地的鄱阳湖也分布有大量的冬候鸟，也为这些鸟类提供了良好的栖息和取食场所。

鄱阳湖的“五河流域”及其支流组成的鄱阳湖的水网系统，栖息有一些种类的水鸟，常见的有罗纹鸭、绿翅鸭、普通秋沙鸭、灰头麦鸡、长嘴剑鸻、白腰草鹬、黑腹滨鹬等。这些水体系统中分布的鸟类数量较鄱阳湖湖区少，种类也不多，但同样分布着一些国家甚至国际濒危的湿地鸟类，如中华秋沙鸭、鸳鸯等。连续5个月的湿地鸟类多样性调查发现，中华秋沙鸭在鄱阳湖四大河流（抚河、信江和饶河、修河）及其支流均有分布，数量为100只左右，约占中华秋沙鸭全球数量总数的4%～10%，中华秋沙鸭在江西的种群数量相对较大，值得关注。鸳鸯在婺源的鸳鸯湖、乐安河（梅林镇）的种群数量稳定，在江西靖安也有一较大群体。此外，在景德镇昌江也发现有鸳鸯的踪迹。然而，鄱阳湖流域的人类活动如采砂、非法捕鱼等比较严重，对这些濒危鸟类的生存产生较大的影响。

江西省的一些水库也集中栖息着大量的水鸟，如鸭类中的各种潜鸭、绿翅鸭、斑嘴鸭等，对维持全省湿地鸟类多样性起到重要的作用。江西省的人工湿地如池塘、水田等也为鸻鹬类、鸭类、小䴙䴘等水鸟提供了良好的栖息场所。

鄱阳湖国家级自然保护区之外的其他保护区和森林公园也为一些濒危水鸟提供了栖息场所，如江西九连山国家级自然保护区发现有海南虎斑鳽、斑头大翠鸟的繁殖；象山森林公园发现有黄嘴白鹭；靖安的九岭山国家级自然保护区分布有海南虎斑鳽、中华秋沙鸭等。因此，这些保护区及森林公园在湿地鸟类多样性的保护上起到了积极的作用。

湿地调查表明，江西省的湖泊及河流、保护区湿地、人工湿地等对湿地鸟类多样性的维持均起到了积极的作用。然而，有些湿地并未划入自然保护区，如中华秋沙鸭、鸳鸯等分布的很多区域均不在保护区内，这些区域的水鸟生存现状不容乐观。建议尽量将一些濒危鸟类多而稳定的区域划入保护区，并对当地居民进行生物多样性保护的宣传和教育。

4　其他常见湿地动物

虾、蟹、贝类中，分布广泛的有河蚬、圆顶珠蚌和无齿蚌属；丽蚌属，除洞穴丽蚌外的其他种类以及蛏蚌属种群衰退严重，许多种在野外难采集到活体标本；虾类中长臂虾科沼虾属的分布较为广泛。

江西湿地两栖类分布范围较广的是中华蟾蜍、黑斑蛙、金线蛙、泽陆蛙、虎纹蛙、沼水蛙、大泛树蛙、饰纹姬蛙和小弧斑姬蛙。

爬行类分布范围较广且较为常见的种类有多疣壁虎、中国石龙子、蓝尾石龙子、铜蜓蜥、北草蜥、王锦蛇、灰鼠蛇、乌梢蛇、中国水蛇、铅色水蛇、银环蛇、短尾蝮、竹叶青、赤链蛇、黑眉锦蛇、红点锦蛇、中华鳖和乌龟。

常见的哺乳类动物有黄鼬、刺猬、华南兔、褐家鼠、小家鼠、猪獾、狗獾、鼬獾等，分布较广，资源较多。

鄱阳湖流域分布有近450头江豚，是江豚重要的栖息地之一。近年来在江西都昌县的老爷庙等地发现数十头江豚，十分罕见。鄱阳湖湿地还为其他一些濒危哺乳类动物如獐、水獭等提供了良好的栖息地。然而，人类活动如采砂、非法捕猎等都会对这些濒危动物的生存产生较大的影响。因此，加强鄱阳湖及其流域湿地保护管理是非常必要的。

第三节
湿地浮游生物

浮游生物是湿地水域中营浮游生活的生物群，包括浮游植物和浮游动物两大类。浮游生物一般个体很小，在显微镜下才能看清其构造。它们的行动能力微弱，移动主要受水流支配。浮游动物在湿地水域生态系统的食物链中占有重要地位。浮游植物是最简单的初级生产者(食物链第一环节)；植食性浮游动物摄食浮游植物(食物链第二环节)。浮游生物是水域生产力的基础，浮游植物的产量(初级生产力)决定着植食性浮游动物的产量(次级生产力)，而后者又决定着小型鱼类的产量和大型鱼类的产量。而从湿地生态系统而言，浮游生物与湿地鸟类都是重要的环节。

1　浮游植物

江西湿地浮游植物现已记录的有158属，已鉴定有146种(含9变种)，隶属8门55科(附录1)。按种类组成，绿藻门有24科81属55种(变种)，分别占科、属、种总数的43.6%、51.3%、37.7%；硅藻门有12科31属66种，分别占21.8%、19.6%、45.2%；蓝藻门有5科25属11种，分别占9%、15.8%、7.5%；金藻门有4科6属2种；裸藻门有3科6属4种；黄藻门有3科4属4种；甲藻门有3科3属2种；隐藻门有1科2属2种。绿藻、硅藻和蓝藻的科、属、种，分别占记录总数的74.5%、86.7%、90.4%。常见种和优势种有：蓝藻门的微囊藻属、颤藻属和鱼腥藻属，硅藻门的直链藻属、等片藻属、脆杆藻属、舟形藻属、异级藻属和双菱藻属，绿藻门的盘星藻属、水绵属、新月鼓藻属、角星鼓藻属、鼓藻属和多棘鼓藻属等。从种类和生态类型组成分析，鄱阳湖和赣江分布大致相同。

2 浮游动物

浮游动物的种类和组成比较复杂，不仅包括无脊椎动物的大部分门类，还包括营阶段性浮游生活的脊椎动物的幼体。浮游动物是鱼类和贝类的食料，在水域物质循环和能量流动中有重要的作用。江西湿地水域浮游动物主要包括原生动物、轮虫、枝角类和桡足类中的一些种类。这 4 类动物分属于不同的分类阶元；原生动物为一个门；轮虫是担轮动物门内的一个纲；枝角类是节肢动物门甲壳纲鳃足亚纲双甲目内的一个亚目；桡足类是甲壳纲的一个亚纲。原生动物是单细胞动物；轮虫、枝角类和桡足类是多细胞动物。

据相关资料统计，江西省浮游动物共达 207 种。其中原生动物 29 种，隶属 13 个科。轮虫类一般体型也很小，现已知我国内陆水域分布的轮虫有 250 种以上。张本在鄱阳湖调查鉴定 59 种(1998)，纬伟涛在鄱阳湖保护区调查鉴定 20 种(1997)，李水淼在赣江调查鉴定 56 种(1996)。据资料汇总，江西省轮虫类有 91 种，隶属 12 科。大多数种类是江、湖都有分布，如臂尾轮科、腔轮科、鼠轮科种类。

枝角类和桡足类中有的种类属于小型浮游动物，而有些种类已属于大型浮游动物。枝角类的第二对触角是用于浮游的附肢，它们虽然游泳，但游泳能力不强。桡足类剑水蚤、哲水蚤的胸肢也主要用于游泳。现已知我国内陆水域分布的枝角类近 140 种，江西记录有 57 种；桡足类 200 余种，江西记录有 30 种，其中鄱阳湖调查记录 13 种(张本，1988)，鄱阳湖自然保护区调查记录 5 种，赣江调查记录 26 种。

浮游动物在湿地水域营养系列中是第一次消费者或第二次消费者。第一次消费者是以植物性食料为生的，也称植食者；第二次消费者是以动物性食料为主的，也称肉食者。植食性浮游动物吃的是细菌、藻类和植物碎屑；肉食性浮游动物吃别种浮游动物。几乎所有鱼类的幼鱼都吃浮游动物，达到一定体长之后才换食饵。而四大家鱼中的鳙鱼是专食浮游动物的。

据资料记载，鄱阳湖浮游动物中还有季节性出现的桃花水母属于腔肠动物，伞径达 20 毫米，1984 ~1986 年连续 3 年在鄱阳湖大量出现，使幼鱼遭受影响。

第四节 湿地微生物

湿地是地球上具有多种独特功能的生态系统。它不仅为人类提供大量的食物、原料和水资源，而且在维持生态平衡、保持生物多样性和珍稀物种资源以及涵养水源、蓄洪防旱、降解污染、调节气候、补充地下水和控制土壤侵蚀等方面均起到重要作用。

湿地的特殊功能与其组成要素密不可分。其组成有非生物要素的水、土壤和气候；生物要素的湿地生态系统的生产者——湿地植物、湿地生态系统的消费者——哺乳类、两栖类和爬行类以及各种水生动物及底栖无脊椎动物等以及湿地生态系统的分解者——湿地微生物。

微生物最活跃的领域是土壤和水域。湿地作为土壤和水域的一种特殊结合形式，在地球生物圈中所占比例虽然不大，但却是微生物生活的大本营和物质生物循环的最主要场所之一。这些领域中的微生物是物质循环的主要动力。湿地微生物包括湿地土壤、地面、水体、底泥、植被根系和植被表面等聚集的微生物，数量庞大，平均每克载体含有 1 亿到 100 不等的微生物数量，而且繁多的种类构成了其微生物菌群的多样性。其菌群的生物量随湿地样品的组成成分不同而不同。水体中的微生物生物量随水体的洁净度提高而降低，泥样中的相对要多些。一般来说出现富营养化的湿地微生物生物总量会多些，而且其菌群多样性构成也会发生变化。能代谢利用该营养物质的菌群会明显增加，如：硝化细菌、反硝化菌、光合细菌、硫化细菌、芽孢杆菌，等等；反之会明显降低，如：对微环境敏感的菌群 *Herminiimonas* sp.、迟缓土地杆菌 *Pedobacter lentus*、柄杆菌属 *Caulobacter* sp.、*Thiobacter* sp. 和 *Massilia aurea* 等菌群。这也表明微生物具有适应其环境、利用其环境的能力。

微生物对物质循环和能量流动发挥着巨大的作用，鄱阳湖湿地生态系统的微生物群落结构是湿地生态功能的基础。它们与湖泊沉积物、湿地土壤的化学性质、团聚体的形成以及污染物的降解等密切相关。湿地微生物的作用方式是多方面的：参与外源能的捕获、维持生物间的特殊关系和营养物质循环。具体途径包括以下两个方面：一是通过能量流构成生物间的特殊关系。在自然生态系统中的外源能是太阳能，所有活的有机体生存均要求能量，能量主要由太阳能提供，通过绿色植物和光合微生物进行光合作用，将太阳能转化成生物体内的化学能。光合细菌在有光照缺氧的环境中能利用光能进行光合作用。光合作用的原始供氢体不是水，而是 H_2S（或一些有机物），它进行光合作用的结果是产生了 H_2，分解有机物，同时还能固定空气中的分子氮产生氨。光合细菌在自身的同化代谢过程中，完成了产氢、固氮、分解有机物 3 个自然界物质循环中极为重要的化学过程。这些独特的生理特性使它们在生态系统中的地位显得极为重要。二是以终极降解转化者的身份奠定了无机元素循环基础。碳、氢、氧、氮、硫、磷、钾、铁等许多元素构成生物体的必要营养，生物本身不能产生这些元素，只有不断从环境中摄取这些营养元素才能完成生命周期。自养微生物和植物通过代谢将无机营养元素结合进了合成的有机质中并贮存能量。同时湿地腐生微生物的生命活动能将复杂的有机质（动植物遗体和有机污染物）逐步代谢分解释放出各种无机元素和二氧化碳。可以说，在处理环境废物、通过代谢和合成作用维持着地球上的物质循环和平衡、使人类生活成为可能等方面，微生物是生物群落中非常重要的一个分支，是地球物质循环系统中的塔基，也是一切有机质降解的终结者。

赣江、抚河、信江和饶河、修河五大河流流域及鄱阳湖面积几乎覆盖了江西省 90% 的国土面积。沿着各条江河流域分布着大小不一的自然湿地和人工湿地。五大水系最终汇入鄱阳湖形成了我国最大的淡水湖。由于是过水性湖泊所以湿地面积所占比例很大，五河流域汇聚一湖形成了独特的湿地生态系统。

鄱阳湖为一个过水型湖泊，蓄水量差异极大，随着水文的变化，湿地植被生活环境也在发生根本性的改变。在鄱阳湖枯水期，洲草大量生长的季节，硝化细菌提供氮营养；而在丰水期，反硝化细菌把 NO_2 氧化为 NO_3 转化为 N_2O 和 N_2，可缓解湖水的富营养化。同时，在降解环境废物包括有机污染物、重金属、化学农药等污染方面，微生物也具有重要的作用。

为了保证粮食安全，在五大河流流经地域及鄱阳湖周围的农业生产中，使用化肥和化学农药是不可避免的。然而，化肥和农药的有效利用率只有 30% 左右，剩余的化肥和残留的农药在超过作物和土壤的吸附保持能力时，就会随着雨水冲刷、农田灌溉和地下渗透等途径流入江河湖泊湿地，造成水体和湿地的富营养化现象。而农药、除草剂都是一些有毒有害的化学物质，它们进入生态环境后，不仅杀死了对人类有害的生物，同时也对生态系统造成了严重的危害。据监测显示，2006 年，鄱阳湖已经从整体上呈现出中度营养化的状态。2008 年环境保护部监测数报告显示，鄱阳湖总磷、总氮均出现超标现象，鄱阳湖水质呈现有机污染特征，为中度污染。

江西省是有色金属之乡，有色金属矿藏遍布五大河流沿岸及鄱阳湖周围。矿山不断开采所产生的含重金属的废水和冶炼厂的排污废水随地表径流汇入五大水系和鄱阳湖，也造成水系和湿地中重金属的蓄积污染和工业污染。

此外，遍布五大河流沿岸及鄱阳湖周围的城镇居民区和工业生产所产生的垃圾和废水，有一部分是没有经过处理而直接排放进了江河湖泊的，还存在超标排污问题；而采砂作业及航运船舶排放的油污水，也对水体造成了污染。

上述水域中的污染物有一部分是会遗留沉积在各处的湿地中的。在这些污染物质没有超过湿地自我净化能力可承受阀值的前提下，湿地的各种微生物菌群将被调动起来相互协同作用，特别是与湿地植被的协同作用，对有机质污染物进行分解代谢；对氮、磷进行硝化、反硝化和解磷；对重金属污染物进行转化和钝化等。为此，湿地微生物作为生态科学中的重点，无论在理论阐释、环境保护和生产实践方面，在维护生态平衡方面都占有极重要的地位。下面仅从这些湿地微生物的角度概述目前为止已发表的有关江西省湿地微生物种类及其功能或潜在的功能。

江西省科学院微生物研究所在江西省三江湖办公室组织的鄱阳湖第二次科学考察中，对鄱阳湖湿地微生物的多样性及其功能或潜在的功能进行了较全面的调查和研究。

通过采集鄱阳湖核心生态区具有代表性的 15 个采样点的水样及对应的底泥泥样，提取其总基因组 DNA。通过对细菌 16SrDNA 的聚合酶链式反应（PCR）进行基因扩增，再将 PCR 产物用变性梯度凝胶电泳（DGGE）技术（简称 16SrDNA PCR－DGGE 技术），分离出长度相同而序列不同的 DNA 片段，每一条带大致与群落中的一个优势菌群或称操作分类单位（Operational Taxonomic Unit，OTU）相对应。结果显示，15 个采样点水体样品中共发现 90 个优势菌群或 OTU 种，对应的 15 个底泥样品中共发现 71 个优势菌群或 OTU 种，并对它们的相关生物功能或潜能进行了检索分析研究。结果表明，这些检测点的细菌菌群多样性还是很丰富的，所含菌种的生物功能也是多种多样的。

1 鄱阳湖水体中检测到的细菌菌群

鄱阳湖 15 个区域的水体均可分离出 30～61 种优势菌群，细菌的种类较为丰富。其中，撮箕湖最东侧与都昌候鸟保护区交界处共有 61 种优势菌群；菌群数最少的为长江口至瓢山区域，为 30 种，其他各点种数都在 61～44 个菌种之间，呈正态分布状变化不大；隶属于 7 门 69 属 90 种，主要菌种为酸杆菌门、拟杆菌门、厚壁菌门、放线菌门、变形菌门、疣微菌门、热脱硫杆菌门，包括黄杆菌属（*Flavobacterium* sp.）、红杆菌属（*Rhodobacter* sp.）、紫色杆菌属（*Janthinobacterium* sp.）、噬胞菌属（*Cytophaga*）、鞘脂单胞菌属（*Sphingomonas hunanensis*）、鞘脂杆菌属（*Sphingobacterium*）、寡养单胞菌属（*Stenotrophomonas* sp.）、争论贪噬菌属（*Variovorax paradoxus* sp.）、普雷沃氏菌属（*Prevotella maculosa*）、燕麦食酸菌属（*Acidovorax avenae* subsp. *avenae*）、草螺菌属（*Herbaspirillum* sp.）、嗜甲基菌属（*Methylophilus* sp.）、溶杆菌属（*Lysobacter brunescens*）、希万氏菌属（*She-*

wanella sp.)、短波单胞菌属(*Brevundimonas intermedia*)、脆弱杆菌属(*Virgulinella fragilis* sp.)、疣微菌属(*Verrucomicrobi* sp.)、脱卤拟球菌属(*Dehalococcoides* sp.)、硝化螺旋菌属(*Nitrospira*)、热脱硫杆菌属(*Desulfobacterales bacterium*)等。其中有46种为环境中不可培养的细菌。

通过对菌群指纹图谱的对比分析，可以看出大多数的菌群在所有水体中均有出现，大部分区域的相似性也较高，相似性系数都在50% ~70%之间，表明鄱阳湖水体细菌群落结构有一定程度的相似，但也存在着一些差异。聚类分析结果显示，15个区域的细菌菌群发育树分为3簇。从菌群的分布和数量看，各地的微生物多样性有变化但有一些部分较为接近；各地的优势菌群也不尽相同，都形成了各自区域的特色优势菌群。从其丰度来看，噬胞菌属(Uncultured *Cytophaga*)是各自菌群多样性的主导菌群之一，是鄱阳湖丰水期水体中最具代表性且生物量比较高的细菌种类。

对鄱阳湖湿地15个采样点所采集水样中的各个优势菌群的相关功能性潜能进行了检索分析归类，结果如下。

(1)假单胞菌(*Pseudomonas* sp.)：水体富营养化相伴菌，可产生表面活性物质。

(2)硝基还原假单胞菌(*Pseudomonas nitroreducens*)：能降解1，2，4-三氯苯。

(3)口颊普雷沃菌(*Prevotella buccalis*)：厌氧条件致病菌。

(4)黄杆菌属(*Flavobacterium* sp.)：可产生几丁质酶，能使溴氨酸脱色。

(5)黄杆菌属(*Flavobacterium* sp.)：可以降解五氯酚。

(6)解肝素拟杆菌(*Bacteroides heparinolyticus*)：条件致病菌。

(7)未培养硫碱弧菌属(Uncultured *Thialkalivibrio* sp.)：参与亚硝化、生物反硝化全自养脱氮作用，还可产生硫醌氧化还原酶。

(8)蒙氏假单胞菌(*Pseudomonas monteilii*)：其产生的活性小分子物质对TMV、PVY有抑制作用。

(9)迟缓土地杆菌(*Pedobacter lentus*)：土壤中常见的微生物类群。

(10)柄杆菌属(*Caulobacter* sp.)：土壤中常见的微生物类群。

(11)争论贪噬菌(*Variovorax paradoxus*)：能利用AHLs信号分子作为唯一的碳源和能源供其生长需要，进一步检测发现其能利用所有供试的各种信号分子。

(12)拟杆菌(*Bacteroidetes bacterium*)：反硝化除磷。

(13)未培养酸杆菌属(Uncultured *Acidobacterium* sp.)：化能异养菌，罕见致病。

(14)未培养拟杆菌(Uncultured *Bacteroidetes bacterium*)：专性厌氧的小杆菌。

(15)未培养脱硫杆菌 (Uncultured *Desulfobacterales bacterium*)：参与生物脱硫反应。

(16)未培养太阳杆菌属(Uncultured *Heliobacterium*)：暴露在除冰剂污染的土壤中的细菌，耐盐碱性较好。

(17)燕麦食酸菌(*Acidovorax avenae*)：能引起细菌性茶叶叶枯病，也是稻种病原菌，具有降解天然雌激素潜能。

(18)未培养 *Thiobacter* sp.：印度喜马拉雅山脉平德里冰川附近土壤中常见的微生物类群，一种古老的土壤细菌，也是环境优良的指标菌之一。

(19)未培养疣微菌门细菌(Uncultured *Verrucomicrobia bacterium*)：是和真核宿主共生菌，于低盐度海滩沉积物中常见的微生物。

(20)未培养疣微菌门细菌(Uncultured *Verrucomicrobia bacterium*)：有利于草原修复和环境修复的土壤细菌。

(21)未培养芽单胞菌属(Uncultured *Gemmatimonas* sp.)：在我国湘江河口重金属污染的河口沉积物中曾出现过的细菌，可能与重金属的钝化去毒有关，还可参与硝化反硝化作用。

(22)未培养脱卤拟球菌属(Uncultured *Dehalococcoides* sp.)：一种具有四氯乙烯脱氯降解潜能的细菌，还具有厌氧发酵降解氯代芳香族污染物、有机污染物的能力。

(23)未培养地嗜皮菌属(Uncultured *Geodermatophilus* sp.)：是放线菌目菌类的一个属，被视为极端环境的先锋生物之一，在抗逆机制研究、沙漠治理、环境修复等方面初现优势。

(24)皱孢链霉菌(*Streptomyces scabrisporus*)：产几丁质酶活性较强且抑菌效果较好，表明其在真菌性根腐病生物防治方面具有潜力。

(25)未培养硝化螺旋菌属(Uncultured *Nitrospira* sp.)：亚硝酸氧化菌。

(26)黄原黄杆菌(*Flavobacterium xanthum*)：革兰氏阴性细菌，严格好氧，产生黄原胶。

(27)未培养 γ-变形菌纲之菌 1(Uncultured gamma Proteobacterium)：包括条件致病菌。

(28)未培养 γ-变形菌纲之菌 2(Uncultured gamma Proteobacterium)：一类烷烃降解菌。

(29)希万氏菌属(*Shewanella* sp.)：属于兼性厌氧菌，有氧条件下，可彻底氧化丙酮酸、乳酸为 CO_2。厌氧条件下，能以乳酸、甲酸、丙酮酸、氨基酸、氢气为电子供体。是最早发现的可在有氧条件下产电的菌种。

(30)未培养噬胞菌属(Uncultured *Cytophaga*)：目前多称此属为"噬纤维菌属"，能分解纤维素。

(31)未培养鞘脂杆菌目(Uncultured Sphingobacteriales)：抗重金属锌也是六六六(HCH)、芳香化合物的生物降解菌。

(32)脆弱拟杆菌(*Bacteroides fragilis*)：人类病原菌之一，能产生内毒素，还能产生 β-内酰胺酶，故对青霉素有耐药性。

(33) Uncultured *Tetrasphaera* sp. 生物除磷菌。

(34)紫色杆菌属(*Janthinobacterium* sp.)：能产聚乙烯醇降解酶，与腐败有关的菌。

(35)黄杆菌属(*Flavobacterium* sp.)：病原学及流行病学病原菌。

(36)黄杆菌属(*Flavobacterium* sp.)：病原学及流行病学病原菌。

(37)*Altererythrobacter marensis*：石油污染降解菌。

(38)Uncultured *Reyranella* 菌属：土壤正常菌。

(39)未培养立克次氏体科(Uncultured Rickettsiales)：有立克次氏体病原菌。

(40)*Herminiimonas* sp.：其中 *Herminiimonas glaciei* 种群，在格陵兰岛冰封 12 万年后仍然有活性，可作为一种环境监控指标菌。

(41)*Undibacterium* 属：属于草酸杆菌科(Oxalobacteraceae)。

(42)未培养鞘脂杆菌属(Uncultured *Sphingobacterium*)：抗重金属锌、六六六(HCH)、芳香化合物的生物降解菌。

(43)咖啡形双眉藻(*Amphora coffeaeformis*)：属于底栖硅藻。

(44)红杆菌属(*Rhodobacte*)：一种光合细菌。

(45)未培养变形菌纲(Uncultured Proteobacterium)：一类烷烃降解菌。

(46)Uncultured *Riftia* sp.：其属性和功能尚无相关文献。

(47)未培养β-变形菌纲(Uncultured beta Proteobacterium)：对应于盐渍化水域的微生物群落变化，耐盐碱菌。

(48)*Massilia aurea*：青藏高原班公湖内的细菌，一种优良环境质量标示菌。

(49)草螺菌属(*Herbaspirillum* sp.)：联合固氮菌。

(50)寡养单胞菌属(*Stenotrophomonas* sp.)：具有降解有机农药的能力。

(51)溶杆菌属(*Lysobacter* sp.)：能裂解一些其他微生物细胞。

(52)Uncultured *Sulfuritalea* sp.：摇蚊卵中的菌群。

(53)*Dechloromonas* sp. 菌1：能反硝化除磷。

(54)*Dechloromonas* sp. 菌2：可用于微生物法去除高氯酸盐。

(55)红育菌属(*Rhodoferax* sp.)：一种光合细菌，可依靠光合作用、好氧呼吸或发酵生长。光照培养物桃棕色，不能利用硫化氢或硫代硫酸钠作电子受体，铵盐和谷氨酸盐可用作氮源，微弱水解明胶。

(56)嗜甲基菌属(*Methylophilus* sp.)：对氯嘧磺隆具有降解作用的细菌菌系。

(57)噬纤维菌属(*Cytophaga* sp.)：降解纤维素。

(58)鞘脂单胞菌属(*Sphingomonas* sp.)：该菌属是一类丰富的新型微生物资源，可用于芳香化合物的生物降解。该属菌株凭借自身的高代谢能力与多功能的生理特性，在环境保护及工业生产方面具有巨大的应用潜力。但是由于对鞘氨醇单胞菌的认识较晚，该菌的生态价值及经济价值很少被关注，对其的研究也停留在初级阶段。并且该菌属某些菌种能够合成有价值的胞外生物高聚物。该菌还能够降解蒽醌染料及其中间体。

(59)红杆菌属(*Rhodobacter* sp.)：光合细菌脱氮型好氧颗粒污泥中的反硝化细菌。

(60)黄色单胞菌科(Xanthomonadaceae)：可能与石油 hydrocarbon-contaminated aquifer 烃降解有关。

(61)短波单胞菌属(*Brevundimonas* sp.)：东山岛的软珊瑚的共生细菌。

(62)Uncultured *Elusimicrobium* sp.：鱼类肠道菌。

(63)柄杆菌属(*Caulobacter* sp.)：多见于淡水，在海水、土壤中也可分离到。本属细菌为非致病菌。

(64)短波单胞菌属(*Brevundimonas* sp.)：具有生物修复二噁英污染土壤的潜力。

(65)未培养生丝微菌属(*Hyphomicrobium* sp.)：能将氯代烷烃作为初始底物代谢，作为唯一碳源和能源加以降解利用。

(66)未培养放线细菌属(*Actinobacterium* sp.)：可产生生物活性物——抗生素和酶类。

(67)红杆菌属(*Rhodobacter* sp.)：属于紫非硫细菌，好氧不产氧光养细菌。

(68)黄杆菌属(*Flavobacterium* sp.)：一种条件致病菌。

(69)鲍曼不动杆菌(*Acinetobacter brisouii*)(Ab)：是医院感染的重要病原菌，属于条件致病菌。广泛分布于外界环境中，主要在水体和土壤中。

(70)未培养醋杆菌科(Acetobacteraceae)：好氧不产氧光养细菌。

(71)未培养草酸杆菌科(Oxalobacteraceae)：动物肠道菌、益生菌。

(72)未培养鞘脂杆菌纲(Sphingobacteria)：芳香化合物的生物降解菌。

(73)普雷沃氏菌属(*Prevotella maculosa*)：口腔细菌的新种属。

(74)黄杆菌属(*Flavobacrium saliperosum*)：对 NaCl 敏感的黄杆菌属的一个新种，黄杆菌属是一种条件致病菌。

(75)类芽孢杆菌(*Paenibacillus* sp.)：能产生生淀粉酶和 β-环糊精葡萄糖基转移酶。

(76)水栖黄杆菌(*Flavobacterium hydatis*)：柱状黄杆菌(*Flabobacterium columnare*)是一种世界范围的水生动物致病菌，是我国重要养殖鱼类草鱼、鳜等烂鳃病的病原菌。

(77)Uncultured *Nannocystis* sp.：冰川的冰前土壤细菌，能生产微生物絮凝剂。

(78)威廉港鼠尾菌(*Muricauda ruestringensis*)：土壤正常菌。

(79)未培养拟杆菌纲(Uncultured *Bacteroidetes*)：淡水正常菌。

(80)短波单胞菌属(*Brevundimonas* sp.)：甘蔗野生种质资源的内生细菌。

(81)黄杆菌属(*Flavobacterium* sp.)：从冰川分离出的一种嗜冷菌。

(82)*Luteimonas aquatica* sp.：淡水细菌菌群。

(83)未培养动胶菌属(Uncultured *Zoogloea* sp.)：机油降解菌。

(84)未培养全噬菌属(*Holophaga* sp.)：高产水稻土壤细菌。

(85)富集的细菌：在富含 Microcystins-Rich Water and Soil 微囊藻毒素的水域和土壤中的细菌。

(86)*Paucibacter toxinivorans* 属：具有微囊藻毒素降解作用的微生物菌种。

(87)未培养细菌 Uncultured bacterium：草鱼肠道细菌菌群。

(88)富集的细菌：在富含微囊藻毒素的水域和土壤中的细菌。

(89)钟形虫属(*Vorticella* sp.)：缘毛目(Peritrichida)纤毛原生动物的一个属，以细菌和微小的原生动物为食。

(90)未培养丙酸弧菌属(Uncultured *Propionivibrio* sp.)：属于淡水常见菌。只分解利用有限几种糖，产生丙酸。

(91)未培养甲基帽菌属(Uncultured *Methylocapsa* sp.)：属于兼性甲烷氧化细菌。

2 鄱阳湖底泥中检测到的细菌菌群

鄱阳湖底泥的细菌的种类较为丰富，15 个区域的底泥均可分离出 40～68 种优势菌群，隶属于6门52属71种，主要菌种为酸杆菌门、拟杆菌门、厚壁菌门、放线菌门、变形菌门、疣微菌门，包括亚硝化单胞菌属(*Nitrosomonas*)、鞘脂单胞菌属(*Sphingomonas*)、鞘脂杆菌属(*Sphingobacterium*)、鞘氨醇单胞菌属(*Sphingomonas* sp.)、迟缓土地杆菌属 (*Pedobacter lentus*)、根瘤菌属(*Rhizobiales*)、气单胞菌属(*Aeromonas*)、普雷沃氏菌属(*Prevotella*)、单胞菌属(*Stenotrophomonas*)、马赛菌属(*Massilia*)、黄杆菌属(*Flavobacterium*)、食酸菌属(*Acidovorax*)、类芽孢杆菌属(*Paenibacillus*)、蛭弧菌属(*Pseudomonas*)、红育菌属(*Rhodoferax*)、链霉菌属(*Streptomyces* sp.)、梭菌属(*Clostridium*)、互养菌属(*Syntrophus*)、硝化螺旋菌属(*Nitrospira*)等。其中有35 种为环境中不可培养的细菌。

通过对菌群多样性指纹图谱的对比分析，可以看出大多数的菌群在所有底泥中均有出现，表明鄱阳湖底泥细菌群落结构有一定程度的相似，相似性系数在40% ~70%之间变化，但更多的是存在着差异；从菌群的分布和数量可以看出，与其他地方的微生物多样性较为接近，各地的优势菌群也不尽相同，都形成了各自区域的特色优势菌群。

对鄱阳湖底泥15个采样点所采集的底泥泥样中的各个优势菌群的种属名称及相关功能性潜能进行了分析归类，结果如下：

(1)亚硝化单胞菌属(*Nitrosomonas* sp.)：为专性好气菌，能在好氧条件下把氨氧化成亚硝酸。

(2)约氏黄杆菌(*Flavobacterium johnsoniae*)：具有分泌裂解酵母细胞壁酶系的能力，经初步分析发现其发酵液中具有葡聚糖酶、几丁质酶和蛋白酶等活性，即昆布多糖酶。

(3)鞘脂单胞菌属(*Sphingomonas* sp.)：是一类丰富的新型微生物资源，可用于芳香化合物的生物降解。该属菌株凭借自身的高代谢能力与多功能的生理特性，在环境保护及工业生产方面具有巨大的应用潜力。

(4)普雷沃氏菌属(*Prevotella* sp.)(或译作"普氏菌")：口腔菌，严格厌氧菌，也是瘤胃微生物，腹泻粪便标本菌群。是一种致病菌。

(5)拟杆菌属(*Bacteroides* sp.)：是指革兰氏染色阴性、无芽孢、专性厌氧的小杆菌，一种致病菌。

(6)丁香假单胞杆菌(*Pseudomonas syringae*)：植物病原菌。

(7)迟缓土地杆菌(*Pedobacter lentus*)：是一种有益菌。有生产κ-卡拉胶酶的潜能。

(8)马赛菌属(*Massilia* sp.)：栉孔扇贝消化盲囊内的优势菌群。

(9)水生拉恩氏菌(*Rahnella aquatilis*)：属于肠杆菌科(Enterobacteriaceae)，可以产生拮抗物质及生长素(IAA)。水生拉恩氏菌HX_2菌株(*Rahnella aquatilis* HX_2)是葡萄根癌病的生防细菌，能产生细菌素，抑制葡萄根癌病菌K308菌株的生长。

(10)未得到培养物的鞘脂杆菌纲(Uncultured Sphingobacteria)：是一类丰富的新型微生物资源，可用于芳香化合物的生物降解。

(11)酸杆菌纲(Acidobacteria)：酸杆菌门(Acidobacteria)是新近基于分子生态学研究划分的新细菌类群，可以分为8个不同的大类群Gp1~8，大多为嗜酸菌，目前对它们的了解还很少。已有的研究表明，酸杆菌广泛存在于自然界的各种环境中，约占土壤细菌类群的5%~46%，说明酸杆菌在自然环境中必然有其特定的生态功能。

(12)未得到培养物的细菌(Uncultured bacterium)。

(13)食酸菌属(*Acidovorax* sp.)：作为一类重要的三价砷氧化菌，通过将三价砷氧化为五价砷降低了环境中砷的毒性，并且在微生物环境治理方面也具有潜力。

(14)未得到培养物的杜檊氏属(Uncultured *Duganella* sp.)：属于草酸杆菌科(Oxalobacteraceae)，菌株*Duganella* sp. B2能产蓝色素，土壤修复菌类。

(15)未得到培养物的硫氧化菌(Uncultured *Thiobacter*)：硝化细菌类，可用于开发蛋白饲料。

(16)未得到培养物的γ-变形菌纲(Uncultured gamma Proteobacterium)：属于正常菌。

(17)鞘氨醇单胞菌属(*Sphingomonas* sp.)：抗重金属锌，六六六(HCH)降解菌，也是一种能够合成生物聚合物的重要微生物菌种资源。

(18)低温乳酸发酵细菌(*Psychrosinus fermentans*)：益生菌。

(19)类芽孢杆菌(*Paenibacillus*)：生产淀粉酶的生产菌株。

(20)土地杆菌属 (*Pedobacter* sp.)：是一种有益菌。

(21)苯基杆菌属(*Phenylobacterium* sp.)：乙草胺降解菌，也可降解直链烷基苯磺酸盐。

(22)蛭弧菌属(*Bdellovibrio* sp.)：蛭弧菌是寄生于其他细菌并能导致其裂解的一类细菌。它虽然比通常的细菌小，能通过细菌滤器，有类似噬菌体的作用，但它不是病毒，确确实实是一类能“吃掉”细菌的细菌。

(23)鞘脂单胞菌属(*Sphingomonas* sp.)：抗重金属锌，六六六(HCH)降解菌，也是一种能够合成生物聚合物的重要微生物菌种资源。

(24)假单胞菌属(*Pseudomonas* sp.)：质控指标菌，感染指标菌，与水质有关。

(25)假单胞菌(*Pseudomonas moraviensis*)：质控指标菌，感染指标菌。

(26)脱硫芽孢弯曲菌属(*Desulfosporosinus* sp.)：属于消化球菌科(Peptococcaceae) 硫酸盐还原菌。

(27)假单胞菌(*Pseudomonas syringae*) 同24 号菌。

(28)新疆黄杆菌(*Flavobacterium xinjiangense*)：发现于中国新疆 1 号冰川冰冻土壤中的 *Flavobacterium xinjiangense* AS1. 2749，一种好氧嗜冷菌。

(29)鞘脂杆菌属(*Sphingobacterium* sp.)：同23 号菌。

(30)未得到培养物的类固醇杆菌属(Uncultured *Steroidobacter* sp.)：能对多环芳烃进行降解和反硝化作用。

(31)未得到培养物的绿弯菌纲(Uncultured Chloroflexi)：大面积浅水淡水湖沉水植物附着的细菌。

(32)*Altererythrobacter* sp. 属，属于赤杆菌科(Erythrobacteraceae)，海洋沉积物中的细菌。

(33)*Paenisporosarcina macmurdoensis*：可作为厌氧反应器的主导细菌。

(34)未得到培养物的硝化螺旋菌属(Uncultured *Nitrospira* sp.)：作为硝化细菌(nitrifier)，可将亚硝酸盐氧化成硝酸盐。硝化菌对水生植物非常重要，在水体中，如果缺少硝化菌，氨氮/硝酸盐/亚硝酸盐循环体系被中断，将导致水生环境破坏和鱼类的死亡。

(35)*Tetrasphaera* sp. 属：属于纤维素单胞菌科(Cellulomonadaceae) 在 5℃的生物除磷主要功能菌。

(36)未得到培养物的 *Kouleothrix* 属(Uncultured *Kouleothrix* sp.)：作为一种土壤正常细菌。

(37)紫色杆菌(*Janthinobacterium*)：属于草酸杆菌科(Oxalobacteraceae)淡水湖沉积物细菌群落。

(38)*Polaromonas* 属：属于丛毛单胞菌科(Comamonadaceae)，曾从中国第四纪冰川期分离到此类细菌。

(39)燕麦噬酸菌燕麦亚种(*Acidovorax avenae* subsp. *avenae*)：为稻种病原菌，该细菌在水稻苗期产生褐色条斑。

(40)Ferruginibacter sp. ：沉积物细菌，微生物燃料电池阳极优势菌。

(41)红育菌属(*Rhodoferax* sp.)：光合细菌 *Rhodoferax ferrireducens* 菌为产电微生物，光合细

菌——紫细菌指能够通过光合作用产生能量的厌氧变形菌。

(42)互养菌属（*Syntrophus* sp.）：该类菌是产甲烷菌介导的厌氧烃降解微生物区系中的关键细菌。

(43)*Bacteriovorax* sp.：属于δ-变形菌纲蛭弧菌目中的一个属，为类蛭弧菌种类，作为一个潜在的对乌鳢致病性气单胞菌具有生防功能的细菌，参考22号菌功能。

(44)绿弯菌纲(Chloroflexi)：同31号菌。

(45)未得到培养物的类固醇杆菌属(Uncultured *Steroidobacter* sp.)：对多环芳烃的降解，同30号菌。

(46)丁香假单胞菌(*Pseudomonas syringae*)：植物病原菌，同6号菌。

(47)*Terrimonas* sp.：是鞘脂杆菌目泉发菌科(Enotrichaceae)的一个属，能降解甲基叔丁基醚(MTBE)。

(48)未得到培养物的红育菌属(Uncultured *Rhodoferax* sp.)：参考41号菌。

(49)未得到培养物的黄单胞科(Uncultured Xanthomonadaceae bacterium)：与有机污染物降解相关菌属。

(50)*Ferruginibacter lapsinanis*：微生物燃料电池阳极优势菌。

(51)Uncultured *Ferruginibacter lapsinanis*：微生物燃料电池阳极优势菌。

(52)藤黄单胞菌属(*Luteimonas* sp.)：其代谢产物具有抗菌活性。

(53)Uncultured bacterium：鱼肠道细菌。

(54)未得到培养物的根瘤菌目(Uncultured Rhizobiales)：固定大气中的游离氮气，为植物提供氮素养料。农业上利用根瘤菌拌种，可提高作物产量。

(55)*Methylosoma* sp. 属：甲基球菌科(Methylococcaceae)甲烷氧化菌。

(56)未得到培养物的δ-变形菌(Uncultured delta Proteobacterium)：为产氢细菌，还可用于生物法处理有机恶臭气体。

(57)Uncultured *Sideroxydans* sp：分离自富铁地下水、湿地草本植物根际以及淹土等环境。

(58)未得到培养物的水螺菌属(Uncultured *Aquaspirillum* sp.)：为趋磁细菌，细胞中含有大小均匀、数目不等的磁小体，其主要成分为Fe_3O_4和Fe_3S_4。

(59)Uncultured *Sideroxydans* sp.：分离自富铁地下水、湿地草本植物根际以及淹土等环境。

(60)鞘氨醇单胞菌属(*Sphingomonas* sp.)：同23号菌。

(61)*Sphingomonas jaspsi* 菌：属于鞘氨醇单胞菌属。

(62)δ-变形菌(*delta Proteobacterium*)：为产氢细菌，还可用于生物法处理有机恶臭气体，同56号菌。

(63)未得到培养物的厌氧粘细菌属(Uncultured *Anaeromyxobacter* sp.)：还原脱卤作用，脱卤厌氧粘细菌的还原脱卤作用具有诱导特性，为人们提供了一种将微生物与电极结合治理多种多样的污染物的生物修复策略。

(64)未得到培养物的链霉菌属(Uncultured *Streptomyces* sp.)：是最高等的放线菌，已报道的有千余种，主要分布于土壤中，已知放线菌所产抗生素的90%由本属产生。

(65)未得到培养物的梭菌属(Uncultured *Clostridium* sp.)：菌体呈梭状，又称梭状芽孢杆菌属或厌氧芽孢杆菌属，芽孢常比菌体大，是一类能产生内生孢子的厌气性革兰氏阳性菌。包括一些致病菌种类。

(66)未得到培养物的披毛菌属(Uncultured *Gallionella* sp.)：铁氧化菌。

(67)甲烷氧化菌(*Methylosinus trichosporium*)：氧化甲烷，土壤中甲烷氧化细菌的氧化作用，大约占大气甲烷消耗量的10%。

(68)慢生大豆根瘤菌(*Bradyrhizobium elkanii*)：具有生物固氮的功能。

(69)*Propionivibrio militaris* 菌：属于红环菌科(Rhodocyclaceae)，高氯酸盐污染土壤及地下水的植物微生物修复菌。

(70)*Polaromonas naphthalenivorans* 菌：属于丛毛单胞菌科(Comamonadaceae)，该菌具有耐低温，产蛋白酶能力。

(71)巨球形菌(*Megasphaera micronuciformis*)：一种阴道菌和人类口咽部的微生物。

在微生物的空间分布方面，从各点种群数量分析，水体到底泥的纵向(上下)细菌种群数量大多数点位底泥细菌种群数量较水体丰富，但大多差异不大；从均匀度指数分析，大多数底泥的细菌种群均匀度指数均高于水体，这与鄱阳湖作为一个过水型湖泊有较大的关系，水体常年处在流动状态中，水位、水流、水质、水温等的变化，微生物菌群也在一定的变化中，相对于底泥其环境相对稳定，菌群的数量和种群均匀度指数均高于水体。

鄱阳湖水体的细菌多样性总体上比其相应的泥样要少，此外，15个泥样的细菌菌群多样性指纹图之间的差异度不是很大，相反，15个水样之间的却很大，这是因为底泥相对稳定，水体环境的变化是一种流过性变化，时间短，几乎不构成对其底部底泥的细菌菌群的影响。而水体所含细菌菌群种类和生物量容易随着相关性高的环境因子，如：水位、水流、水质、水温和外来物的变化，而引起数量或种类的变化，相对于泥土经过自然沉静后的细菌菌群种类和生物量也会少些。

微生物群落结构主要受湖泊不同微域生境的改变影响，主要环境指标(DO、电导率、ORP、NTU、PAR、矿化度和盐度)和营养盐(TN、TP、NO_2、NH_4、NO_3、PO_4)与细菌菌群多样性指数之间存在一定的相关性，相关度各不相同，大部分不显著，可能是细菌多样性是由营养盐含量和环境物理、化学和生物等多方面共同作用的结果，不是只由单方面的因素决定，但是与细菌多样性指数相关性高的环境因子改变时，会引起细菌数量或种类的变化，显示了细菌菌群对湖泊生境的适应性。

通过上述对鄱阳湖水体和底泥微生物菌群多样性的分析可以看出，鄱阳湖还存在着一定量的古细菌和正常菌群，但存在更多的是具有某些污染物特定的降解利用菌群，如：假单胞菌(*Pseudomonas* sp.)、硝基还原假单胞菌(*Pseudomonas nitroreducens*)、未培养脱卤拟球菌属(Uncultured *Dehalococcoides* sp.)和鞘脂单胞菌属(*Sphingomonas* sp.)等。这意味着鄱阳湖已经受到了农业生产残留物、工业生产垃圾和人类生活垃圾的污染，但是总的环境质量水平还处于一种可控状态，污染与降解污染还处于一种良性互动水平，整个鄱阳湖的污染水平还没有超过湿地自我净化能力可承受的阀值，但应该引起我们的注意。

直至目前而言，江西湿地微生物菌群种类和分布情况的调查还是处于初期阶段，主要局限于鄱阳湖区域的湿地和水域，还有广阔的赣江、抚河、饶河、修河、信江等五大江河流域所属湿地的微生物菌群资源及它们的组成成分几乎还是空白，还有待进一步调查研究。

第四章 湿地资源利用

第一节 湿地资源利用方式及其利用现状

1 湿地资源现状

湿地资源是指湿地及依附湿地栖息、繁衍、生存的野生生物资源，包括土地资源、水资源、生物资源、景观资源、人文资源、能源等多种资源类别。

1.1 土地资源

根据《江西省耕地保护与建设用地保障“十二五”规划》报告，江西省2010年耕地总面积为4627.51万亩，人均耕地面积约为1.04亩/人，低于全国1.41亩/人的平均水平。湿地不仅提供了生物资源、水资源等，长期以来也被作为一种重要的后备土地资源加以利用。以鄱阳湖滩地为例，1964~1988年，由于掠夺式的利用和围垦，湿地实际分布面积不断缩小。据资料显示，该阶段鄱阳湖湿地面积年平均减少7.23万公顷(王圣瑞等，2014)。最主要的原因则是大面积的湖滩草洲被围垦，1954~1977年，鄱阳湖区累计围垦面积达13.01万公顷，平均每年围垦洲滩面积2956.82公顷(闵骞，1998)。1998年长江特大洪水后，为治理江河流域、根治水患、进行灾害重建，国务院提出了“封山植树，退耕还林；平垸行洪，退田还湖；以工代赈，移民建镇；加固干堤，疏浚河湖”的32字方针。1998年10月至2002年4月，江西省人民政府分四期进行了湖区平垸行洪、退田还湖与移民建镇工作，并于2000年通过了《江西省平垸行洪退田还湖移民建镇若干规定》，就“双退圩堤”“单退圩堤”方式作了规定，成为了指导退田还湖的法律性文件。根据《江西省平垸行洪、退田还湖工程措施总体实施方案》，湖区面积增加了11.81万公顷，湿地退化、功能下降的状况有所转变，湿地植被及生态系统有所恢复。

1.2 水资源

1.2.1 供　水

水是生命之源。生命起源于水生环境，人类的生存和发展更离不开水。据资料统计，江西省多年平均水资源总量为1564.98亿立方米。2010年，全省水资源总量2275.50亿立方米，居全国第7位，占全国水资源总量的7.36%。其中，地表水2252.2亿立方米，地下水486.80亿立方米，地表水与地下水重复计算量466.50亿立方米。全省大中型水库蓄水总量为105.65亿立方米。其中，大型水库蓄积总量为86.55亿立方米；中型水库蓄水总量为19.10亿立方米。全省供水总量为239.75亿立方米。其中，地表水供水总量为229.84亿立方米，占供水总量95.9%；地下水供水总量9.91亿立方米，占4.1%。在用水中，农田灌溉用水量为147.00亿立方米，占61.3%；工业用水量57.35亿立方米，占23.9%；生活用水量19.93亿立方米，占8.3%；林牧渔畜用水量7.51亿立方米，占3.2%；城镇公共用水量4.07亿立方米，占1.7%；生态环境用水量3.89亿立方米，占1.6%。从城镇居民生活用水来看，江西湿地为城镇居民提供淡水约162升/人·日，在全国处于较高水平。

1.2.2 水 运

江西水路运输，据统计资料分析，1949年全省内河通航里程5398公里，约占当时全国内河通航总里程的10%；1957年内河通航里程发展到9869公里；此后呈波动倒退趋势，到1978年，内河通航里程为6630公里；至2010年年末，内河通航里程为5638公里，仅占全国内河通航总里程的4.54%，基本回到新中国成立初期水平。其货运量在全省总货运量中仅占6.1%左右。就全国水平来看，20世纪50年代初期的通航里程为7万公里，到2010年已增加到12.42万公里。与邻省相比，如湖南、广东、浙江等省内河通航里程都在9000公里以上，湖北省也在8000公里以上，其水运货运量均在10%以上。由此可见，江西省水运在全国仍处于较高的水平，但与江西水运的能力不协调，而且其趋势不容乐观。造成此原因是多方面的，如兴建水利坝闸，截至2010年，江西省建成水库共9809座，总库容293.7亿立方米，与邻近的几个省相比，是仅次于湖南省的第二多的。同时公路交通的快速发展，公路通车里程由1978年的30245公里增加到2010年的140597公里，年均增加3448公里。还有水土流失、河床淤积、航道失修等原因。

1.3 生物资源

生物资源是湿地的重要组成部分，正是它们赋予湿地无穷的生命力和巨大的生产潜力。江西省丰富的湿地资源孕育了丰富多样的生物资源。

1.3.1 植物资源

据第二次江西省湿地调查报告，全省有湿地高等植物994种，隶属于162科455属。其中，被子植物89科331属797种，裸子植物2科4属5种，蕨类植物22科38属55种，苔藓植物49科82属137种。在这些高等植物中，属于国家重点保护野生植物的有14种，其中国家Ⅰ级保护植物4种，分别为中华水韭、莼菜、长喙毛茛泽泻、水松；国家Ⅱ级保护植物10种，主要有粗梗水蕨、莲、乌苏里狐尾藻、贵州萍蓬草、水蕨等。全省其他珍稀湿地植物还有单叶蔓荆、假鼠妇草、江南桤木和睡莲(野生)等，且均形成群落；分布于东乡县的普通野生稻是世界上分布纬度最北的野生稻，非常珍稀。此外，还有一些分布较广、人们常见的湿地植物，蒌蒿、满江红、芦苇和菰等。

1.3.2 动物资源

全省湿地动物资源丰富，包括鸟类、哺乳类、鱼类、两栖类、爬行类和虾蟹贝类，涵盖41

目112科696种(亚种)，其中鱼类、两栖类、爬行类及虾蟹贝类与全省现存种属相一致，爬行类、湿地鸟类和哺乳类分别占全省鸟和哺乳类种数的98.89%、31.19%和40.20%。湿地是江西省内野生动物分布较为集中的地方，保护湿地对于维护全省的生物多样性具有重要意义。全省湿地珍稀及保护物种较多，在150种湿地鸟类中有国家重点保护鸟类25种，其中国家Ⅰ级保护鸟类7种，国家Ⅱ级保护鸟类18种。国家Ⅰ级保护鸟类分别是东方白鹳、黑鹳、中华秋沙鸭、白头鹤、白鹤、大鸨、遗鸥。据资源调查统计，有占全球95%以上的白鹤在鄱阳湖越冬，种群数量2536只；占全球90%以上的东方白鹳在此越冬，种群数量2832只；世界上最大的鸿雁群体也在此越冬，数量达到60000只以上。在全省41种湿地哺乳动物中，有国家Ⅱ级保护动物江豚、水獭、河麂、水鹿。在全省90种湿地爬行动物中，属于中国特有物种的有16种；属于国家Ⅰ级保护动物的有1种，即蟒蛇。鄱阳湖湿地不但为河麂、水獭等一些濒危哺乳类提供了良好的栖息地，还是许多定居性鱼类的重要产卵场所，尤其是鲤、鲫、鲇等在湖中有大面积的产卵场。另外，长江中下游许多重要的洄游性经济鱼类也在鄱阳湖湿地栖息繁殖。因此，江西湿地不仅孕育了丰富的动物资源，而且对维护长江渔业资源也具有十分重要的意义。

1.4　景观资源

江西湿地分布相对集中，湿地景观资源丰富，既有优美的植物景观资源，又有“洪水一片，枯水一线”的鄱阳湖自然景观，还有“鄱湖鸟，知多少，飞时遮尽云和月，落时不见湖边草”的鄱阳湖越冬候鸟壮观场面，自古以来就吸引着八方游客。近年来，湿地逐渐成为生态旅游的热点。江西是生态旅游大省，全省各地依托各具特色的湿地景观资源积极建设湿地公园，在保护湿地资源的同时，积极发展湿地生态旅游。据统计，截至2010年12月底，全省已经建立省级以上湿地公园31处(含试点)。

按其功能和景观特点主要分为河流湿地景观和湖泊湿地景观：河流湿地景观资源是以河流、溪流、沟渠、瀑布为基础形成的景观景点。这一类型主要是指省境内的长江、赣江、抚河、信江、饶河、修河、东江、湘江等大小河流及其沿岸带，主要包括永久性河流湿地及洪泛平原湿地类型。河流湿地景观的代表性景区景点有江西新余孔目江国家湿地公园、江西潋江国家湿地公园、江西修河国家湿地公园等。

湖泊(库塘)湿地景观资源是以天然湖泊及人工库塘为基础形成的景观景点，主要包括中国最大的淡水湖——鄱阳湖，以及柘林湖、仙女湖、陡水湖、万安水库、洪门水库等人工库塘湿地。湖泊(库塘)湿地景观代表性景区景点有鄱阳湖国家级自然保护区、鄱阳湖南矶湿地国家级自然保护区、东鄱阳湖国家湿地公园、南丰傩湖国家湿地公园等。

1.5　人文资源

江西湿地开发利用历史悠久，长期以来，湿地与周边居民相生相息，彼此影响，人文底蕴深厚。江西的历史，是人与水共存共荣的历史。湿地的人文历史悠久且源远流长，反过来也赋予湿地更深邃的内涵和吸引力。鄱阳人文蔚起，人才辈出，难以悉数的先贤往哲在这里建功立业，寓居落籍。虞傅的大办教育，范仲淹的兴利除弊，洪氏父子的气节大章，江万里全家的节烈义举，番君吴芮的逸闻轶事，姜夔开音乐先河，督军台使人遥想公瑾当年，晋陶侃墓教人忆将军遗风，荐福碑留下五公(李北海、欧阳询、颜真卿、范仲淹、黄庭坚)佳话，盘洲别墅的奇花异草，忠烈王府、淮王府的豪华显赫，无不使人遐想。唐代诗人王勃到江西南昌登临滕王阁，因见“落霞与孤鹜齐飞，秋水共长天一色”的美丽景色，留下脍炙人口的《滕王阁序》；北宋著名文学家苏东坡在鄱阳湖畔的湖口留下《石钟山记》；鄱阳湖是元末明初朱元璋与陈友谅征战的古战场；江西东鄱阳湖国家湿地公园内的瓢里山曾被范仲淹题为“小海南”，龙头山相传为明代淮王堡遗址；还有乌金汉和杨留庙、朱元璋大战陈友凉古战场遗址等。历经风雨的人文景点和悲壮沧桑的人文故事，向人们昭示着丰富的人文景观价值。

秀丽的山水湖泊风光与保存完好的人文生态完美结合在一起，丰富了湿地观鸟生态旅游内容。点缀在辽阔湖区的古镇村落，浓郁的渔俗风情，悠久的历史传说，伴随着冬季湖滩上茫茫的草滩草洲，在蓝天白云的衬托下，百鸟争翔，风吹草低，一望无垠，诠释着江西最美的风景。

1.6 能源资源

江西湿地能源资源主要是风能和水力资源。

1.6.1 风 能

在鄱阳湖区风力资源丰富，年平均风速2.4～2.8米/秒，为江西省大风集中区域。根据《江西省风能资源评价》报告，鄱阳湖区风能资源技术可开发量约210万千瓦，占全省技术可开发量(约310万千瓦)的67.74%。鄱阳湖北部区域受狭管湖道地形作用，风能资源丰富，风况条件好。主要大风浪区在鞋山、老爷庙、瓢山3个湖域。这些湖域水较深、吹程长，成浪条件好，实测最大浪高达2米。从星子向鄱阳湖水域延伸，成为高值区，年平均风速3.5米/秒以上，庐山、星子、棠荫、康山全年各月平均风速都在3米/秒以上，其中庐山有11个月大于4米/秒，为风能资源丰富区。年有效风速出现时数及其百分率分别为大于3500小时和40%，年平均风能密度大于70瓦/平方米，有效风能密度大于160瓦/平方米，年平均有效风能达500千瓦时/平方米以上，适宜中小型风力发电(王圣瑞等，2014)。

目前，鄱阳湖区已有老爷庙、矶山湖、长岭、大岭风电场等4座风电场建成且并网发电。

1.6.2 水力资源

根据《江西省电力发展“十二五”规划》报告，江西省水能资源的理论蕴藏量达684.56万千瓦，约占全国水能理论蕴藏量1%；可能开发的水力资源为610.89万千瓦，占全国可能开发水力资源总量的1.6%；已开发410.80万千瓦。截至2010年年末，全省已开发单站500千瓦以上水电总装机容量达388.5万千瓦，占技术可开发总量的67.2%，年发电量97.12亿千瓦时，占全省年发电量617.0亿千瓦时的4.5%。鄱阳湖五大水系水力资源理论蕴藏量440.90万千瓦。其中，赣江267.00万千瓦，占60.5%；抚河38.10万千瓦，占8.6%；信江67.40万千瓦，占15.3%；饶河23.7万千瓦，占5.4%；修河44.7万千瓦，占10.1%。已开发量199.6万千瓦。其中，赣江98.50万千瓦，占49.3%；抚河12.50万千瓦，占6.3%；信江20.40万千瓦，占10.2%；饶河5.30万千瓦，占2.7%；修河63.00万千瓦，占31.5%。开发利用程度高低排序依次为修河、信江、饶河、赣江、抚河，开发利用比例分别为89.6%、69.1%、61.4%、54.2%、49.3%。由上可见，江西的水电蕴藏量在全国处于低下水平，而赣江和抚河开发量也显不足。

2 湿地资源利用存在的主要问题

由于长期以来人们对湿地生态价值认识不足，加上保护管理能力薄弱，江西省存在湿地面积逐步减少、生态质量逐步降低、生态功能逐步退化的不良趋势。

2.1 围垦以及城市建设等人为活动造成湿地面积萎缩

鄱阳湖的围垦历史可以追溯到宋、元时期。到了明朝以后，湖区圩堤更多了。但是，真正大规模的围垦还是在20世纪50年代到70年代，该时段江西省掀起了向湖泊要耕地的高潮，到处呈现出无序围垦湿地的状态，全省湖泊湿地面积急剧减少。以省内最大的湿地鄱阳湖为例，据统计，1954～1995年，围垦使鄱阳湖水域面积缩小了13万公顷，容量减少80亿立方米，致使湖泊对洪水的调蓄能力削弱近20%；湖岸线也由2049公里减至1200公里。同时，鄱阳湖区也是血吸虫病的高发区，为了消灭钉螺，在一些重点疫区不得不对湿地进行排涝和围垦，在过去的几十年间，仅鄱阳湖区域由于对钉螺的控制而减少的湿地面积达6万公顷。20世纪80年代，对湿地的围垦以水产养殖为主。1998年大水后，国家实行“退田还湖”方针，到2002年，鄱阳湖“双退”圩区共2.1万公顷。1953年至今，鄱阳湖天然湿地面积减少约10万公顷，相应容量减少约60亿立方米。湖泊形态改变，湖岸线由2049公里减至1200公里。由于围垦，从1961～1984年的24年里，鄱阳湖的鲤、鲫鱼卵场的面积从5.2万公顷减少到2.7万公顷，损失渔业后备资源6500吨，相当于湖区多年平均渔获量的三分之一以上。

其他的湖泊或河滩也都有不同程度的围垦。赤湖原面积10.04万公顷，现为0.804万公顷，赛湖原为0.85万公顷，现为0.61万公顷。由城市发展而填埋的湿地也不少，南昌市青山湖原面积700公顷，现只剩300公顷；九江市填掉了龙开河；而南昌市的红谷滩就是由赣江的江滩改建成。

近年来，随着工业化、城镇化进程进一步加快，在保护18亿亩耕地红线控制下，城镇的急剧扩张致使土地供需矛盾十分突出，从而开发建设用地需求与河道的保护产生了不可避免的矛盾。与河争地、与水争地现象相当普遍，未经审批就填堵河道占用湿地屡有发生，从而造成建设用地不断增加而湿地面积逐年减少的现象。不少河段由于人为占填形成断头浜和死兜浜，同时不从水系格局完整出发进行河道水面补偿，极大地降低了区域防洪排涝能力，恶化了自然生态。另外，由于江西省湿地分布范围广、分布零散，湿地大多与农耕区接壤，缺乏明确的界线，没有完善的保护机构和有力的保护措施，滥垦湿地，随意改变湿地用途进行不合理养殖种植的事件时有发生，这对湿地资源造成了较大程度的破坏。同时，无序采砂、渔业捕捞、森林采伐、矿山开采等行为也直接或间接地对湿地资源造成破坏。

2.2 水质污染程度趋于上升，水体富营养化日趋严重

污染是湿地面临的最严重威胁之一。湿地污染不仅使水质恶化，而且也使湿地生物多样性锐减。江西省地表水环境质量总体良好，但也存在不少问题。

随着日益加大的城市工业废水和生活污水排放、农业面源污染，以及城镇分布密集造成的河道上下游交叉污染等，全省部分河流段湿地污染负荷已超出了其自净能力，致使其水体富营养

化，水环境恶化，湿地生态系统功能衰退。通过对近30年鄱阳湖区水质监测资料的综合分析（孙晓山，2009），鄱阳湖水质总体较好，但呈下降趋势。20世纪80年代，鄱阳湖水质以Ⅰ、Ⅱ类为主，平均占85%，Ⅲ类占15%，呈缓慢下降趋势；90年代仍以Ⅰ、Ⅱ类为主，平均占70%，Ⅲ类占30%，下降趋势加快；进入21世纪，特别是自2003年以来，Ⅰ、Ⅱ类仅占50%，Ⅲ类占32%，劣于Ⅲ类的水质占18%，水质下降趋势明显；2007～2010年，劣于Ⅲ类的水质断面比例达到了90%以上。根据多年水质监测数据显示，1985～1995年间为富营养化上升期，鄱阳湖富营养化评分值从35上升到41，年均上升0.6个单位；1995～2005年间为富营养化快速上升期，富营养化评分值从41上升到49，年均上升0.8个单位；2005～2008年间为波动期，富营养化评分值一直在48上下波动。尽管鄱阳湖未大面积发生富营养化，但营养水平呈现上升趋势。另外，鱼和鸭的养殖过度不合理利用湿地资源，致使少数库塘富营养化较严重。

农业面源污染负荷主要来源于畜禽养殖产生的粪便和废水、种植业化肥流失、水产养殖水域废水排放及农村生活污水和生活垃圾等方面（钟业喜等，2003）。据相关资料，鄱阳湖流域农业面源污染物产生量，总氮为10万～12万吨/年，总磷为5万～6万吨/年。其中，畜牧养殖业（主要为规模化养殖企业和养殖小区）约占65%；种植业（田间尺度）约占25%；水产养殖业约占10%。由于生物的富集作用，有害物质会在鱼类、水禽体内积聚起来，致使其繁殖力降低或中毒死亡，最终对人类身体健康造成危害。

2.3　泥沙淤积日益严重，湿地生态功能逐步衰退

随着森林资源过度采伐利用，现有淤积和沼泽化速度已经远远超过了湿地正常演替过程。在内陆河段、湖泊，由于泥沙淤积，河床及湖床被抬高，湿地面积逐年减少，湿地排洪蓄洪能力也大大降低。在农村水网地区，历史上均有清挖河泥、塘泥作为客源肥土用于种植业的习俗。但随着农村生产生活方式的转变，已经很少清挖河泥、塘泥，大部分小型河流、渠道、水塘长期没有疏通，淤积日益严重。据有关资料，鄱阳湖多年平均入湖沙量1689万吨，其中“五河”入湖沙量1450万吨，占入湖沙量的85.8%；区间239万吨，占14.2%。入湖泥沙主要集中在3～7月。入湖输沙量年际变化较大，1970年最大达3400万吨，1963年最小仅为509万吨，最大与最小倍比值达6.68。泥沙入湖主要集中在4～6月，占年总量的79.30%。1956～2007年鄱阳湖年均入湖泥沙量达1703万吨，其中赣江894万吨，抚河207万吨，信江142万吨，饶河流域昌江、乐安河分别为41.0万吨和55.0万吨，修河流域潦河36万吨，湖区为330万吨。五大河流中赣江输沙量最大，占入湖泥沙量的52.7%。这些泥沙主要淤积在“五河”的入湖口及鄱阳湖的湖滩草洲，使湖面缩小、湖容下降，严重影响鄱阳湖的调洪和湿地生境。

江西属南方典型沙化土地分布区，主要分布在鄱阳湖区周边及“五河”沿岸。随着森林资源过度利用，河流泥沙淤积加大，江西省沿鄱阳湖附近的土地沙化现象日趋严重。据有关资料，鄱阳湖区有沙化土地面积4.63万公顷，占全省沙化面积的34.30%。其中，固定沙丘0.71万公顷，半固定沙丘1.53万公顷，流动沙丘1.19万公顷，沙改田1.20万公顷。据永修县吴城镇农民反映，全镇所有耕地几乎都已不同程度地被沙化，农作物产量逐年下降，有的已经无法利用而弃耕（冯启旭，2003）。

2.4　生物资源过度利用，湿地生物多样性受到挑战

近年来，重要的天然经济鱼类资源受到破坏，主要经济鱼类年捕获量明显下降，渔获物种群结构出现低龄化、小型化、低值化。过度捕捞，特别是滥捕亲鱼、幼鱼，严重影响了资源的自然补充。虽然近来保护野生动物执法力度不断加强，但是在江河、湖库，毒、电、炸、偷猎的现象至今仍有发生；滥捕蛇类、张网捕鸟等现象至今也未能禁绝。过度猎捕、捡拾鸟蛋等同样是造成湿地水禽、哺乳动物、两栖和爬行动物资源数量减少的直接原因之一，严重破坏了湿地动物资源多样性。此外，近年来湿地植物资源开发日益加剧，不合理利用也将对野生植物资源造成破坏。鄱阳湖地区是江西省人口最为密集、产业结构较为单一、农民对湿地资源依存度较高的区域，“靠湖吃湖”的传统习惯依然没有改变，保护与发展矛盾仍然比较突出。为了保护渔业资源和越冬候鸟，江西省政府将每年的3月20日至6月20日、10月1日至翌年的3月30日分别划定为休渔期和禁猎期。渔业资源的减少，捕鱼期缩短，导致了湖区群众的生活困难，特别是单一依靠湖区渔业资源的群众生计受到了严重影响。在湿地生态补偿机制还未建立，湖区群众家庭收入结构还未改变的情况下，“人鸟争地”的矛盾难以缓解。

总之，过度开发利用湿地生物资源将使江西省湿地生物多样性面临严重威胁。据第二次江西省湿地调查统计，全省脊椎动物比第一次调查减少了100种。

2.5　外来有害生物入侵，对湿地生态系统构成威胁

生物入侵是某种生物从外地自然侵入或被人为引进，成为野生状态，并对本地生态系统造成一定危害的现象。一个稳定的生态系统是经过长期自然选择的结果。在其中，物种之间相互制约，并能维持其物质循环和能量流动过程，对外界干扰具有一定的自我调节能力，以恢复其动态平衡。但当外来生物侵入后，由于失去原生地的天敌控制，便会大肆扩张蔓延，使食物链各能量营养级的组成发生变化，导致生态平衡破坏、甚至本地生物的灭绝。对于江西省湿地生态系统，入侵物种种类和危害程度正逐步加重。据第二次江西省湿地调查报告显示，发现的主要入侵植物物种有26种，危害较严重的有喜旱莲子草、凤眼莲、裸柱菊等。由于入侵植物的大量扩散，湿地生物生存空间被掠夺，水生动植物种群和数量减少，湿地生态系统遭到了破坏，维护生物多样性能力下降。因此，有效控制外来有害生物入侵，已成为维护当地生物多样性、保护区域生态环境的一项重要工作。

第二节
湿地资源可持续利用前景分析

20世纪以来，随着社会生产力的极大提高，许多国家走上了以工业化为主要特征的发展道路。但是，人类在创造辉煌的现代工业文明的同时，对发展的内涵却步入了认识的误区，一味滥用赖以支撑经济发展的自然资源和生态环境，使地球资源过度消耗，生态急剧破坏，环境日趋恶化，社会发展不平衡日趋严重，人与自然的关系达到空前紧张的程度。这些恣意践踏自然和无序

发展所产生的种种问题，是可持续发展思路产生的经济社会背景。

1962 年，美国科学家雷切尔·卡逊(Rachel Carson)的名著《寂静的春天》在波士顿问世。这本书像是黑暗中的一声呐喊，唤醒了广大民众对自然环境的关注。从那时起，在社会意识和科学讨论中出现了一个崭新的词汇——环境保护。

1972 年，由不同国家的科学家组成的非正式组织——罗马俱乐部，发表了《增长的极限》的研究报告。该报告深刻阐明了环境的重要性以及资源与人口之间的基本联系，提出由于人口增长、资源耗竭和环境污染呈指数增长，会很快达到某个极限，第一次以科学报告的形式，对人类的发展提出了警告。同年，联合国人类环境会议在斯德哥尔摩召开，这是人类第一次将环境问题纳入世界各国政府和国际政治事务议程，是人类走向可持续发展的第一座里程碑。

1978 年，由挪威首相布伦特兰夫人为首的联合国“世界环境与发展委员会”发表了影响全球的题为《我们共同未来的报告》。第一次阐述了“可持续发展”的概念：可持续发展是在“满足当代人需要的同时，不损害人类后代满足自身需要能力”的发展。

1992 年 6 月，联合国在巴西里约热内卢召开了举世瞩目的联合国环境与发展大会。会议通过了《里约环境与发展宣言》和《21 世纪议程》两个纲领性文件以及《关于森林问题的原则声明》，签署了《气候变化框架公约》和《生物多样性公约》。这次会议是人类环境与发展史上的一次盛会，使得人类克服生态危机、推进可持续发展的战略和行动达到了一个新的高度。

《中国 21 世纪议程》是中国实施可持续发展战略的行动纲领，是制定国民经济和社会发展中长期计划的指导性文件，同时也是中国政府认真履行 1992 年联合国环境与发展大会的原则立场和实际行动，表明了中国在解决环境与发展问题上的决心和信心。

1995 年，中共十四届五中全会提出“在现代化建设中，必须把实现可持续发展作为一个重大战略。要把控制人口、节约资源、保护环境放到重要位置，使人口增长与社会生产力的发展相适应，使经济建设与资源、环境相协调，实现良性循环。”

1996 年，第八届全国人民代表大会四次会议批准了把可持续发展作为一个重要的指导方针和战略目标纳入到中国今后国民经济和社会发展的重大决策当中。

2003 年 10 月，党的十六届三中全会提出“坚持以人为本，树立全面、协调、可持续发展的发展观，促进经济社会和人的全面发展。”

2005 年，中央人口资源环境工作会议上，胡锦涛总书记提出了“生态文明”。指出：“要切实加强生态保护和建设工作，完善促进生态建设的法律和政策体系，制定全国生态保护规划，在全社会大力推行生态文明教育。”

2007 年 10 月，党的十七大把建设生态文明列为全面建设小康社会目标之一，作为一项战略任务确定下来，提出“要基本形成节约能源资源和保护生态环境的产业结构、增长方式、消费模式，推动全社会牢固树立生态文明观念。”

2012 年 11 月，党的十八大报告提出“建设生态文明，是关系人民福祉、关乎民族未来的长远大计。面对资源环境约束趋紧、环境污染严重、生态系统退化的严峻形势，必须树立尊重自然、顺应自然、保护自然的生态文明理念，把生态文明建设放在突出地位，融入经济建设、政治建设、文化建设、社会各方面和全过程，努力建设美丽中国，实现中华民族永续发展。”

1 湿地资源可持续利用潜力分析

江西湿地分布较广泛，总体呈现东多西少，北多南少的格局。但各个湿地类的分布特征明显：鄱阳湖的湖泊群是湖泊湿地的主要分布区；江西“五河”水系是河流湿地的主要分布区；环鄱阳湖区既是人工湿地主要分布区也是沼泽湿地主要分布区；赣中南丘陵山地区是以蓄水、灌溉为主的库塘湿地分布区。根据资料分析，江西省湿地总面积为91.01万公顷，仅次于湖南省122.69万公顷，位居中部六省第二位；人均湿地面积0.34亩，位居第一，湿地资源在中部非常丰富，资源利用空间大。

基于上述对江西湿地资源利用现状的分析，下面对江西省水资源、水能资源、河道通航、水产养殖、生物资源利用(天然捕捞)、休闲旅游等资源进行可持续利用的潜力和优势分析。

1.1 水资源利用

江西省水资源总量年际变化较大(图4-1)，根据长期资料统计，江西省多年平均水资源总量为1564.98亿立方米，多年平均年用水量为215.5亿立方米。2010年，全省水资源总量2275.50亿立方米，居全国第7位，占全国水资源总量的7.36%；人均拥有水资源占有量达5104立方米，远高于全国平均水平，也高于周边所有省份。丰沛的水资源为江西省社会经济发展提供了重要资源支撑。同时，水资源更新周转快，水环境容量大，自净能力强，降低了江西省水环境恶化的风险。

2000~2010年，江西省年用水量呈波动上升趋势，但是水资源利用比例仍保持在15.21%，说明江西省水资源储量还比较丰富，还有比较大的用水增长空间(图4-1、图4-2)。江西省水资源用途包括农田灌溉、工业用水、生活用水、林牧渔畜用水、城镇公共用水和生态环境用水。其中，农业和工业是用水大户。据《2010年江西省水资源公报》，江西省总用水量为239.75亿立方米。其中，农田灌溉用水量为147.00亿立方米，占61.3%；工业用水量57.35亿立方米，占23.9%；生活用水量19.93亿立方米，占8.3%；林牧渔畜用水量7.51亿立方米，占3.2%；城镇公共用水量4.07亿立方米，占1.7%；生态环境用水量3.89亿立方米，占1.6%。

多年统计数据分析发现，2000~2010年，江西省GDP增加了221.86%(按可比价计算)，但全省水资源消费总量仅仅增加了10.16%。从水资源生产率(即单位用水量产生的GDP)分析发现，2000~2010年，江西省水资源生产力持续增加，从2000年的9.20元/立方米增加到2010年的39.42元/立方米，资源生产效率增加了328.33%。由于江西省的用水方式比较粗放，农业灌溉用水效率低下(2010年有效利用系数仅0.46)，工业用水重复利用率不高，居民生活用水粗放，导致江西省的水资源生产率长期低于中部六省的平均水平，水资源生产率需要大幅提升(图4-3)。但是，江西省水资源生产率提高速度却快于同期中部六省(图4-4)，表明近年来江西省在提升水资源生产率方面取得了比较明显的成效。

总体来讲，江西省水资源丰富，水资源利用比例不高，用水增长空间还较大。但是，随着经济社会的发展和人民生活水平的提高，对水资源的需求量越来越大，对水质的要求也越来越高，用水矛盾将日益突出。随着工业化和城市化的快速推进，工业废水排放总量从2000年的4.21亿吨迅速增加到2010年的7.25亿吨；城镇生活污水排放量从2003年的6.18亿吨迅速增加到2010

年的8.81亿吨；农药使用量从2000年的106.9万吨迅速增加到2010年的137.6万吨；地表水水污染趋势日益严峻。到2010年，鄱阳湖Ⅰ、Ⅱ类水基本没有，Ⅲ类水水质占71.8%（图4-5），如不采取有效措施，江西将可能面临水质型缺水的尴尬局面。

1.2 水能资源利用

江西省能源生产主要以原煤和发电为主，原煤生产占历年全省能源生产的70%以上。但是，江西省能源禀赋不足，煤炭累计探明储量19.25亿吨，尚未发现油气资源，能源生产难以满足自身需求。2010年，江西省能源生产量为2204万吨标准煤，而同年的能源消费总量高达6354.9万吨标准煤，不足部分依靠外省输入。因此，随着工业化和城镇化的不断推进，未来江西省能源消费量将保持较快的增长态势，能源供需矛盾将进一步加剧。在此背景下，江西加强水能资源利用显得尤为重要。

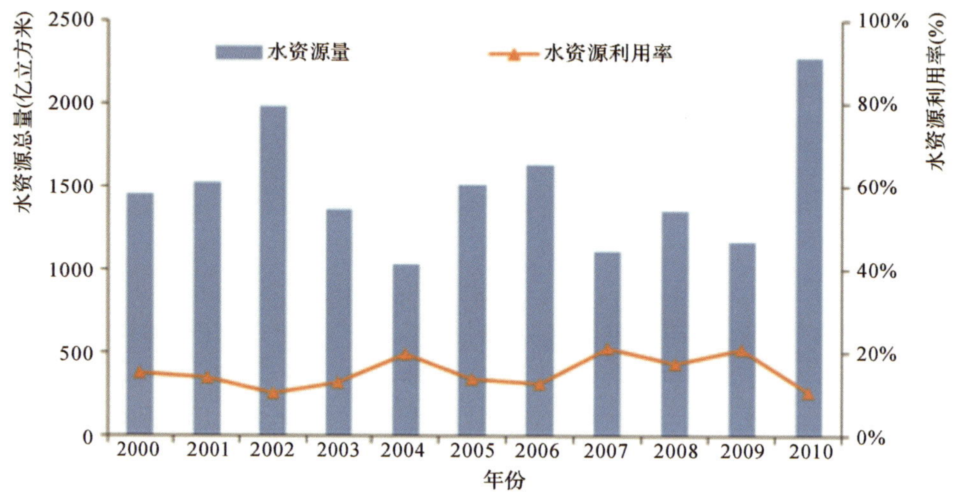

图4-1 2000~2010年江西省水资源总量及其利用比例

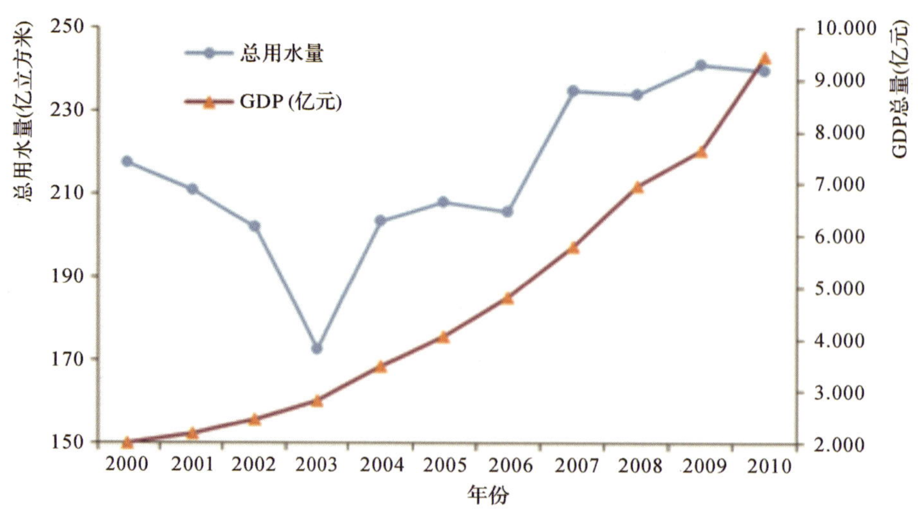

图4-2 2000~2010年江西省总用水量与GDP

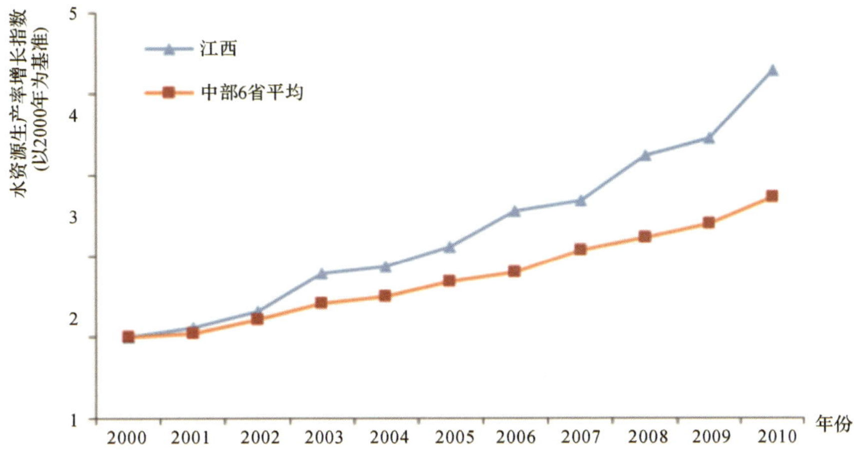

图 **4-3** **2000～2010** 年江西省水资源生产率

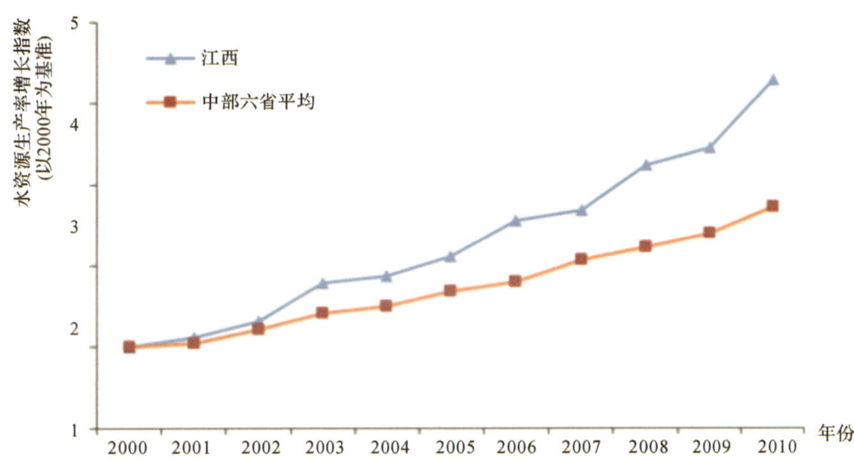

图 **4-4** **2000～2010** 年江西省及中部六省水资源生产率增长指数比较

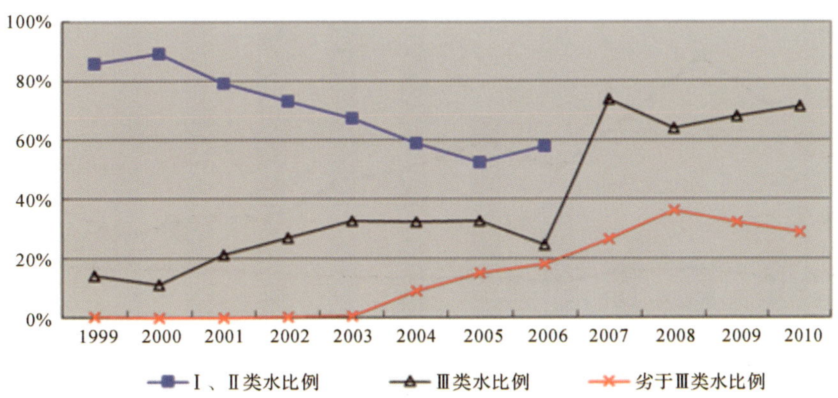

图 **4-5** **1999～2010** 年鄱阳湖水质变化

注：由于 **2006** 年之后鄱阳湖Ⅰ、Ⅱ类水比例很低，不再作单独统计。

江西省共有大小河流2400条，水力资源丰富，资源分布点多面广，理论蕴藏量684.56万千瓦(约占全国水能理论蕴藏量的0.98%)，可开发量610.9万千瓦，年发电量215.6亿千瓦时，其中500千瓦及以上的技术可开发量577.97万千瓦，年发电量197.6亿千瓦时，折合标准煤692万吨。按水系划分，赣江流域技术可开发电量占全省的58.7%，其次是信江、修河、抚河和饶河，分别占12.2%、11.7%、6.8%和4.4%，其他河流占6.1%。

据统计数据，2000年，江西省已开发水电装机191.87万千瓦，占可开发水能资源的31.41%。其中，中小水电装机151.87万千瓦，占可开发水能资源的24.86%。2000~2010年，江西省水电能源产量保持平稳，年平均产量为315.3万吨标准煤(电力折算标准煤的系数根据当年平均发电煤耗计算)，但是由于原煤产量增长很多，导致水电在能源生产总量中占比呈下降趋势。到2010年，江西水电生产量为302万吨标准煤，在能源生产总量中占13.7%。但是，与全国水电比重相比，江西水电产量在能源生产总量中的比重一直高于全国平均水平(图4-6)。

截至2010年年末，江西中小电站几乎遍布全省各地。全省已开发水力资源410.8万千瓦，500千瓦以上水电装机容量达388.5万千瓦，占技术可开发总量的67.2%；年发电量97.12亿千瓦时，折合标准煤291.36万吨，占全省能源消费总量的4.5%。在江西五大水系中，开发利用程度高低排序依次为修河、信江、饶河、赣江、抚河，开发利用比例分别为89.6%、69.1%、61.4%、54.2%、49.3%。目前，江西省水能资源以中小型电站为主，已开发的水电装机容量占技术可开发量的三分之二以上，尚未开发的多属中低水头，淹没面积大，调节性能弱，开发难度大，经济效益差。因此，近期江西水电开发和发电量难以有较大增长，发展空间不大。

1.3 河道通航能力

内河通航里程是指在一定时期内，能通航运输船舶及排筏的天然河流、湖泊水库、运河及通航渠道的长度，包括全年季节性通航累计3个月以上的航道，不包括仅供零散流放竹、木排的河

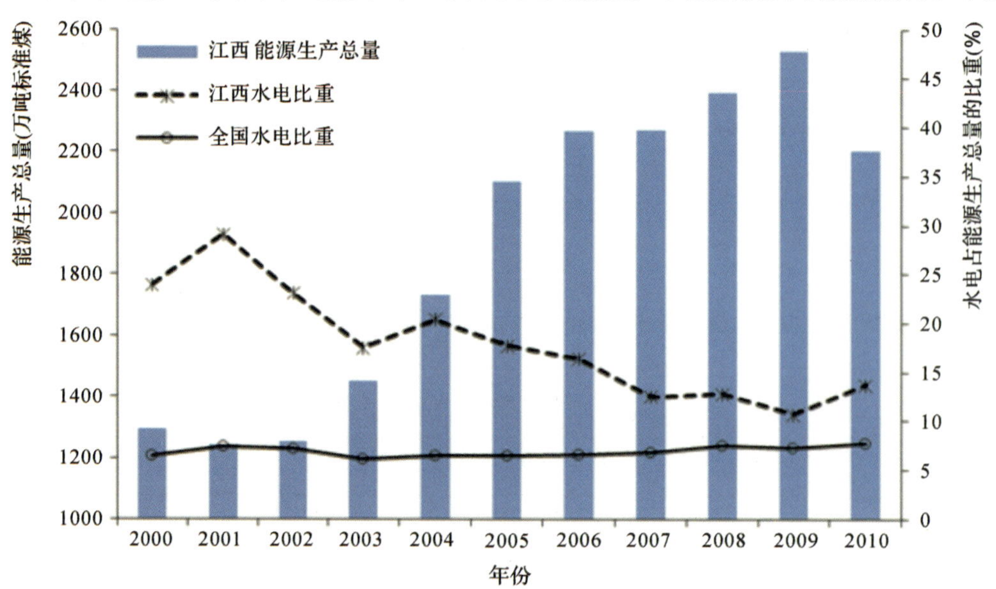

图4-6 江西省能源生产总量及水电比重

道。它是反映内河水运网规模、水平和发展情况的主要指标。

江西省是内陆省份，没有海运航道，但是河网众多，内河水运资源十分丰富。改革开放之初，江西省内河通航里程6630公里。随着社会经济的发展，对河流湿地的开发利用程度不断增加，尤其是河流水力资源的开发和河道淤塞，造成通航里程有所缩短。1998年，长江洪水之后，江西省大力推行了“退田还湖、平垸行洪”工程，内河通航里程有所增加。此后，江西内河通航里程没有显著变化。“十一五”期间，江西水运建设也取得了显著的成绩，一批高等级航道整治、港口码头和航电枢纽开工建设或建成。到2010年，江西省内河通航里程有5638公里，占全国内河航道总里程的4.54%，其长度在全国各省份中位列第七（图4-7）。据资料记载，江西省河流总长度18400公里，内河航道总里程占河流总长度的36.03%（江西省水利厅，2010）。

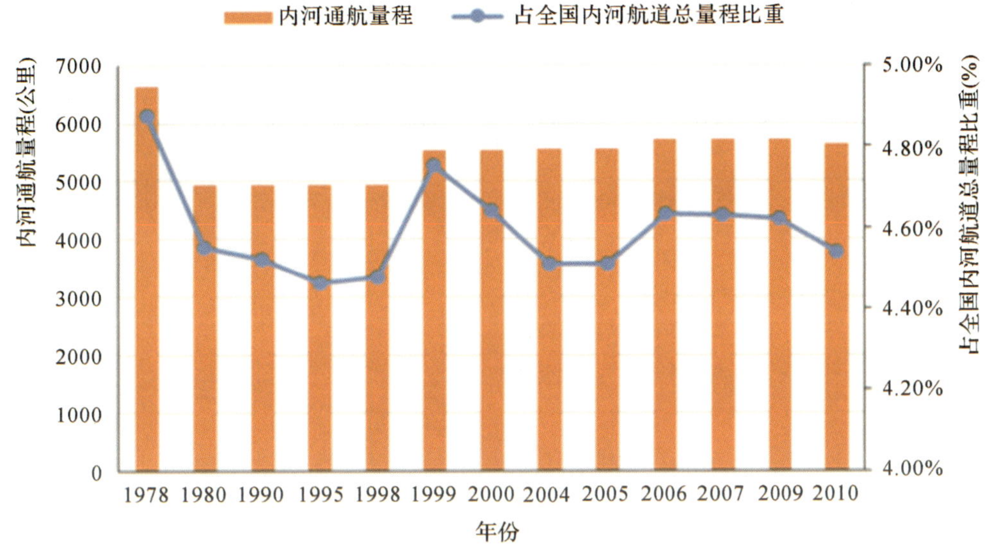

图4-7　江西省内河通航里程变化

1.4　水面资源利用

江西是水产大省，拥有淡水面积约167万公顷。改革开放以来，江西水产养殖业发展迅速。1978年，江西省淡水养殖总产量4.23万吨；到2000年增长到103.87万吨；2010～2012年平均养殖总产量达到198.33万吨，约占全国淡水养殖总产量的8%（图4-8）。

江西省水产养殖面积从1978年的14.44万公顷扩大到2000年的337.1万公顷；2010年增长到425.5万公顷。水面养殖利用率由1978年的8.65%提高到2000年的20.19%；到2010年提高到25.48%。养殖单位面积产量从1978年的293公斤/公顷增加到2000年的3081.3公斤/公顷；到2010年增加到4373.4公斤/公顷，一直保持高于全国平均水平（图4-9）。

2010年，全省淡水养殖面积42.55万公顷，淡水养殖产量达186.1万吨。其中，鱼类占90.81%，甲壳类占4.56%，贝类占2.36%，藻类占0.21%，其他占2.06%。鱼类是江西淡水养殖的主要种类，已查明的养殖鱼类共155种，产量较多的有鲤、鲫、青、鲢等30余种；名贵鱼类有荷包红鲤、玻璃鲤、银鱼、鮰、鳜等。目前，水产养殖创立了“军山湖”牌清水大闸蟹、“芦花”牌彭泽鲫、“赣曼”牌烤鳗等国家、省级名牌产品。

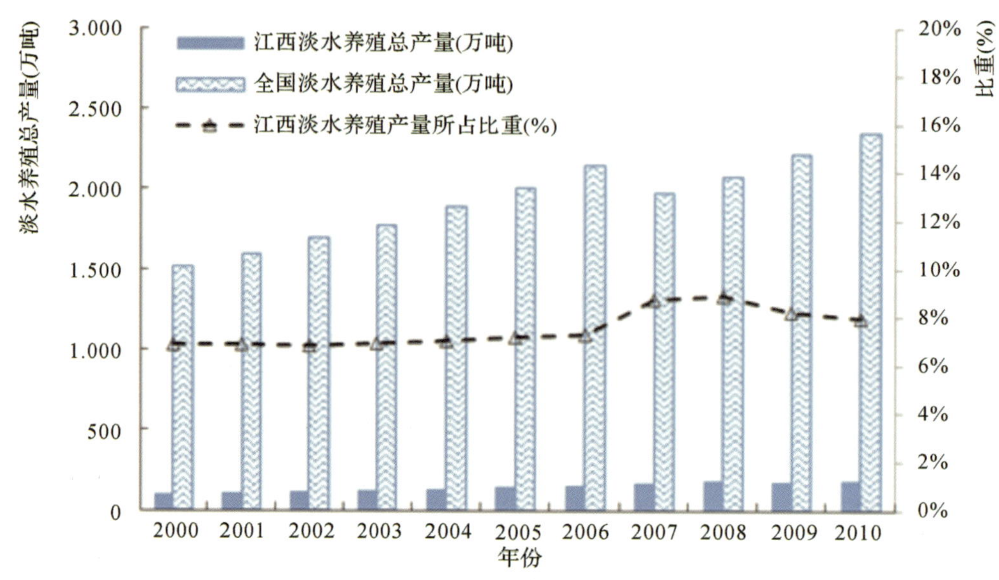

图 **4-8** **2000～2010** 年江西省淡水养殖总产量及其比重

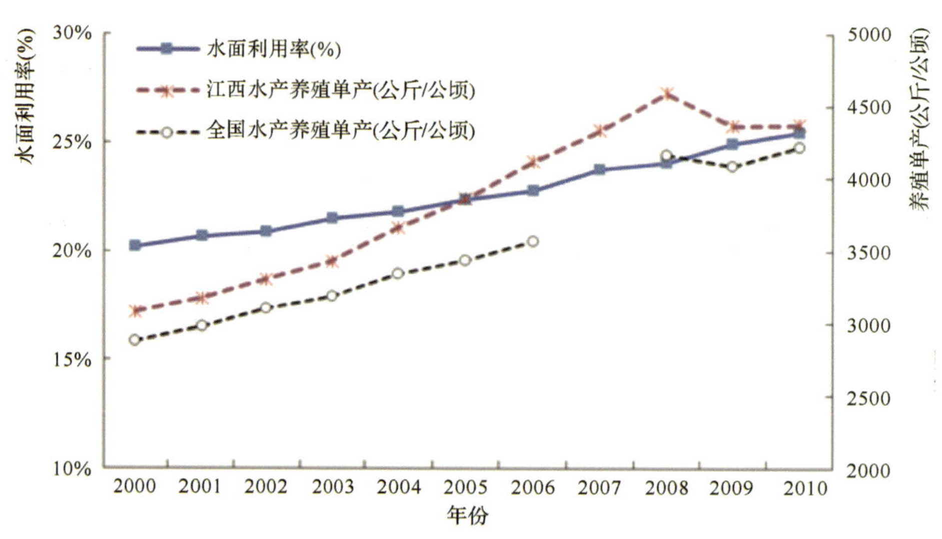

图 **4-9** **2000～2010** 年江西省水面利用率与水产养殖单位面积产量

当前，江西的水面利用率处于较高水平，利用的强度越来越大，资源潜在的利用空间越来越小，加之渔业饲料和药物投入量的显著增加，水产养殖所产生的环境压力日益严峻(比如鄱阳湖水质日趋恶化、水生生态系统退化等)，水产养殖方式的转型迫在眉睫。控制好水产养殖污染不仅事关江西省水产养殖可持续发展，也关系到鄱阳湖乃至长江中下游的水生态安全。

1.5 渔业资源利用

江西省渔业捕捞产量主要由鄱阳湖、赣江、抚河、信江、饶河、修河的捕捞产量构成。2000 年以来，江西省渔业年捕捞产量平均为 23.94 万吨(图 4-10)。2008 年江西发生干旱，导致捕捞产量下降；2010 年，江西全省降水量创造了近 35 年来的最高纪录，丰沛的水量使得渔业捕捞产量达到近年来 29.25 万吨的最高峰。但是，由于人工养殖产量的不断提高，使得天然捕捞产量在水产品总量中所占比率逐步下降。近年来，随着捕捞强度的增加和水生生态系统的退化，天然渔业资源也面临着严重退化的威胁。

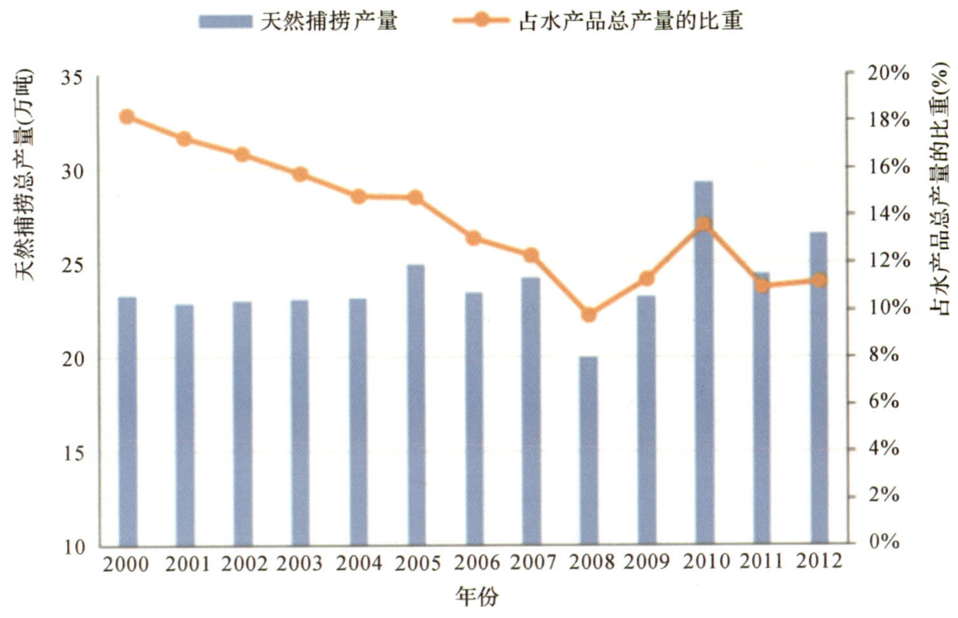

图 **4-10**　江西省天然渔业捕捞产量

以鄱阳湖天然渔业资源为例。鄱阳湖水域辽阔，南北水域鱼类区系分布因自然环境条件差异而不同。永修、松门山以北至湖口水域，以江湖半洄游性的“四大家鱼”、洄游性刀鲚等鱼类为多；都昌、松门山以南，水流缓慢，水草丰富，以鲤、鲫、鳜鱼、鳊等鱼类为多。湖区渔获物主要由青鱼、草鱼、鲢、鳙、鲤、鲫、鳊、黄颡鱼、鳜、刀鲚、银鱼、虾等组成(钱新娥等，2002)。鲤、鲫占渔获物比例较大，达 27.2% ~41.0%，“四大家鱼”仅占 10% ~15%。1980 年，鄱阳湖捕捞产量为 1.64 万吨(黄晓平等，2007；姜红等，2013)。随着家庭联产承包责任制的建立，渔业捕捞生产力得到空前释放，捕捞产量快速上升。1998 年，鄱阳湖捕捞产量达到 7.19 万吨的高峰(官少飞，2009)。2003 年后，鄱阳湖渔业生态持续恶化，渔业资源的再生能力和可捕量严重萎缩，捕捞产量徘徊在 3 万吨左右。2011 年，江西遭遇罕见的春夏连旱，鄱阳湖捕捞产量仅为常规年份的三分之一。近 5 年统计，鄱阳湖渔获物中，鱼类小型化、低龄化凸显，虾类、贝类(螺、蚌)远大于鱼类产量，天然渔业资源退化趋势越来越明显。

1.6　景观资源利用

湿地作为一种特殊的自然景观，具有作为旅游资源的功能和价值。江西省湿地景观类型多样，既有河流、湖泊、沼泽等天然湿地，又有水库、塘坝、稻田等人工湿地。江西与湿地相关的休闲旅游活动包括审美观光、鸟类观赏、水上运动、地方民俗、湿地文化等。湿地公园和湿地自然保护区，是江西优秀的湿地景观资源的集中分布区域，也是休闲旅游活动的主要场所。

湿地公园是指以湿地良好生态环境和多样化湿地景观资源为基础，以湿地的科普宣教、湿地功能利用、弘扬湿地文化等为主题，并建有一定规模的旅游休闲设施，可供人们旅游观光、休闲娱乐的生态型主题公园。湿地公园是具有湿地保护与利用、科普教育、湿地研究、生态观光、休闲娱乐等多种功能的社会公益性生态公园。从2007年开始，江西省开始建设湿地公园。随着，湿地保护意识的不断增强，湿地公园面积不断增加。根据江西省第二次湿地资源调查，截至2010年年底，江西省建成湿地公园31个，总面积57859.75公顷，占全省湿地总面积的6.36%。其中，国家级湿地公园10个，面积52573.98公顷，占全省湿地总面积的5.78%；省级湿地公园21个，面积5285.77公顷，占全省湿地总面积的0.58%(图4-11)。

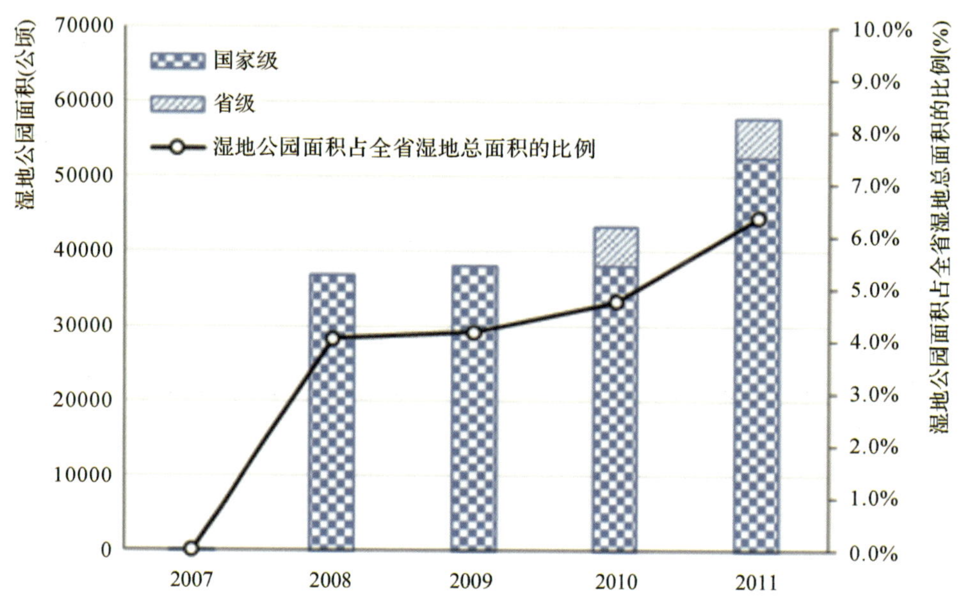

图4-11 江西省湿地公园面积增长变化

湿地自然保护区是依法划定予以特殊保护和管理的湿地区域，也是天然湿地景观资源的集中分布区。根据江西省第二次湿地资源调查，截至2010年年底，江西省有湿地自然保护区23个，总面积249619.01公顷。其中，湿地面积228332.38公顷，占全省湿地总面积的25.09%。但是，国家级湿地自然保护区仅2个，湿地面积62949.67公顷，占全省湿地总面积的6.92%。

综合二者分析，至2010年年底，江西省湿地公园和湿地自然保护区内的湿地面积总和达到了286192.13公顷，占全省湿地总面积的31.45%。但是，湿地休闲旅游产品不够丰富，主要是自然观光、鸟类观赏、野营等，湿地旅游产业还有待于进一步发展提升。

2 保障湿地资源可持续利用采取的措施

2.1 建立健全和完善湿地保护的法规和规章制度

为了从根本上解决湿地所面临的严峻的环境问题，保障湿地保护工程建设需要，要在认真实施《江西省鄱阳湖湿地保护条例》和《江西省鄱阳湖自然保护区候鸟保护规定》的基础上，尽快制定全省专门的湿地保护与利用的法规，以法规形式明确规定湿地开发利用的方针、原则、行为规范、部门分工以及对违法行为的处罚等，从而为从事湿地保护与合理利用的有关行业、部门和管理者、利用者提供基本的行为准则。要通过建立开发环境影响评价制度和项目审批制度，制止对湿地资源随意开发和滥用，对因湿地改造和不合理利用而导致的不良影响和后果，要及时采取减轻、消除和补救措施；要加强执法力度，严格执法，做到有法必依、违法必究、执法必严。同时，各级政府和林业主管部门应定期组织对湿地现状进行监督检查，及时预防和制止对湿地资源破坏的行为。

2.2　制定合理利用政策，维护湿地资源永续利用

县级以上人民政府应逐步建立湿地生态补偿机制，按照"谁受益，谁补偿"的原则，对占用、征收湿地和利用湿地资源的单位或个人征收湿地生态补偿费；对因保护湿地资源而经济利益受到损失的湿地所有者和使用者应当给予湿地生态效益补偿。严格控制开发占用天然湿地，凡列入国际重要湿地和国家重要湿地名录的湿地，以及位于自然保护区内的天然湿地，一律禁止开垦占用和随意改变用途，确保湿地资源永续利用。对已经开垦占用和随意改变用途的，限时退田还湖（水、湿），特别是鄱阳湖及周边湖泊群，综合评估生态安全、防洪抗旱、经济可持续发展等多方面客观需求等，实施积极的退田还湖措施。在湿地从事生产经营活动，应当符合湿地保护规划要求，维护湿地资源的可持续利用，不得影响湿地生态系统基本功能和超出湿地资源的再生能力或者对野生动植物物种造成破坏性损害。

2.3　适度控制湿地种养规模，切实保护水环境质量

发展迅速的内陆淡水种养为社会提供了丰富的水产品，既丰富了群众的食物品种，也为社会经济的发展做出了积极的贡献。但围网养殖业会导致水体富营养化，一旦围网养殖规模超过了水环境的生态承载力，围网养殖的密度过大，以及过量使用饵料都会加快水体富营养化进程。因此，湿地区域内地方政府应当科学规划，分类指导，合理引导生产经营者从事种植业、畜牧业和水产业；提倡采取圈养、轮牧、轮养等措施，适度控制牧畜、鱼、蟹、虾、蚌、菱、莲等动植物的种养规模；指导农业生产者科学、合理地施用化肥，鼓励使用高效、低毒、低残留的有机农药，防止造成湿地环境的污染，保护湿地生态环境和湿地资源的再生能力，维护水环境质量。

2.4　合理利用湿地景观资源，积极发展湿地生态旅游业

湿地资源只有被科学利用才能产生积极的综合效益。而湿地资源是水资源、土地资源、生物资源、景观资源、矿产资源、能源资源等多种资源类别的综合体，涉及林业、农业、渔业、能源、矿产、水利、土地等多个行业。湿地资源合理利用必须充分发挥其各个组成资源类别的效益。在维护湿地生态平衡、保护湿地功能和生物多样性的前提下，通过建立湿地保护区、湿地公园等方式，开展湿地生态旅游，展示湿地自然景观和独特的生物多样性、湿地文化，发挥湿地公园湿地休闲、湿地科普教育等方面的作用，最大限度地发挥湿地的经济、社会效益。

2.5 设立专项资金，加大湿地保护管理力度

以鄱阳湖为代表的江西湿地具有巨大的生态服务功能，在全球湿地生态系统中具有独特的地位和无法替代的重要作用，备受全世界各方面有关人士的关注，其重要性可想而知。湿地生态系统一旦遭受破坏，其损失将无法估量和弥补，也必将造成不良的国际影响。

为加大湿地的保护管理力度，一是建议省政府设立全省湿地保护专项资金，专项用于湿地自然保护区、湿地公园、湿地保护小区的保护和管理。二是在建议省财政安排湿地保护恢复项目资金，通过湿地保护恢复项目带动全省湿地保护工作的开展。三是设立湿地公园建设专项资金。湿地公园是国家湿地保护体系的重要组成部分，建设湿地公园既有利于调动社会力量参与湿地保护与可持续利用，又有利于充分发挥湿地多种功能效益，满足公众需求和社会经济发展的需要，对改善鄱阳湖流域生态环境和维持生物多样性，扩大内需，改善城乡人居环境，加快生态文明建设步伐，实现人与自然和谐共处具有重要的意义。建议省政府安排专项资金，对新建的国家湿地公园、省级湿地公园分别给予适当金额的奖励，并每年适当安排一定的补助资金。通过发展湿地公园，促进全省湿地资源可持续利用，营造优美舒适的人居环境。四是加大湿地监测评价体系建设资金投入。全省应安排专项资金用于每年对重要湿地区进行水环境和生物多样性监测，科学评价全省湿地生态系统安全，同时为进一步加强湿地保护管理提出合理建议。

第五章
湿地资源评价

第一节
湿地生态状况

1 湿地水文状况

1.1 江西省湿地水文概况

江西省鄱阳湖流域面积为156743平方公里，占全省面积的94%；江西省境内流入邻省和直接注入长江的河流，流域面积为10205平方公里，占全省面积的6%。全省多年平均降水量为1638毫米。年平均降水量变化幅度为1400~1900毫米，以1500~1700毫米等值线分布范围最广。年平均水面蒸发量为700~1100毫米。全省平均年实测径流量1416亿立方米，平均年实测径流深847毫米。暴雨是江西省主要灾害性天气之一，据江西省水文发展“十一五”规划报告显示，江西省暴雨以4~8月出现较多，各河流主汛期大致在4~7月。

江西省多年平均降水量2735亿立方米，多年平均地表水资源量为1545亿立方米，地下水资源量342.2亿立方米，水资源总量1565亿立方米，外省流入江西省的水量52亿立方米，水资源总量列全国第七位。

江西省湿地总面积91.01万公顷，以河流、湖泊湿地为主。其中，河流湿地主要为赣江、抚河、信江、饶河、修河5条河流及其支流；湖泊湿地主要为鄱阳湖。5条河流的水全部流向我国最大淡水湖——鄱阳湖，然后注入长江。鄱阳湖流域约占全省国土总面积的97.2%，年均鄱阳湖注入长江的水量为1450亿立方米，约占长江径流总量的15.6%。全省重点调查湿地共60处，水源补给均为综合补给，以降水补给为主。这些重点湿地中，除赤湖和下巢湖为季节性积水外，其他湿地均为永久性积水。全省重点调查湿地蓄水量大，丰水位平均在46米，平水位40米，枯水位35米，平均水深8.6米，蓄水量共15.863亿立方米，有51处为地面水永久性流出，为全省提供了丰富的水资源。

1.2 鄱阳湖湿地水文特征

1.2.1 概 况

鄱阳湖位于江西省的北部、长江中游南岸，是我国目前最大的淡水湖泊。它承纳赣、抚、信、饶、修等五大河及博阳河、漳田河等来水，经调蓄后由湖口注入长江，是一个过水型、吞吐型、季节性的湖泊。水系流域面积162225平方公里，涉及江西、湖南、福建、浙江、安徽等5省。

鄱阳湖南北长173公里，东西最宽处约74公里，入江水道最窄处的屏峰卡口宽约2.8公里，湖岸线总长1200公里。湖面以松门山为界，分为南北两部分，南部宽广，为主湖区，北部狭长，为湖水入长江水道区。

鄱阳湖是一个过水性吞吐型湖泊，具有“高水是湖，低水似河”“洪水一片，枯水一线”的自然地理景观。洪水季节，湖面辽阔，烟波浩渺，一望无际；枯水季节，水束如带。洪、枯水期的湖泊面积、容积相差极大，湖口站历年实测最高水位20.70米(1998年7月31日)，相应通江水体面积3708平方公里，相应容积303.63亿立方米；历年实测最低水位4.01米(1963年2月6日)，相应通江水体面积约28.7平方公里，湖体容积仅0.63亿立方米。因此，受天然降水和长江水位随机性影响，每年鄱阳湖最高水位、最低水位、草洲湿地出露面积大小和时间长短差异很大。这一自然地理特征使鄱阳湖湿地成为生物多样性十分丰富的国际重要湿地。

1.2.2 气候与降雨

鄱阳湖属亚热带湿润季风型气候。冬春常受西伯利亚冷气流影响，多寒潮，盛行偏北风，气温低；夏季冷暖气流交错，潮湿多雨，为“梅雨季节”；秋季为太平洋副热带高压控制，晴热干旱，盛行偏南风，偶有台风侵袭。年平均气温17℃左右。7月最高，月平均约30℃；1月最低，月平均约4.4℃。南部高于北部0.5~1.0℃。年平均日照达1800~2100小时。无霜期约240~300天。

鄱阳湖常受西伯利亚冷气流影响，年最多风向为偏北风，只有7~8月间太平洋副高压控制才多刮偏南风。年平均风速在3.5米/秒以上，历年最大风速达34米/秒，相应风向北北东。日平均风速≥5米/秒的天数达99.4天。按国家风能资源等级标准，鄱阳湖环湖区属风能资源丰富的地区。环湖区的自然地理特点，使环湖区成为大风集中区域。鄱阳湖主要有冷空气大风，锋面雷雨大风和环湖区出现的风向不定、风速变化大，时间短促的“飑线”大风。星子老爷庙一带多年平均大风日数为30.5天。棠荫站曾实测到31.0米/秒的最大风速(相当于浦氏风力11级)。鄱阳湖区年平均蒸发量800~1200毫米，约有一半集中在温度最高且降水较少的7~9月。

鄱阳湖区雨量充沛，主要站多年平均降水量为1387~1795毫米，降水量年际变化较大，最大2452.8毫米(1954年)，最小1082.6毫米(1978年)。降水年内分配极不均匀，最大的4个月(3~6月)占全年降水量的57.2%；最大的6个月(3~8月)占全年降水量的74.4%；冬季降水量全年最少；6月最大，占全年17%；12月最小，只占3%。

1.2.3 径流量

鄱阳湖流域径流主要由降雨补给，入湖多年平均流量为4700立方米/秒。径流量为1483亿立方米；径流深为914.2毫米，最大为信江和乐安河径流深在1100毫米以上，最小为修河虬津以上和赣江径流深不足900毫米。

鄱阳湖流域年际变化较大，最大年径流与最小年径流比值在4.07~5.76之间。鄱阳湖流域年径流量以赣江所占比重最大，占鄱阳湖流域年径流量的45.8%，其次为湖区区间占15.6%。

鄱阳湖流域径流年内分配规律同降水相似，连续最大的4个月径流占全年径流百分比，大部分地区在60%以上，最大的渡峰坑站可达71.3%，最小的虬津站54.7%，其他均在60%~70%。鄱阳湖水系主要控制站及湖区区间多年平均径流量见表5-1。

表5-1　鄱阳湖水系主要控制站多年平均径流量

河　名	站　名	集水面积（平方公里）	年径流量（亿立方米）	年径流量占湖口比重（%）	年平均流量（立方米/秒）	年径流深（毫米）
赣江	外洲	80948	678.9	45.87	2151	838.6
抚河	李家渡	15811	154.8	10.46	491	979.2
信江	梅港	15535	177.5	11.99	563	1142.8
乐安河	虎山	6374	70.8	4.78	224	1111.4
昌江	渡峰坑	5013	46.2	3.12	146	920.6
修河	虬津	9914	88.4	5.97	280	891.3
潦河	万家埠	3548	35.2	2.38	112	992.5
湖区区间		25082	231.3	15.63	733	922.3
鄱阳湖	湖口站	162225	1480		4700	912.3

1.2.4　水　位

鄱阳湖水位受鄱阳湖水系来水影响，同时也受长江涨水倒灌、顶托的作用。由于江西省降雨季节的不均匀性，鄱阳湖各河流入湖水量的季节性变化以及引起湖体水位的涨落变化都很大。此外，长江中上游省区的降雨季节差也对鄱阳湖水位产生一定影响。每年4~7月，鄱阳湖水位随鄱阳湖水系涨水入湖而上涨；8~9月，因长江涨水顶托或倒灌而维持高水位；10月开始稳定退水。

鄱阳湖最低月平均水位出现在1、2月，最高月平均水位出现在7、8月。鄱阳湖年最高水位一般出现在6~7月(出现在7月的占82.4%)，年最低水位一般出现在12月至翌年3月，绝大多数年出现在12月至翌年1月(占77.5%)，其中又以1月最多(占50.0%)。

经对湖口站历年水位统计分析可知：湖口站多年平均水位13.06米，最高多年平均月水位出现在7月为17.85米，最低多年平均月水位出现在1月为8.29米，平均水位变幅9.56米。历年最高水位为22.59米(1998年7月31日)，历年最低水位为5.90米(1963年2月6日)，最高最低变幅为16.69米(表5-2)。

表5-2　湖口站年月水位特征统计(米)

	1月	2月	3月	4月	5月	6月	7月	8月	9月	10月	11月	12月	平均
平均水位	8.29	8.51	10.13	12.11	14.61	16.11	17.85	16.98	16.32	14.48	11.93	9.39	13.06
最高水位	13.83	13.18	17.03	17.16	19.59	21.77	22.59	22.58	21.63	19.36	17.56	13.76	22.59
出现年份	1998	1990	1992	1992	1975	1998	1998	1998	1998	1954	1954	1982	1998.7.31
最低水位	6.06	5.90	6.09	7.03	9.26	10.25	12.35	10.28	9.18	8.39	7.91	6.48	5.90
出现年份	1979	1963	1963	1963	2007	2007	1963	2006	2006	2006	2006	1956	1963.2.6

1.2.5 泥 沙

鄱阳湖湖口站多年平均输沙量为994万吨。其中，月均输沙量3月份最高，占全年输沙量的25.6%；7、8、9月有些年份因江水倒灌入湖，湖口站出现负输沙量，7月份输沙量负值最大；多年平均7~9月3个月倒灌沙量为全年的-6.5%，多年平均2~4月3个月输沙量最大，为全年的62%。湖口站输沙量表现出与径流量不一样的规律，与鄱阳湖独特的地形特征和水文节律有关。

根据入鄱阳湖、出湖沙量资料统计分析可知，2000年前出湖沙量小于入湖沙量，鄱阳湖泥沙主要以淤积为主，1956~2000年平均年淤积量为984万吨；2000年后出湖沙量大于入湖沙量，鄱阳湖泥沙主要以冲刷为主，2001~2008年平均年冲刷量为591万吨。

鄱阳湖流域泥沙主要来自"五河"。湖区泥沙绝大部分来源于赣江，其他诸河占比重较小。"五河"各主要测站的多年平均输沙量，外洲为895万吨、李家渡为142万吨、梅港为209万吨、虎山为56万吨、万家埠为37万吨。鄱阳湖流域泥沙绝大部分来源于赣江，其他诸河占比重较小。"五河"中赣江含沙量最大，多年平均含沙量为0.133公斤/立方米；饶河相对最小，多年平均含沙量为0.081公斤/立方米。

2 湿地水环境状况

2012年，对鄱阳湖流域内65条主要河流264个监测断面监测显示，全年Ⅰ~Ⅲ类水占89.9%。其中，Ⅰ类水质占2.2%；Ⅱ类水质占65.7%；Ⅲ类水质占22.0%；劣于Ⅲ类水质占10.1%。其中，Ⅳ类水质占4.5%；Ⅴ类水质占0.5%；劣Ⅴ类水质占5.1%。本次调查，重点调查湿地地表水质等级达到Ⅱ~Ⅲ类标准，地下水质等级达到Ⅰ~Ⅲ类标准。

2.1 地表水酸碱度

全省重点调查湿地60处，地表水存在一定的酸化，其中饶河干流和瑞金绵江省级湿地公园的地表水呈微酸性，pH值分别为6.0和6.1；赤湖、都昌候鸟省级自然保护区、赣江干流等27处湿地的地表水呈弱碱性，pH值在7.50~8.45之间。官山国家级自然保护区、江西大湖江国家湿地公园、德兴洎水河省级湿地公园、万安水库等31处地表水呈中性，pH值在6.50~7.45之间。在呈中性的湿地中，大部分为国家级自然保护区、国家和省级湿地公园、大型水库，水质受到的污染较小。

2.2 矿化度

全省重点调查湿地60处，有7处存在不同程度的矿化。其中，微咸水6处，矿化度为1.00~2.77克/升，湿地分别为插旗洲湖、洪门水库、金溪白马湖省级湿地公园、马头山国家级自然保护区、万年珠溪省级湿地公园、宜黄百鹭洲省级湿地公园。盐水1处，为余江白塔河省级湿地公园，矿化度8.2克/升。

2.3 透明度

江西省重点调查湿地60处，有17处地表水存在不同程度的浑浊。其中，信江干流为很浑浊，地表水透明度为0.24米；高安瑞州省级湿地公园、江西东鄱阳湖国家湿地公园、青岚湖省级自然保护区、于都长征源省级湿地公园等16处为浑浊，地表水透明度在0.50～2.40米；其余43处湿地的地表水均为清，地表水透明度在2.50～20.00米。

2.4　富营养状况

鄱阳湖流域主要的水源污染为以畜禽养殖废水为主导，水产养殖和种植业为辅。近年来，江西省实施了一系列农村沼气工程，规模化养殖场畜禽粪便处理率较高；但大多中小养殖专业户畜禽粪便仍然是随意丢弃，不经处理便进入环境水体。畜禽粪便携带大量的大肠杆菌、寄生虫卵等病源微生物和大量的氮、磷等进入环境水体，这是导致鄱阳湖流域水体富营养化的主要污染源。

据统计，本次调查的60处重点调查湿地有39处富营养化程度为贫营养，21处为中营养，地表水总氮在0.10～1.76毫克/升，总磷在0.01～1.00毫克/升。

3　湿地生态状况评估

3.1　评估方法

湿地生态状况直接反映湿地生态系统的健康水平，也是评价湿地生态功能是否正常发挥和满足人类需要的重要依据。依据本次调查成果数据，综合利用反映湿地生态状况的自然湿地面积、生物多样性、水环境，及湿地利用和受威胁状况等方面的指标，对本次重点调查湿地进行了湿地生态状况的综合评价（表5-3）。

表5-3　指标体系一览

一　级	二　级	三　级	因　子
自然指标	景观指标	自然湿地率	自然湿地面积/湿地总面积
		湿地密度	平均斑块面积/湿地总面积
		湿地斑块密度	湿地斑块数/湿地总面积
	生物多样性指标	单位面积物种多度	物种数量/湿地面积
		植物覆盖度	植被面积/湿地面积
		外来物种入侵	有、无
	水环境指标	污染物	有、无
		富营养	贫、中、富3级
		水质级别	Ⅰ、Ⅱ、Ⅲ、Ⅳ、Ⅴ（含劣Ⅴ）
人为干扰指标	社会指标	人口密度	人口数量/重点调查面积
		利用情况	工（旅游）、农、水、未4级
	威胁指标	威胁因子数量	数量
		威胁程度	安全、轻、重3级

采用层次分析方法(AHP)和德尔菲法，对评价指标进行分级和赋值，确定指标权重。

各指标标准值计算：

(1)自然湿地率、湿地密度、湿地斑块密度、单位面积物种多度、植被覆盖度、人口密度6个指标根据大小分为5级，分别赋值1、3、5、7、9，指标值越高反映的生态状况越好。

(2)外来物种入侵、污染物2个指标，分两个等级，“有”赋值2，“无”赋值8。

(3)营养状况分3级，贫营养赋值8，中营养赋值5，富营养赋值2。

(4)水质级别分5级，分别赋值9、7、5、3、1。

(5)利用情况分4级，工业(旅游)赋值3，农业(种植、牧业、林业)赋值5，水源地赋值7，未利用赋值9。

(6)威胁因子数量，分为10级，采用“10－数量”来赋值。

(7)威胁程度分为3级，安全赋值8，轻度赋值5，重度赋值2。

各指标权重确定见表5-4。

根据统计学累计求和公式，计算每处重点调查湿地生态状况综合得分。

$$综合得分 = \sum 指标因子赋值 \times 指标权重$$

表5-4 指标体系权重

一 级	系 数	二 级	系 数	三 级	权 重
自然指标	0.6	景观指标	0.1	自然湿地率	0.03
				湿地密度	0.012
				湿地斑块密度	0.018
		生物多样性指标	0.45	单位面积物种多度	0.108
				植物覆盖度	0.108
				外来物种入侵	0.054
		水环境指标	0.45	污染物	0.054
				富营养	0.081
				水质级别	0.135
人为干扰指标	0.4	社会指标	0.4	人口密度	0.064
				利用情况	0.096
		威胁指标	0.6	威胁因子数量	0.084
				威胁程度	0.156

3.2　湿地生态状况评价

按照湿地生态状况评估法对江西省60处重点调查湿地生态状况进行评分，并根据得分，对重点调查湿地的生态状况进行综合评定，再利用统计学的自然断点法(natural breaks)对重点调查湿地的生态状况综合得分进行划分，分为好、中、差3个等级。全省60处重点调查湿地，其中评定等级为“好”的有18处，评定等级为“中”的有29处，评定等级为“差”的有13处(表5-5)。

表5-5　江西省重点调查湿地综合得分及等级评定情况一览

序　号	名　称	综合得分	等级评定
1	插旗洲湖	5.0	中
2	赤湖	4.8	差
3	德兴洎水河省级湿地公园	5.6	好
4	都昌候鸟省级自然保护区	4.5	差
5	丰城玉龙河省级湿地公园	5.1	中
6	奉新华林省级湿地公园	5.8	好
7	抚河干流	4.7	差
8	赣江干流	5.0	中
9	高安瑞州省级湿地公园	5.6	好
10	官山国家级自然保护区	5.6	好
11	洪门水库	5.2	中
12	吉安庐陵湖省级湿地公园	5.4	差
13	江口水库	5.2	差
14	大湖江国家湿地公园	5.0	中
15	东江源国家湿地公园	5.6	好
16	东鄱阳湖国家湿地公园	5.0	差
17	孔目江国家湿地公园	5.6	中
18	潋江国家湿地公园	5.4	中
19	庐山西海国家湿地公园	5.2	好
20	傩湖国家湿地公园	5.0	差
21	桃红岭梅花鹿国家级自然保护区	5.2	中
22	武夷山国家级自然保护区	5.6	好
23	修河国家湿地公园	5.3	中
24	修河源国家湿地公园	5.4	中
25	药湖国家湿地公园	5.5	好

（续）

序　号	名　称	综合得分	等级评定
26	焦潭湖	5.2	中
27	金溪白马湖省级湿地公园	5.4	中
28	井冈山国家级自然保护区	5.6	好
29	九连山国家级自然保护区	5.9	好
30	军山湖	3.7	差
31	乐安龙潭省级湿地公园	5.6	好
32	莲花莲江省级湿地公园	5.4	中
33	芦溪山口岩省级湿地公园	5.6	好
34	马头山国家级自然保护区	5.4	中
35	南岸洲	4.2	差
36	南丰潭湖省级湿地公园	5.4	中
37	泥湖大道	5.2	中
38	宁都梅江省级湿地公园	5.5	好
39	鄱阳湖	4.5	差
40	鄱阳湖国家级自然保护区	5.0	中
41	鄱阳湖南矶湿地国家级自然保护区	3.8	差
42	青岚湖省级自然保护区	5.2	中
43	全南桃江省级湿地公园	5.4	中
44	饶河干流	5.2	中
45	瑞金绵江省级湿地公园	5.6	好
46	赛城湖(赛湖)	5.4	好
47	上饶槠溪省级湿地公园	5.6	好
48	遂川遂川江省级湿地公园	5.6	好
49	万安水库	5.2	中
50	万年珠溪省级湿地公园	5.4	中
51	婺源饶河源省级湿地公园	5.4	中
52	下巢湖	5.4	中
53	信江干流	4.3	差
54	宜丰新昌湖省级湿地公园	5.4	中
55	宜黄百鹭洲省级湿地公园	5.4	中
56	于都长征源省级湿地公园	5.3	中
57	余江白塔河省级湿地公园	5.6	好
58	鸳鸯湖省级自然保护区	5.4	中
59	长江干流	4.5	差
60	柘林水库	5.2	中

第二节 湿地受威胁状况

根据此次60处重点调查湿地调查，共有33458公顷湿地受到不同程度的威胁，占重点调查湿地面积501206.77公顷的6.68%。有29处湿地受威胁状况等级为安全，30处受威胁状况等级为轻度，还有1处受到重度威胁。沿湖重点湿地生态受人为干扰严重：水面被网箱分割，湿地生物生存空间被掠夺，水生动植物种群和数量锐减，湿地生态系统遭到了一定的破坏，防洪调蓄功能逐步退化。重点湿地中的湿地公园受城市化进程、工业废物、生活垃圾排放等威胁，还受淤积、河床逐步抬高的影响等。在12种湿地威胁因子中，除盐碱化外，其他威胁因子都不同程度地影响着全省的湿地状况。其中，尤以污染为威胁首要因子，其所威胁的面积占总被威胁面积的24.25%。

1 基础建设和城市化

基建和城市化对湿地的影响早在20世纪80年代就已经开始。基建和城市化进程致使大量湿地被侵占、湿地功能面积大幅度减少，导致生态环境恶化、湿地动植物数量减少、生物多样性锐减，进而使湿地生态系统发生退化。在此次调查的60处重点调查湿地中，共有4147公顷的湿地面积已经受到基建和城市化的影响，占整个重点调查湿地面积501206.77公顷的0.83%。

2 围垦、水利工程和泥沙淤积

围垦和泥沙淤积使湿地面积和容积缩小，而水利工程又一定程度上导致了泥沙淤积。泥沙淤积形成的洲滩加剧了人们的围垦活动，致使湿地对洪水的调蓄功能逐渐衰退，水情不断恶化，洪峰水位逐渐上升，高水位的出现频率明显加大，致灾洪水越来越频繁。同时，泥沙淤积也影响了土壤的理化性质，使湿地土壤有机质、通气性及温度降低，严重影响着湿地植物的生存、生长及植被演化，导致植物数量和种类的减少。在此次调查的60处重点调查湿地中，共有8434公顷的湿地面积已经受到围垦、水利工程和泥沙淤积的影响，占整个重点调查湿地面积501206.77公顷的1.63%。其中，围垦占0.64%，水利工程占0.01%，泥沙淤积占0.98%。

3 污　染

湿地污染主要包括湿地水污染和湿地土壤污染，主要来源于生活污水、工厂废水、工矿开发废水的直接排入，以及随降雨冲刷进入地表径流的空气污染物，包括微生物、重金属、有毒化学物质等多种污染物。大量的污染物进入湿地，导致水质下降，水生生物生存条件受到威胁。尤其是重金属污染，植物和水生生物已经成为污染物的富集体，对食物链构成重大威胁。在此次调查的60处重点调查湿地中，共有8100公顷的湿地面积已经受到污染的影响，占整个重点调查湿地面积的1.62%。有些湿地水体浑浊，水质存在不同程度的富营养化和矿化，透明度不足1米。

4 过度捕捞、采集和非法狩猎

湿地资源拥有丰富的鱼类资源、野菜和药用植物资源，为人类提供了丰富的食材和药材。然而，过度捕捞和采集野菜对湿地造成了一定的影响。过度捕捞导致流域内主要经济鱼类品种资源严重衰退。近些年，渔船和网具改革，湖区非法捕捞强度已经严重超过了鱼类资源自然增殖能力。此外有害渔具渔法如："堑湖"、电捕鱼、炸鱼、毒鱼、迷魂阵、鸬鸟等，不仅对经济鱼类造成影响，也造成水质污染，对湿地其他珍稀水生生物构成威胁。同时鱼类资源的减少，使以鱼类为食物的鸟类出现食物短缺现象，也影响了鸟类的生存安全。

过度采集植物资源，致使其面临资源匮乏的局面，并减少了植物对水污染物的截留净化作用，导致湿地生态系统功能的退化。

湿地是水禽的天堂，一些不法分子为满足个人欲望，非法狩猎国家珍稀濒危保护鸟类，导致鸟类数量减少，给本就濒危的物种造成了严重的威胁。

根据此次重点调查湿地的调查，共有10166公顷的湿地面积已经受到过度捕捞、采集和非法狩猎的影响，占整个重点调查湿地面积501206.77公顷的2.03%。其中，过度捕捞和采集占0.86%，非法狩猎占1.17%。

5 外来物种入侵

生物入侵也是威胁湿地生态健康的因素之一。重点湿地中威胁较大的入侵物种有喜旱莲子草、凤眼莲、裸柱菊和以食用或观赏用途引进的鱼类、虾类和贝类等。喜旱莲子草和凤眼莲在一些湿地中大面积分布，不同程度阻塞、封闭湿地水面空间，阻碍了排灌和泄洪，并导致湿地生态系统不同程度破坏。入侵鱼类、虾类和贝类对湿地原生生态系统及生物多样性构成潜在威胁。根据此次对重点调查湿地的调查，共有2848公顷的湿地面积已经受到外来物种入侵的影响，占整个重点调查湿地面积的0.57%。

6 过牧、森林过伐和沙化

森林过度采伐和草地的过牧造成土壤植被层破坏，导致水土流失，致使江河湖库泥沙严重淤积，河床或沼泽处不断抬高，形成大面积的土地沙化。沙化土地的出现，减少了湿地的面积和容积。同时，沙化土壤立地质量较差，不适于植物的生长，植被恢复困难，严重影响了湿地生态系统功能的发挥。在此次的重点调查湿地中，沙化影响面积为3910公顷，占整个重点调查湿地面积的0.78%。

第三节 湿地资源变化及其原因分析

1 全省两次湿地资源调查结果

1.1 第一次湿地资源调查结果

据全国第一次湿地调查(2000年)结果显示：江西省共有湿地面积99.88万公顷(人工湿地仅

统计库塘湿地)，占全省国土面积的5.98%。其中，天然湿地87.29万公顷，占湿地总面积的87.40%；人工湿地12.59万公顷，占12.60%。

在天然湿地中，河流湿地31.49万公顷，占湿地总面积的31.53%；湖泊湿地44.32万公顷，占湿地总面积的44.37%；沼泽湿地11.48万公顷，占湿地总面积的11.50%。

在人工湿地中，库塘湿地12.59公顷，占湿地总面积的12.60%。

1.2 第二次湿地资源调查结果

据第二次湿地调查(2011年)结果显示：江西省共有湿地面积91.01万公顷，占全省国土面积5.45%。其中，天然湿地71.07万公顷，占湿地总面积的78.09%；人工湿地19.94万公顷，占21.91%。

在天然湿地中，河流湿地31.08万公顷，占湿地总面积的34.14%；湖泊湿地37.41万公顷，占湿地总面积的41.11%；沼泽湿地2.58万公顷，占湿地总面积的2.84%。

在人工湿地中，库塘湿地16.42万公顷，占湿地总面积的18.04%；运河/输水河1.64万公顷，占湿地总面积的1.81%；水产养殖场1.88万公顷，占湿地总面积的2.06%。第一、二次湿地调查结果见表5-6。

表5-6 两次湿地资源调查结果比较

湿地类型		2000年		2011年		变化值	
		面积(公顷)	比例(%)	面积(公顷)	比例(%)	面积(公顷)	比例(%)
天然湿地	河流湿地	314883.00	31.53	310747.09	34.14	-4135.91	2.61
	湖泊湿地	443208.00	44.37	374090.92	41.11	-69117.08	-3.26
	沼泽湿地	114823.00	11.50	25827.10	2.84	-88995.90	-8.66
	小 计	872914.00	87.40	710665.11	78.09	-162248.89	-9.31
人工湿地	库塘	125883.00	12.60	164220.00	18.04	38337.00	5.44
	运河/输水河			16402.41	1.81	16402.41	1.81
	水产养殖场			18771.68	2.06	18771.68	2.06
	小 计	125883.00	12.60	199394.09	21.91	73511.09	9.31
合 计		998797.00	100.00	910059.20	100.00	-88737.80	

2 两次湿地调查结果比较

通过比较江西省第一、二次湿地调查结果发现：2000～2011年，全省湿地面积减少了8.87万公顷。具体是天然湿地减少16.22万公顷；人工湿地增加了7.35万公顷。在天然湿地中，沼泽湿地减少量最大，为8.90万公顷；其次是湖泊湿地，减少量为6.91万公顷；河流湿地减少量最小，为0.41万公顷。在人工湿地中，库塘湿地增加量最大，为3.83万公顷；其次是水产养殖场，增加量为1.88万公顷；运河/输水河增加量最小，为1.64万公顷(表5-6)。

3 动态变化原因分析

3.1 湿地面积总体变化原因分析

据比较分析，第二次调查较第一次湿地总面积减少了8.87万公顷，产生的原因主要包括4个方面：一是两次湿地手段不一致，第二次调查方法精度更高。第一次调查采用地形图区划，面积手工求算方法进行；第二次调查采用遥感影像区划与实地核实调查相结合，面积计算机求算方法进行。手工求算面积允许误差5%，即误差面积可达到4.99万公顷。二是两次湿地调查标准不完全一致，第二次调查范围更广。第一次湿地起调面积为100公顷，第二次湿地起调面积为8公顷。另外，第二次湿地调查增加了运河/输水河、水产养殖场。虽然第二次湿地调查范围更广，但由于全省8～100公顷面状湿地面积并不大，所以对两期湿地面积变化影响不大。三是自然因素影响。近年来的气候干旱引起河流、湖泊范围缩小，从而减少了部分湿地面积，主要是天然湿地面积，如沼泽湿地锐减较为明显。四是人为破坏或征占用湿地。包括森林过度采伐后泥沙淤积而产生的湿地面积减少，或者基建和城市建设、围湖围垦等原因所引起的湿地面积减少。

针对不同湿地类型的变化原因分析如下。

3.1.1 河流湿地

第二次调查较第一次河流湿地面积减少了0.41万公顷。产生的原因主要包括两个方面：一是第二次调查比第一次调查技术手段更先进，调查精度更高，数据更加真实准确，特别河流湿地的划分边界线比第一次更加明确，减少了一些洪泛平原；二是城镇化进程加快，相当部分流经县城的河道，修筑了建筑物或开展了其他建设，从而改变河道、缩小了河道范围，从而减少了湿地面积；三是由于气候影响，部分洪泛平原长期没有水流而长了大量的林木，在调查过程中没有纳入调查统计。

3.1.2 湖泊湿地

第二次调查较第一次河流湿地面积减少了6.91万公顷。产生的原因主要包括3个方面：一是两次调查鄱阳湖湿地面积确定范围不一致。第一次调查以吴淞口高程21.80米；第二次调查以最近多年的平均最高水位的平均值，约等于黄海高程18.77米(相当于吴淞口高程20.73米)。第二次调查确定的高程较第一次仅低了1.07米，但对鄱阳湖面积减少影响却很大。据调查，第一次调查鄱阳湖湿地面积为39.55万公顷，第二次调查面积缩减到35.19万公顷，共减少了4.36万公顷。二是部分湖泊湿地转变为水产养殖场。第二次调查发现，鄱阳湖周边部分村民发展水产养殖，有些地区在鄱阳湖内湖养殖珍珠、螃蟹、鱼等，根据本次调查有关要求，将这些养殖区域划分到了人工湿地中的水产养殖场。三是两次调查标准不完全一致，第一次调查湿地起调面积100公顷，第二次调查湿地起调面积8公顷。据统计，第二次调查小于100公顷的湖泊湿地有2.23万公顷。

3.1.3 沼泽湿地

第二次较第一次调查河流湿地面积减少了8.9万公顷。产生的原因主要包括两个方面：一是疑似第一次调查鄱阳湖区域内的沼泽湿地类型判断有误，第一次调查确定的水位较高，存在没有被水淹的高海拔面积被统计到了草本沼泽地中；第二次调查水位较低，由于海拔高度差导致减少部分面积。二是由于第二次调查起调面积为8公顷，很多特殊类型的沼泽湿地小于起调面积，第二次调查没有调查，而第一次进行了调查统计。如第一次调查除草本沼泽之外还有泥炭藓沼泽、温泉（地热）沼泽、森林沼泽等类型，而第二次调查仅有草本沼泽。

3.1.4 人工湿地

第二次较第一次调查人工湿地增加了 7.35 万公顷。其中，库塘湿地增加了 3.84 万公顷，运河/输水河增加了 1.64 万公顷、水产养殖场增加了 1.88 万公顷。变化原因主要包括两个方面：一是调查类型不一样，第二次调查较第一次增加了库塘、运河/输水河和水产养殖场湿地；二是湿地起调面积不一致，第一次调查库塘面积均为大于 100 公顷的人工湿地，第二次调查起调为 8 公顷，其中小于 100 公顷的库塘面积有 5.97 万公顷。

3.2 大于 100 公顷的湖泊湿地比较分析

由于两次湿地调查起调面积不一致，为更好地分析调查间隔期间江西省湿地变化原因，下面对全省大于 100 公顷的湖泊湿地进行分析比较。

第一次调查，湖泊湿地总面积为 44.16 万公顷；第二次调查，湖泊湿地总面积为 35.18 万公顷，第二次湿地调查较第一次湖泊湿地面积共减少 8.98 万公顷。由于鄱阳湖内湖两期统计方式不一样，为了增强比较分析的针对性，剔除鄱阳湖区域内的湖泊湿地。这样，第一次调查的湖泊湿地面积为 4.61 万公顷，第二次调查为 3.92 万公顷，面积只减少了 0.69 万公顷。

湖泊湿地面积减少的原因主要为：一是目前鄱阳湖区部分内湖的湖泊湿地被用来发展水产养殖，在调查统计过程中均作为水产养殖场；二是存在部分湖区居民筑坝，人为控制湖泊，开展水产养殖，这些湖泊也调查统计到了库塘湿地。

3.3 大于 100 公顷的库塘湿地比较分析

由于两次湿地调查起调面积不一致，为更好地分析调查间隔期内江西省湿地变化原因，下面对全省大于 100 公顷的库塘湿地进行分析比较。

第一次调查，库塘湿地总面积为 12.58 万公顷；第二次调查为 10.46 万公顷，面积减少了 2.12 万公顷。库塘湿地面积减少的原因主要为：一是部分库塘湿地转变为水田或种植莲藕，统计到了水田中；二是由于发展水产养殖，在调查时，部分库塘湿地作为人工湿地中的水产养殖场进行调查统计，也导致减少部分库塘湿地。

第六章 湿地保护与管理

第一节 湿地保护和管理现状

湿地作为全球三大生态系统之一，被称为"地球之肾"，具有涵养水源、净化水质、调蓄洪水、控制土壤侵蚀、补充地下水、调节气候、保护生物多样性以及维持碳循环等多种巨大的生态功能。湿地还是地球重要的"储碳库"和"吸碳器"。加强湿地保护，对于维护生态平衡、改善生态状况、缓解气候变化、实现经济社会可持续发展，具有十分重要的意义。

江西省位于长江中下游南岸，属中亚热带气候带，气候温和湿润，雨量充沛，是长江中下游地区湿地资源最为丰富的省份之一。全省湿地面积 91.01 万公顷，占全省国土面积的 5.45%，湿地类型多样，生物多样性极为丰富，不仅为全球提供了丰富多样且具地域特色的湿地生态系统，也为各种依赖湿地环境生存的野生生物种群，特别是为具有国际重要意义的野生动物提供了良好的栖息和繁衍场所。江西省的鄱阳湖是我国最大的淡水湖，也是我国唯一纳入世界生命湖泊网的湖泊，是亚洲最大的候鸟越冬地。每年有数十万水鸟在鄱阳湖栖息越冬，特别是白鹤最高数量达 4000 余只，东方白鹳最高数量达 2800 余只，分别占其全球总数量的 98% 和 85% 以上。翻阳湖是国际公认的"珍禽王国"和"候鸟乐园"，具有极为广泛的国际知名度和影响力。

丰富的湿地资源和良好的湿地状况，是江西省保持良好生态环境的重要条件。多年来，江西实行生态立省，在实践中不断探索湿地保护的途径和经验，取得了很好的成效。逐步建立了省、市、县三级湿地管理机构；出台了《江西省湿地保护条例》，成立了江西省湿地保护综合协调小组；完成了全省第二次湿地资源调查；拟定了《江西省第一批省重要湿地名录》和《江西省重要湿地确定指标》；制定了《江西省湿地公园管理办法》；即将出台《江西省占用征用重要湿地及城市规划区内湿地管理办法》和《江西省湿地保护工程规划(2014～2020 年)》；每年都部署开展打击破坏湿地资源专项行动，对破坏湿地资源的行为进行了有力打击和依法查处；同时，通过多年的大力宣传，湿地保护理念正在逐步深入人心。截至 2013 年年底，全省共建立湿地类型的自然保护区 20 个，省级以上湿地公园 65 个，受保护湿地面积 33.16 万公顷，全省 36.4% 的湿地纳入了保护范围，初步形成了覆盖全省的湿地保护体系。随着全省湿地自然保护区和湿地公园建设力度不断加大，全省受保护湿地面积将逐步增加。

1 湿地法制建设有序推进

湿地保护需立法先行，加强湿地保护管理的法制建设事关湿地保护工作的根本。江西省委省政府高度重视湿地保护工作，为切实保护好湿地资源，先后制定了多项地方法规、规章制度以及保护规划。

早在1996年，省政府即发布了《江西省鄱阳湖自然保护区候鸟保护规定》；2003年11月，省人大常委会通过了《江西省鄱阳湖湿地保护条例》，于翌年3月20日正式施行；2006年1月，省政府召开了“全省湿地保护和自然保护区建设工作会议”，并下发了《关于加强湿地保护管理的通知》，要求各地、各有关部门要坚决制止随意侵占和破坏湿地的行为，严格控制开发占用自然湿地，严格保护列入国际重要湿地、国家重要湿地名录和位于自然保护区内的湿地；2009年12月，《鄱阳湖生态经济区建设规划》获国务院批准，上升为国家战略，为切实保护鄱阳湖“一湖清水”，积极探索经济与生态协调发展的新模式提供了重要依据；2012年3月29日，省人大常委会通过了《江西省湿地保护条例》，并于当年5月1日起正式施行。

《江西省湿地保护条例》进一步理顺了江西省的湿地保护管理体制，赋予了林业主管部门更多的湿地审批和执法权，明确规定了由林业主管部门负责湿地保护的组织、协调、指导和监督管理工作；并对湿地的定义，湿地保护经费纳入财政预算，重要湿地的保护，鄱阳湖湿地的保护，占用、征收或者征用重要湿地和城区湿地的审批程序以及湿地生态补偿等予以了明确规定。该条例的出台，对提升江西湿地的法律地位，强化湿地的保护和管理，起到了十分重要的作用。

《江西省湿地保护条例》出台后，为使各项规定落到实处，更具有可操作性，江西省政府和湿地主管部门积极开展了与该条例密切相关的一系列配套制度建设。一是2014年1月，成立了江西省湿地保护综合协调领导小组。组长由省林业厅分管领导担任，副组长由省发改委和省财政厅有关处室负责人担任。综合协调小组成员单位为：发展改革、财政、农业、林业、水利、国土资源、住房和城乡建设、环境保护、交通运输、卫生、旅游等部门。综合协调小组办公室设在省林业厅湿地保护管理办公室。二是2014年6月，根据条例的相关规定，经省政府批准，“江西省省级湿地公园审批”和“江西省重要湿地及城市规划区内湿地征占用审核审批”新增为省林业厅的行政许可审批项目。三是拟定了《江西省第一批省重要湿地名录》和《江西省重要湿地确定指标》。2014年5月，省林业厅将《江西省重要湿地确定指标》和《江西省第一批省重要湿地名录》上报省政府。6月，省政府同意《江西省第一批省重要湿地名录》(共44处省重要湿地)由省林业厅冠以“经省政府同意”字样公布，省重要湿地确定指标则由省林业厅按相关规定确定。7月2日，省林业厅正式公布了江西省重要湿地确定指标；江西省第一批省重要湿地名录将在进一步精确44处省重要湿地范围后正式公布。四是2014年6月，省林业厅编制完成了《江西省湿地保护工程规划(2014~2020年)》(征求意见稿)，下一步，将在广泛征求各有关部门意见和专家论证的基础上，报省政府批准实施。五是2014年6月，省林业厅依据2009年后，国家、省政府新颁布的湿地有关法律、法规和文件，对2008年出台的《江西省湿地公园管理办法》进行了修订。六是2014年7月，省林业厅起草了《江西省占用征用重要湿地及城市规划区内湿地管理办法(征求意见稿)》，已征求省直有关部门意见，即将公布。

2 湿地保护管理机构逐步健全

2006年10月，江西省在全国率先成立了独立的省级湿地保护管理机构——江西省林业厅湿地保护管理办公室，与江西湿地宣传教育中心合署办公。两块牌子，一套人马，为省林业厅下属正处级参公事业单位，共有全额拨款事业编制12名。湿地保护管理办公室承担全省湿地保护管理的组织、协调、指导、监督管理以及规划、宣教和培训等工作，行使相关的行政管理和执法职能。此外，还相继成立了"江西省湿地监测中心"及"江西省湿地生态资源研究室"。

在省委省政府和林业部门大力推动下，各设区市、县(市、区)也相继成立了湿地保护管理机构。九江、景德镇、上饶市等成立了市一级湿地保护管理办公室；县一级有永修、南丰、南城、赣县、兴国、星子、上饶、沿山、德兴、广丰、婺源等县成立了县级湿地办；其他市、县均设立了以湿地和野生动植物保护管理为主要职能的野生动植物保护管理站。此外，大部分湿地自然保护区和省级、国家湿地公园以及各实施国家湿地保护项目的地方政府均组建了湿地保护的专职管理机构，配备了专职管护人员，落实了办公场所、人员编制和配套资金，把湿地保护管理工作推进到常态化的轨道。还有，如九江市星子县把原沙湖山乡撤销，成立了沙湖山湿地保护管理处等一些不同形式的湿地管理机构。这些机构的设立，为全省湿地保护和管理提供了有力的组织保障和科技支撑。

由于湿地保护管理涉及多个部门，为了统一协调湿地管理，依据《江西省湿地保护条例》规定，2014年1月，江西省成立了"江西省湿地保护综合协调领导小组"，负责研究和协调全省湿地保护工作中的重大问题。县级以上人民政府林业主管部门负责本行政区域内湿地保护的组织、协调、指导和监督管理工作。发展改革、财政、水利、农(渔)业、国土资源、住房和城乡建设、环境保护、交通运输、卫生、旅游等部门，在各自职责范围内做好湿地保护工作。

3 湿地保护体系初步形成

3.1 建立了一批湿地类型自然保护区

截至2013年年底，江西省共建立湿地类型自然保护区20处，总面积22.92万公顷，共保护湿地面积22.25万公顷。其中，国家级2处，分别为江西鄱阳湖国家级自然保护区(该保护区还是江西唯一的国际重要湿地)、鄱阳湖南矶湿地国家级自然保护区；省级3处，分别为都昌候鸟自然保护区、婺源鸳鸯湖自然保护区、进贤青岚湖自然保护区；县级15处。这些湿地类型自然保护区所处生态区位极为重要，湿地资源和生物多样性尤为丰富，为保护江西省湿地资源和鄱阳湖候鸟发挥了极其重要的作用。

3.2 创建了一批以保护为主要目的的湿地公园

湿地公园是国家湿地保护体系的重要组成部分，是对自然湿地进行抢救性保护十分有效的途径之一。江西省对湿地公园创建工作极为重视。2008年8月，江西省在全国率先出台了《江西省湿地公园管理办法》，对湿地公园的建设和管理进行了规范；2010年，省林业厅下发了《关于开展创建省级湿地公园活动的意见》(赣林护字〔2010〕24号)，对建设省级湿地公园的条件、申报程序和建设内容提出了明确的要求，并分别给予每个国家湿地公园和省级湿地公园90万元和50万元的奖励。此后，分别把湿地公园创建纳入“森林城乡，绿色通道”建设和森林城市创建的重要内容。

截至2013年年底，江西省共创建省级以上湿地公园65个。其中，国家湿地公园18个(其中鄱阳的东鄱阳湖国家湿地公园和新余的孔目江国家湿地公园分别于2012和2013年正式通过国家林业局验收，并授牌)，省级湿地公园47个，总面积13.9万公顷，保护湿地面积10.91万公顷。这些湿地公园的建设，大大改善了江河湖沿岸及城郊湿地的生态环境，对维护生态平衡，促进湿地资源可持续利用，营造优美、舒适的人居环境，发挥了重要作用。

4　湿地保护工程大力实施

4.1　退田还湖，移民建镇

21世纪以来，江西省先后在南昌、九江、上饶3个设区市的20多个县(市、区)实施了退田还湖和移民建镇工程，平退了长江沿岸、鄱阳湖区和“五河”的427座围堤，90.82万人迁出湖区，还江还湖面积达1524平方公里。工程的实施使鄱阳湖面积基本恢复到1954年的水平，蓄洪能力由原来的298亿立方米增加到359亿立方米，为湿地保护和恢复奠定了良好的基础。

4.2　积极开展自然湿地保护修复工程

2006~2013年，江西省共向财政部、国家发展和改革委员会和国家林业局申报并获批湿地保护项目23个。其中，湿地保护与恢复项目7个，中央财政湿地补助项目16个。项目实施单位先后在永修吴城、都昌保护区、鄱阳白沙州、新建南矶山、芦溪锅底潭、余干康山、南丰傩湖、丰城药湖、安远东江源、赣县大湖江、兴国潋江、万年珠溪、会昌湘江等地开展了一批湿地保护修复工程，总投资约1.14亿元。为了保护鄱阳湖区丰富的生物多样性，特别是珍稀候鸟资源，江西省先后实施了江西湿地宣传教育中心建设工程、GEF白鹤保护项目、鄱阳湖国家级自然保护区一期、二期建设工程、GEF鄱阳湖国家级自然保护区示范项目等。

近年来，江西省为了加快生态旅游产业的发展，丰富城市居民娱乐休闲场所，在“森林城乡，绿色通道”工程带动下，全省各地积极申报和建设省级、国家级湿地公园；在保护湿地资源，恢复鸟类栖息地的基础上，合理开发湿地资源，积极发展湿地生态旅游产业。各地湿地公园建设资金达数十亿元，极大地推动了湿地保护事业的发展。

这些湿地保护、恢复项目的实施，极大地推动了地方政府对湿地保护工作的重视。各地纷纷组建湿地保护专职管理机构，安排了编制和人员，投入了配套资金，把湿地保护工作推进到常态化、法制化管理的轨道。项目单位通过对生态脆弱区域湿地开展生态修复，加快了湿地的生态恢复进程，为大量珍稀濒危的湿地生物种群提供了良好的栖息和繁衍场所。同时，通过建设保护站、检查站、监测站、瞭望监控塔等，配备了巡护、监测设施设备，聘用了管护人员，大大提升了对重要湿地的管理水平以及野外巡护和监测能力，对及时发现和处理违法破坏湿地、乱捕滥猎等现象起到了良好效果。另外，在项目实施过程中，项目单位加强了湿地宣传教育活动，周边干部群众及有关企业人员的爱鸟护鸟、保护湿地的意识也有了明显增强。

5 湿地生态补偿调研深入开展

湿地生态补偿，对提高湿地区域群众保护湿地的积极性极为重要。2012 年 2 月，省长鹿心社在省政府工作报告中明确提出要积极探索市场化生态补偿模式，启动湿地生态补偿试点。2012 年 2 月 10 日，凌成兴常务副省长在鄱阳湖综合整治现场督查会上提出“由省财政厅会同省林业厅等有关部门，参照生态公益林补偿办法研究鄱阳湖湿地补偿政策，力争明年出台”，会后印发了会议纪要(赣府厅字〔2012〕23 号)。2012 年 3 月，出台的《江西省湿地保护条例》明确规定要逐步建立健全湿地生态补偿机制。2012 年 8 月，省财政厅与林业厅组成联合调研组，在环鄱阳湖的 3 个设区市、4 个县进行调研，深入湖区进行实地走访。2013 年 3 月，省林业厅邀请九江市和鄱阳湖湿地重点县的湿地主管部门、国家级自然保护区、有关县、乡、村干部和村民代表在永修县召开了湿地生态补偿调研座谈会。在 2013 年十二届全国人民代表大会一次会议上，全国人大代表、省林业厅阎钢军厅长提交了“关于建立湿地生态补偿的建议”，全国人大环资委调研组为此专程来赣进行调研。2014 年的全国人民代表大会上，省林业厅阎钢军厅长再次提交了建立湿地生态补偿的建议。2014 年，江西省鄱阳湖国家级自然保护区列入国家首批湿地生态补偿试点，获中央财政补助资金 3000 万元。

试点工作开展中，通过多次调研和座谈，基本了解了湖区群众对湿地生态补偿的看法和意愿，收集到大量第一手资料。但由于湖区湿地问题相对复杂，特别是确权困难，目前有关部门还在就湿地的补偿标准、补偿对象及补偿方式等进行更深入的研究。

6 打击破坏湿地资源专项行动有声有色

近年来，为切实加强湿地资源和候鸟保护，江西省每年均在全省范围内开展打击破坏湿地资源专项行动，成立领导小组，并制订实施方案。2013 年 11 月，省林业厅与省住房与城乡建设厅联合印发了《关于开展〈江西省湿地保护条例〉贯彻落实情况检查的通知》，组成 3 个联合督查组 6 个小组，赴全省 11 个设区市 26 个县(市)，对贯彻落实《江西省湿地保护条例》，开展湿地保护及打击破坏湿地资源和越冬候鸟保护，向湿地排污及其治理情况进行了认真督查。从督查情况看，近几年，特别是《江西省湿地保护条例》出台后，各市、县(市、区)集中人力、物力，开展了打击破坏湿地资源专项整治工作，对破坏湿地资源的行为进行了依法查处，起到了较好的效果。部分重要湿地的生态环境有了一定改善，生物多样性也有所恢复。

2014 年 5 月至 9 月，省人大在《江西省湿地保护条例》实施两周年之际，对条例的实施情况进行检查，检查内容主要包括条例各项规定落实情况、采取的措施、取得的成效和主要问题等。省人大常委会副主任魏小琴、谢亦森、马志武分别率 3 个省人大执法检查组赴南昌、九江、赣州、抚州、上饶、鹰潭市等 6 个设区市的 20 多个县(市、区)进行了重点检查。

7 鄱阳湖越冬候鸟保护多措并举

近几年来，由于加大了鄱阳湖越冬候鸟和湿地保护的宣传、巡护、监管和打击力度。特别是在沿湖各湿地自然保护区、林业、森林公安、工商、渔政等部门密切配合下，鄱阳湖区基本实现了“三无一杜绝”的保护目标，几乎没有负面报道，确保了候鸟越冬安全。鄱阳湖区越冬候鸟和湿地保护工作多次得到省委、省政府和国家林业局有关领导的高度肯定。一是省政府于2012年成立鄱阳湖综合整治工作领导小组，省政府分管领导担任组长，明确非法捕捞整治由省农业厅牵头，非法猎杀候鸟整治由林业厅牵头，非法采砂整治由水利厅牵头，违法违规填湖整治由国土厅牵头，非法排污整治由环保厅牵头，发改(鄱湖办)、财政、交通、公安、工商、广电等部门积极参与。省直有关部门成立督查组，定期深入湖区进行明察暗访和督导，及时发现和解决问题。二是于2010年成立了鄱阳湖区越冬候鸟和湿地联合保护委员会。由省林业厅分管厅长任主任，以沿湖的南昌市、九江市、上饶市森林公安局，和沿湖12县政府及省野生动物保护局、鄱阳湖国家级自然保护区管理局负责人为成员，统一指挥调度沿湖各地越冬候鸟和湿地的保护工作。每年越冬候鸟来临前夕，省政府组织召开全省鄱阳湖区越冬候鸟和湿地保护工作会议，全面部署候鸟和湿地保护工作，省政府办公厅或鄱阳湖综合整治领导小组还下发《鄱阳湖区越冬候鸟和湿地联合保护专项行动方案》；省财政拿出100万元经费对保护候鸟的先进单位和个人进行奖励。三是沿湖各设区市15个县(市、区)政府积极担负起越冬候鸟和湿地保护工作的职责，按照省政府、林业厅的统一部署，指挥调度本辖区候鸟和湿地保护行政管理和执法力量，加强湖区巡护排查密度，特别是对重点区域和重点地段加大巡护排查的频度和密度，每天至少巡查1次，3天把辖区巡查一遍，使“天网”“毒饵”等安全隐患得以及时发现并清除。四是候鸟越冬期间，沿湖各地县、乡、村层层签订并兑现保护责任状，将候鸟和湿地保护工作纳入年度考核范围，实行“一票否决”。

8 五大生态工程建设积极推进

围绕保护鄱阳湖“一湖清水”，省委、省政府先后实施了城市污水处理、农村垃圾无害化处理、工业污染源治理、“五河”源头保护、鄱阳湖综合整治等五大生态工程。有效推进了鄱阳湖生态经济区建设，探索了一条有江西特色的绿色崛起新路子，为生态文明示范省建设打下了坚实的基础。

9 湿地宣传教育深入人心

省林业厅一是以鄱阳湖湿地和水鸟保护为重点，制定了《鄱阳湖区公众环境教育计划》，在鄱阳湖区开展了参与性公众宣传教育。二是每年抓住“世界湿地日”“爱鸟周”和“保护野生动物宣传月”等时机，在全省范围内通过举行“万人签名活动”“环保书画比赛”“湿地保护论坛”“观鸟大赛”“鸟类摄影展”“湿地摄影展”“向市民发放湿地宣传卡片”等多种形式开展了一系列广泛、深入的湿地宣传教育活动。三是以江西湿地宣传教育中心为平台，组织全省各市、县林业局的管理技术人员进行培训，使其更为全面深入地了解湿地知识，科学做出湿地保护管理决策。四是通过加强与高校环保组织的交流，与南昌大学、江西师范大学、江西农业大学、江西财经大学等大学生环保社团建立合作关系，经常性地组织在校大学生进行实地参观学习，让在校大学生了解湿地知识和江西省湿地保护状况，充分发挥高校环保社团在湿地保护宣传等方面的作用。五是于2008年5月正式开通了“湿地江西网”，通过拓宽湿地保护管理宣教渠道，为全社会了解湿地、保护湿地搭建了一个良好平台。六是在《江西省湿地保护条例》宣传教育方面，积极作为，形式多样。利用报纸、广播、电视、互联网等媒介广泛宣传《江西省湿地保护条例》的意义和主要内容，印发条例单行本4000份，下发贯彻落实通知，举办业务培训班，为实施营造了良好氛围。通过不断加强湿地保护宣传教育，极大地提高了公众对湿地的关注和参与意识。

10 国际交流与合作不断加强

近年来，江西省加强了与有关国际组织、世界各国和地区在湿地保护管理方面的交流与合作，先后接待了30多个国家和地区的400多人到江西省考察与交流。同时，江西省也多次组织各设区市湿地管理部门以及各个国家级湿地自然保护区、国家湿地公园的管理技术人员到国外考察和学习。另外，从2007年起，江西省先后有鄱阳湖国家级自然保护区、南矶湿地国家级自然保护区、都昌候鸟省级自然保护区、孔目江国家湿地公园、东鄱阳湖国家湿地公园、修河国家湿地公园、傩湖国家湿地公园、药湖国家湿地公园、东江源国家湿地公园等14处湿地加入了WWF长江湿地保护网络，共同关注湿地保护问题，加强湿地保护与管理技术交流。通过多种形式的交流与合作，湿地管理人员开阔了视野、学习了经验、增长了见识，湿地保护管理更加科学规范，对外影响力进一步扩大。

第二节
湿地存在的主要问题

近年来，江西省在湿地保护上做了大量工作，取得了一定的成绩，但由于起步较晚，与其他生态保护事业相比还存在一定差距。湿地面积减少和生态功能下降的趋势还没有得到有效遏制。进一步加强对湿地资源的保护和管理，加大执法力度刻不容缓。

1 湿地保护意识不足，重经济轻保护的现象比较常见

湿地保护还没有摆上经济社会发展的应有战略高度，尚未像林地保护、水资源节约、大气和水污染防治那样得到各级政府和广大干部的重视。有的地方和领导干部湿地保护意识、法制观念淡薄，只顾向湿地索取，漠视湿地极端重要的生态和社会价值，甚至存有错误认识，认为湿地是荒地荒滩，可以任意使用、占用，随意改变其天然属性及用途。一些地方为追求短期、局部经济利益，盲目围湖垦殖、围堤养殖种植，填埋湿地建城镇和搞工业开发，以湿地为代价招商引资，致使城市规划区内湿地不断被侵蚀，野生动植物栖息地日渐被破坏，出现了违反湿地保护条例、破坏湿地的“怪象”。如：共青城市、瑞昌市、九江县分别于2010、2012、2013年将南湖湿地自然保护区、赤湖候鸟自然保护区、赛城湖冬候鸟自然保护区撤销搞开发；2001年，九江县赛城湖面积为4400公顷，至2011年只剩不到2600公顷；南昌市在赣江、艾溪湖、象湖、瑶湖等地建设了一批湿地公园，由于担心申报国家或省级湿地公园后会限制开发，所以迟迟不申报。同时，人们对湿地价值普遍认识不足，对湿地和受保护野生动植物不甚了解，从而随意开垦湿地、超量养殖、乱捕滥猎，导致湿地生态环境及野生生物遭受严重侵害。因此，宣传普及湿地知识，提高全民的湿地保护意识，仍然是今后湿地保护管理工作的重要任务之一。

2 经济总量低，湿地保护压力大

江西省属中部地区经济欠发达的省份。2012年，全省规模以上工业企业实现主营业务收入不到2万亿元。经济总量的弱势，导致财政对湿地保护和补偿投入上的严重不足；一些地方政府和部门为提高GDP来换取政绩，在政策上对一些污染企业的准入、企业污染排放标准和环境监察执法上开了“绿灯”。虽然近年来出台了《江西省湿地保护条例》以及水源地保护方面的一系列法规措施，但条例施行只有两年，部分规定还没有全部得到落实或落实的力度还不够，湿地保护的道路仍然任重而道远。一是非法占用、破坏湿地资源的现象时有发生。随着经济快速发展，传统的土地利用格局正在发生变化，城镇化建设、铁路、高速公路兴建等等占用大量的耕地和林地，对湿地产生了严重影响，大面积的湿地被开垦成耕地或建设用地。一部分地方政府没有意识到保护湿地的重要性，仅把湿地当做未利用地，非法占用湿地、破坏湿地；不少沿湖、沿岸地区盲目开发利用、乱占滥用湿地的事件频频发生。填埋小水库、堰塘，非法采砂、肆意排放工业废水和生活污水的现象严重；部分重要湖泊和沿岸地区，“竭泽而渔”的情况突出。10年来，江西省湿地面积减少了8.87万公顷，减少率为8.9%，形势非常严峻。同时，湿地的生态环境还在不断退化，水质下降，富营养化现象正在加剧，湿地的生物多样性在不断减少。二是部分污水处理厂处理率低，偷排现象屡禁不止。虽然全省有不少新建的污水处理厂先后投入运营，但由于管网配套不到位、建设施工质量较差、老城区管网改造难度大等因素，雨污未分流，管网标准低，既不防漏，也不防渗，晴天污水漏出，雨天河水(或地下水)渗入，造成污水收集率低。不少地方由于管网建设标准较低、管材选择不当、统筹考虑不够，造成排水管道淤塞、沉降、破损现象突出。部分地区污水甚至多次提升才能进入污水处理厂。部分地区的一些重点污染企业采取偷排、夜排手段避开环保部门的监测和检查，甚至不经环保部门审批和环评，私自增设生产线，对当地的大气、水、土、农作物等造成不同程度的污染。三是农业面源污染加重，重点污染向城市蔓延。近年来，随着畜牧业、农业和乡村旅游业的发展，江西省同时面临着畜牧业粪污治理、农药化肥和旅游服务业产生的生活污水等面源污染的严重挑战。畜禽养殖场大多依托水库山塘建设，养殖场粪便废水直接排入水体，水库、山塘中肥水养鱼，造成水库、山塘水质污染严重，给周边环境带来沉重的压力，造成了生态环境恶化事件。许多濒湖而建的养殖场，粪污直接排入水体，导致水体严重污染，出现富营养化现象。一些养猪场粪污或沼气池废液直接向周边农田和丘陵坡地果园排放，导致农田、土壤污染，作物生长受到严重影响。而这种规模化养殖的地区正在往城市周边蔓延，对城市的饮用水安全形成了严重的威胁。

3 湿地保护涉及部门多，协调机制不健全

湿地保护工作由林业部门牵头，涉及发展改革、财政、水利、农(渔)业、国土资源、住房和城乡建设、环境保护、交通运输、卫生、旅游等部门。各个部门分别管理湿地生态系统内部的一个资源主体，并均有相应的法规作为行政管理的依据。由于各部门目标不同，侧重不同，往往各行其是，管理难以形成合力，湿地“九龙治水”效率不高。

虽然江西省已于2014年1月成立了江西省湿地保护综合协调小组，但由于该协调机构仅由省林业主管部门任组长，有的成员单位未予重视，难以协调解决有关重大问题。目前各设区市、县

（市、区）均未建立相应的综合协调机制。部门之间交叉的湿地管理职责没有理清，在执行《江西省湿地保护条例》时存在推诿扯皮的现象，在湿地资源开发利用管理上，缺乏统一规划和严格的审批程序，甚至从事一些危害湿地生态环境的不合理开发和建设。

4 湿地生态补偿机制未出台，保护难度越来越大

湿地是全球三大生态系统之一，具有巨大的社会生态服务功能。加强湿地保护，是应对气候变化的重要途径，是生态文明建设的重要组成部分。目前，江西省重点公益林已建立了森林生态效益补偿机制，并得到了中央财政和地方财政的资金支持。2013 年，仅省财政安排的生态公益林补偿资金就达 6.12 亿元，各地形成了良好的生态保护氛围，生态公益林保护已成为林权单位和林农的自觉行为，林农补偿性收入稳步提高，生态保护的积极性有了明显提高。

而由于湿地生态效益补偿机制还未建立，湿地区域群众生活相对贫困，为保护湿地资源遭受的损失得不到应有的补偿，严重挫伤了其保护湿地的积极性，也由此造成湿地保护与利用矛盾较为突出，湿地保护部门与当地政府和群众关系难以协调，保护压力越来越大，各种破坏湿地的现象时有发生。以鄱阳湖国家级自然保护区核心区内的吴城镇为例，全镇三分之二面积是湿地。有宜牧草洲 20 万亩，千百年来，当地群众靠湖吃湖，生产和生活与鄱阳湖息息相关，过着半农、半渔、半牧、半商的生活。20 世纪 80 年代成立自然保护区后，特别是近几年，由于退田还湖、禁渔、禁牧、禁采等政策措施的实施，吴城的生态保护得到了逐步加强，但对群众传统的生产生活方式的限制也越来越多，有草不能牧、有鱼不能捕、有砂不能采、有鸟不能发展工业。由此产生的经济损失每年超过 3000 万元。为了谋生，周边群众酷渔滥捕、围垦湿地、烧荒等破坏性利用资源的活动时有发生，给保护区的湿地生态安全构成了严重威胁。

5 湿地保护经费严重缺乏，大部分重要湿地还没有得到有效保护和恢复

目前，江西省一级还未把湿地保护经费纳入财政预算。2011～2013 年，省林业厅从不多的部门经费中挤出 570 万元用于扶持湿地公园建设，但对于实际需要，不过是杯水车薪。设区市一级纳入财政预算的只有九江、景德镇、鹰潭等少数几个市，经费也十分有限，几万元至十万不等。县一级更为困难。由于经费没有固定来源和保障，全省湿地保护资金投入极严重不足，严重制约了湿地保护工作的开展。全省还有超过 60% 的湿地还未得到任何形式的保护，导致部分沿湖沿岸地区盲目开发利用、乱占滥用湿地的现象频频发生，致使湿地面积不断减少。即便是已经纳入了保护体系的湿地，财政也仅仅是解决管理人员的吃饭问题，许多急需实施的湿地保护项目和行动难以实施，部分地方甚至连办公场所和巡护人员都难以落实。已建立的湿地自然保护区、湿地公园、湿地保护小区难以发挥应有的保护功能，不能适应当前形势下湿地保护管理工作的需要。

6 管理机构建设滞后，制约湿地保护工作

目前，大部分设区市、县还没有设立湿地保护管理专职机构，湿地保护工作大多由野保站或者林政股兼管，普遍存在着管理人员不足，管理水平不高，业务、技术人员缺乏等问题，湿地保护管理工作很难正常开展。此外，一些已设立的保护区和湿地公园没有按要求及时组建专职管理机构，管护和监测工作还不到位。

7 湿地科研监测体制不完善，管理技术落后

目前，江西省湿地的科研监测体系建设十分薄弱，对湿地的结构、功能、价值、演替规律等方面缺乏系统、深入的研究，湿地保护、管理以及修复的技术手段相对落后，对湿地的开发利用也缺乏评价机制。湿地监测体系建设极不完善，监测工作时断时续。现有各个部门的监测机构缺乏统一的协调监测机制，监测目标不一致，监测标准不统一，实施监测的方法、时间、设备上均存在一定差异。在信息利用方面，部门、单位之间尚缺乏信息共享机制，已有的湿地基础信息（包括数据、参数等）标准不统一，难以实现成果共享，导致对湿地生态、生物多样性等方面的动态监测工作明显滞后，各级政府在制定湿地保护管理决策时缺乏科学依据。

8 城区湿地面积锐减，生态功能破坏严重

多年来，随着经济建设的发展和城市人口增加，城市建设用地紧缺，不少河流、湖泊、库塘湿地被填埋；工业废水和生活污水未经处理直接排入湿地；同时，由于过去理念上的差距，不少城市为追求所谓的景观效果，对河流、湖泊湿地岸线大量采用硬质护岸，隔断了湖泊、河流水体与周边植被、土壤、水气的交互联系，破坏了湖滨湿地植被赖以生存的环境和水体的自净功能；种种因素导致城区湿地面积锐减，湿地生态系统功能不断下降，生物多样性急剧丧失，富营养化现象严重，自然水系遭到破坏，内涝现象不断发生等诸多问题。

第三节 湿地保护管理建议

保护好湿地，功在当代、利在千秋，各级政府责无旁贷，每一位公民义不容辞。湿地保护既是政府的战略工程和重点工作，也是全民的公益事业，亟待摆上江西绿色崛起和国家生态文明先行示范区建设的战略高度。应严格遵循“科学规划、保护优先、突出重点、合理利用和可持续发展”的原则，加强保护和管理，维护湿地生态功能和生物多样性，促进湿地资源可持续利用，实现人与自然和谐共处。

1 加强宣传，提高公众的湿地保护意识和法制观念

应从弘扬湿地文化和加强生态文明建设的高度，建立健全湿地保护和《江西省湿地保护条例》宣传教育长效机制，充分利用电视、广播、报纸等新闻媒体和“世界湿地日”“世界水日”“爱鸟周”和“保护野生动物宣传月”等，大力宣传湿地的重要功能以及保护湿地的重要意义，增强湿地保护意识和法制观念；发动全社会力量自觉主动保护湿地，使湿地和生物多样性保护的极端重要性家喻户晓，在全社会营造人人珍爱大自然、保护湿地家园的良好氛围。

湿地保护教育要从青少年抓起，纳入各级学校德育和科学教育课程，使学校教育与家教互动。要落实湿地宣传进社区、进农村、进企业、进市场。要提高各级领导和广大人民群众对湿地重要性的认识，让湿地保护理念深入人心，成为政府相关部门在经济建设和各项决策中的共识，

成为广大人民群众的自觉行动和共鸣。

2 完善湿地保护管理机制，不断推进湿地保护工作

一是要健全湿地保护综合协调机构。根据实际，建议由省政府分管领导担任省湿地保护综合协调小组组长，理顺、明晰和细化多部门管理职责，有效协调解决湿地保护重大事项，形成一盘棋的整体合力。设区市、县(市、区)参照抓紧建立健全本地区湿地保护综合协调小组。二是要加强湿地保护管理机构建设。未设立专门湿地保护管理机构的，要争取早日设立。一时难以设立的可以在不增加机构和编制的情况下，对内部机构、编制、人员进行调整，也可以考虑在野生动物保护站的基础上，增挂湿地办的牌子，同时给予相应事权、财权，充实健全人员队伍，确保有机构、有职责、有专人从事湿地保护管理工作。三是已建立的湿地公园，要尽快明确湿地公园统一协调管理部门的职责，建立公园专职管理机构，落实人员，切实加强对湿地公园的监测和管护。湿地保护机构要延伸到乡镇一级，落实人员和责任。

3 抢抓重要湿地的保护和建设，提高湿地保护率

目前，江西省湿地保护率只有36.4%，远低于全国43.5%的水平，还有超过1/3的县(市、区)没有建湿地保护区或湿地公园，很多天然湿地面临随时被侵吞破坏的危险。根据国家林业局规划，2020年全国湿地保护率将达到60%。因此，江西省的重要湿地保护工作还有一定差距，保护空间相当广阔。要切实加大湿地保护区和湿地公园的建设力度，将湿地保护率纳入政府考核体系；要依据省第一批重要湿地名录作好保护计划，并抓紧第二批名录的起草工作。

要加强对已批建试点湿地公园的管理，总结经验，完善制度，打造精品，形成示范效应。严格按照有关标准抓好国家、省级湿地公园的试点建设，加强规范管理，保质达标验收。争取财政更大支持，拓展湿地公园建设。与此同时，要下大力气抓紧抓好湿地自然保护区建设。还有相当一部分县级甚至省级自然保护区批而不建、建而不管、管而无力，有关政府及部门要加大支持和监管力度，促使保护区建设到位。要抓好自然保护区有关规划的实施，提上议事日程，抓紧完善一批、升格一批、抢救性新建一批，争取保护区总数、类型、面积、效果都有明显提升，为江西省湿地生态系统保护奠定最为扎实的基础。

4 落实经费，加强湿地保护执法能力建设

以鄱阳湖为代表的江西湿地具有巨大的生态服务功能，在全球湿地生态系统中具有独特地位和无法替代的重要作用，备受全世界各方面有关人士的关注。湿地生态系统一旦遭受破坏，其损失将无法估量和弥补，也必将造成不良的国际影响。

建议省政府每年安排不少于2000万元资金，专项用于江西湿地的保护管理、科研、监测、培训和宣教等方面的工作。建设覆盖全省重要湿地的监测网络体系以及江西省湿地研究中心，依靠科技力量及时掌握湿地的动态变化情况，监测、发现破坏湿地资源的违法行为，为保护江西省湿地生态系统提供科学依据和决策依据。同时进一步督促市、县各级财政严格按照《江西省湿地保护条例》要求，将湿地保护经费纳入财政预算，安排经费，确保湿地保护管理工作的正常开展。

5 加强生态保护和修复，真正让湿地休养生息

建议对江西省全省主要河流湖泊，特别是那些面临污染的河流和湖泊，实行由党政领导担任“河长”或“湖长”的责任制，并明确责任目标和考核办法，全方位落实保护湿地的责任。一是严格加强项目建设、水土保持、工业、生活、农业面源污染防治和河湖采砂管理。鉴于农业面源污染和农村生活废水、垃圾污染的严重性，建议下大力气推广测土配方施肥、严禁高毒高残留农药，推行科学、清洁养殖，加强对农村生活垃圾收集、运输和集中处理的资金投入。二是科学规划产业布局，大力推广以“清洁田园、清洁家园和清洁水源”为主要内容的乡村清洁工程，引导农民树立生态环保意识，自觉减少农药化肥的使用。三是全面推行水库退出承包养殖，水库一律不准承包养殖，应实行人放天养。四是大力实施重要湿地生态功能保护和恢复工程，并积极立项，争取中央财政资金支持。五是城市规划区内湿地，提倡自然和近自然护岸；退化湿地要采取积极措施，恢复其生态功能；具备条件的地方，在不影响防洪需要的前提下，应逐步对现有硬质护岸进行生态改造，开展滨岸湿生植物带恢复和重建，充分发挥湿地的水体净化功能。

6 抓好鄱阳湖湿地保护，着力打造世界候鸟家园

鄱阳湖是亚洲最大的候鸟越冬地。保护鄱阳湖候鸟与保护鄱阳湖湿地有着同等重要的意义。一是加强候鸟栖息地保护。对生物多样性比较丰富的鄱阳湖区要进行抢救性保护，抓紧建立一批自然保护区和湿地公园，为候鸟留下更多的栖息地。二是定期对破坏湿地和捕猎候鸟的行为开展专项打击行动。对破坏鄱阳湖湿地生态安全的违规采砂、湖区造林、私自围堤、乱捕滥猎等违法违规行为，要依法予以坚决制止和严肃查处。三是积极开展鄱阳湖候鸟和生物多样性科考活动。加强与国际组织合作，经常组织国内外专家开展联合科考，建立候鸟观测站，健全鄱阳湖候鸟和生物多样性定期调查和动态监测体系。四是推进鄱阳湖生态旅游。如：在吴城、南矶山、鄱阳等地建设观鸟通道或观鸟隧道，每年在南昌、九江、上饶轮流举办“鄱阳湖国际观鸟节”；打通环鄱阳湖绿色通道，每年举办“环鄱阳湖国际自行车赛”等；还可举办“国际龙虾节”“国际龙舟赛”等国际节活动，不断提升鄱阳湖生态旅游和江西在海内外的知名度。

7 探索推进湿地生态补偿工作

结合江西省实际，一是在全省特别是鄱阳湖湿地尽快出台省湿地生态补偿政策，对因湿地保护、管理以及利用需要致使合法权益受到损害的湿地资源所有者、使用者，政府应当给予补偿，并对其生产、生活作出妥善安排。补偿标准可参照江西省生态公益林补偿标准或其他省市出台的湿地生态补偿办法(如苏州市2010年以来，对水源地保护区每个村每年补偿100万元，太湖、阳澄湖周边村每年补偿50万元；武汉市财政每年出资1000万元，用于武汉市5个湿地自然保护区的生态补偿)。二是推动建立征占用湿地收费制度。参照森林植被恢复费征收办法，建立征收湿地植被恢复费制度，所收费用全部用于湿地生态保护工作。任何单位和个人开发利用湿地及其资源，都必须支付湿地植被恢复费。可根据湿地的类型和开发湿地的项目，确定每亩湿地的征收标准，严格控制湿地的开发利用和管理。三是出台渔民转产转业相关政策，促进湖泊“休养生息”，决不再“涸泽而渔”。当前急需消化渔船存量，降低捕捞强度。建议以上岸安居就业为原则，积极

稳妥实施渔民转产转业工程，使“洗脚上岸”渔民生产生活有来源和保障。

8 强化政府责任，严格湿地征占用审批

事实上正是因为不少地方政府缺乏应有的工作力度，使湿地保护成为不能破解的难题。湿地被大面积围垦和水资源污染的背后，与当地政府的漠视乃至不作为有极大关系。在少数地区，地方政府甚至成为破坏湿地的始作俑者。目前，湿地征用、占用违法主体主要是各级地方人民政府。要改变这种局面，必须从制度上下决心，把湿地保护和管理成效纳入各级政府政绩考核目标，从而强化各级政府的职责。一是县级以上人民政府要把湿地保护列入重要议事日程，从制度、政策措施、资金投入、管理体系等方面采取有力措施，加强湿地保护工作。二是对现有自然湿地资源要坚决保护，县级以上人民政府要根据上一级湿地保护规划编制和修订本区域的湿地保护规划，并做好与土地资源利用规划和相关规划的衔接，经批准的规划必须严格执行，不得擅自修改，坚决制止随意侵占和破坏湿地的行为。三是严格执行《湿地条例》关于在征用、占用重要湿地和城市规划区内湿地的有关规定，应当征得同级林业主管部门的同意，实行依法审批。鉴于城区湿地的稀缺性，应进一步加强城区湿地的保护和管理，面积 8 公顷以上的城区湿地，应纳入省重要湿地严格保护，面积 5 ~ 8 公顷的纳入设区市保护，面积 2 ~ 5 公顷的纳入县级保护。四是林业主管部门要定期开展湿地及其周围土地利用状况调查、分析和评价工作，加强湿地资源监测，建立湿地资源数据库，定期向社会公布湿地调查、监测和评价结果。

附录1　江西湿地调查区域植物名录

序号	科	属	种	
			中文名	拉丁名
一、苔藓植物				
1	裸蒴苔科	裸蒴苔属	裸蒴苔	*Haplomitrium mnioides*
2	绒苔科	绒苔属	绒苔	*Trichocolea tomentella*
3	绿片苔科	绿片苔属	绿片苔	*Aneura pinguis*
4		片叶苔属	宽片叶苔	*Riccardia latifrons*
5	叉苔科	叉苔属	叉苔	*Metzgeria furcata*
6	毛叶苔科	毛叶苔属	毛叶苔	*Ptilidium ciliare*
7	剪叶苔科	剪叶苔属	钝角剪叶苔	*Herbertus divaricatus*
8	睫毛苔科	睫毛苔属	睫毛苔	*Blepharostoma trichophyllum*
9	叶苔科	叶苔属	深绿叶苔	*Jungermannia atrovirens*
10	裂叶苔科	广萼苔属	全缘广萼苔	*Chandonanthus birmensis*
11	合叶苔科	合叶苔属	刺边合叶苔	*Scapania ciliate*
12			斜齿合叶苔	*Scapania umbrosa*
13	羽苔科	羽苔属	大蠕形羽苔	*Plagiochila peculiaris*
14			卵叶羽苔	*Plagiochila ovalifolia*
15			狭叶羽苔	*Plagiochila trabeculata*
16	指叶苔科	鞭苔属	白边鞭苔	*Bazzania oshimensis*
17	大萼苔科	大萼苔属	短瓣大萼苔	*Cephalozia macounii*
18	齿萼苔科	裂萼苔属	异叶裂萼苔	*Chiloscyphus profundus*
19		异萼苔属	双齿异萼苔	*Heteroscyphus coalitus*
20	扁萼苔科	扁萼苔属	大瓣扁萼苔	*Radula cavifolia*
21			尖叶扁萼苔	*Radula kojana*
22	毛耳苔科	耳叶苔属	盔瓣耳叶苔	*Frullania muscicola*
23	细鳞苔科	细鳞苔属	黄色细鳞苔	*Lejeunea flava*
24		疣鳞苔属	长叶疣鳞苔	*Cololejeunea longifolia*
25	缺萼苔科	钱袋苔属	东亚钱袋苔	*Marsupella yakushimensis*
26	护蒴苔科	护蒴苔属	刺叶护蒴苔	*Calypogeia arguta*
27	小叶苔科	小叶苔属	小叶苔	*Fossombronia pusilla*

（续）

序号	科	属	种	
			中文名	拉丁名
28	溪苔科	溪苔属	花叶溪苔	*Pellia endiviaefolia*
29			溪苔	*Pellia epiphylla*
30	带叶苔科	带叶苔属	带叶苔	*Pallavicina lyellii*
31			长刺带叶苔	*Pallavicina subciliata*
32	魏氏苔科	毛地钱属	毛地钱	*Dumortiera hirsuta*
33	蛇苔科	蛇苔属	蛇苔	*Conocephalum conicum*
34			小蛇苔	*Conocephalum japonicum*
35	多室苔科	紫背苔属	紫背苔	*Plagiochasma intermedium*
36		石地钱属	石地钱	*Reboulia hemisphaerica*
37	地钱科	地钱属	楔瓣地钱东亚亚种	*Marchantia emarginata* subp. *tosana*
38			粗裂地钱风兜亚种	*Marchantia paleacea* var. *diptera*
39			地钱	*Marchantia polymorpha*
40	角苔科	角苔属	角苔	*Anthoceros punctatus*
41		黄角苔属	黄角苔	*Phaeoceros laevis*
42	泥炭藓科	泥炭藓属	拟尖叶泥炭藓	*Sphagnum acutifolioides*
43			尖叶泥炭藓	*Sphagnum capillifolium*
44			泥炭藓	*Sphagnum palustre*
45			暖地泥炭藓	*Sphagnum junghuhnianum*
46			暖地泥炭藓拟柔叶亚种	*Sphagnum junghuhnianum* subp. *pseudomdle*
47			秃叶泥炭藓	*Sphagnum obtusiusculum*
48	牛毛藓科	角齿藓属	角齿藓	*Ceratodon purpureus*
49		牛毛藓属	黄牛毛藓	*Ditrichum pallidum*
50	曲尾藓科	长蒴藓属	长蒴藓	*Trematodon longicollis*
51		小曲尾藓属	南亚小曲尾藓	*Dicranella coarctata*
52			变形小曲尾藓	*Dicranella varia*
53		曲柄藓属	疣肋曲柄藓	*Campylopus schwarzii*
54		曲尾藓属	棕色曲尾藓	*Dicranum fuscescens*
55			日本曲尾藓	*Dicranum japonicum*
56			曲尾藓	*Dicranum scoparium*
57	凤尾藓科	凤尾藓属	小凤尾藓	*Fissidens bryoides*
58			鳞叶凤尾藓	*Fissidens taxifolius*
59			大凤尾藓	*Fissidens nobilis*
60			卷叶凤尾藓	*Fissidens cristatus*
61			大叶凤尾藓	*Fissidens grandifrons*
62	丛藓科	红叶藓属	红叶藓	*Bryoerythrophyllum recurvirostre*

（续）

序号	科	属	种	
			中文名	拉丁名
63	丛藓科	对齿藓属	尖叶对齿藓	*Didymodon constrictus*
64			粗对齿藓	*Didymodon erosodenticulatus*
65		湿地藓属	卷叶湿地藓	*Hyophila involuta*
66			花状湿地藓	*Hyophila rosea*
67		剑叶藓属	剑叶藓	*Scopelophila cataractae*
68		纽藓属	长叶纽藓	*Tortella tortuosa*
69		小石藓属	小石藓	*Weissia controversa*
70			东亚小石藓	*Weissia exserta*
71			阔叶小石藓	*Weissia planifolia*
72		拟合睫藓属	拟合睫藓	*Pseudosymblepharis papillosula*
73	紫萼藓科	砂藓属	黄砂藓	*Racomitrium anomodontoides*
74	葫芦藓科	夭命藓属	尖顶夭命藓	*Ephemerum apiculatum*
75		葫芦藓属	葫芦藓	*Funaria hygrometrica*
76			狭叶葫芦藓	*Funaria attenuate*
77			中华葫芦藓	*Funaria sinensis*
78		立碗藓属	江岸立碗藓	*Physcomitrium courtoisii*
79			红蒴立碗藓	*Physcomitrium eurystomum*
80			黄边立碗藓	*Physcomitrium limbatulum*
81	真藓科	丝瓜藓属	丝瓜藓	*Pohlia elongata*
82			卵蒴丝瓜藓	*Pohlia proligera*
83		短月藓属	纤枝短月藓	*Brachymenium exile*
84		真藓属	真藓	*Bryum argenteum*
85			丛生真藓	*Bryum caespiticium*
86			细叶真藓	*Bryum capillare*
87			刺叶真藓	*Bryum lonchocaulon*
88	提灯藓科	提灯藓属	长叶提灯藓	*Mnium lycopodioides*
89		匐灯藓属	日本匐灯藓	*Plagiomnium japonicum*
90			匐灯藓	*Plagiomnium cuspidatum*
91			尖叶匐灯藓	*Plagiomnium acutum*
92			侧枝匐灯藓	*Plagiomnium maximoviczii*
93			钝叶匐灯藓	*Plagiomnium rostratum*
94			具缘匍灯藓	*Plagiomnium rhynchophorum*
95	桧藓科	刺叶桧藓属	大桧藓	*Pyrrhobryum dozyanum*
96	珠藓科	泽藓属	泽藓	*Philonotis fontana*
97			卷叶泽藓	*Philonotis revolute*

（续）

序号	科	属	种	
			中文名	拉丁名
98	珠藓科	泽藓属	齿缘泽藓	*Philonotis seriata*
99			东亚泽藓	*Philonotis turneriana*
100			细叶泽藓	*Philonotis thwaitesii*
101	扭叶藓科	拟木毛藓属	拟木毛藓	*Pseudospiridentopsis horrida*
102	平藓科	树平藓属	刀叶树平藓	*Homaliodendron scalpellifolium*
103	万年藓科	万年藓属	东亚万年藓	*Climacium japonicum*
104	羽藓科	小羽藓属	细叶小羽藓	*Haplocladium microphyllum*
105		羽藓属	大羽藓	*Thuidium cymbifolium*
106			灰羽藓	*Thuidium glaucinoides*
107			短肋羽藓	*Thuidium kanedae*
108	柳叶藓科	柳叶藓属	柳叶藓	*Amblystegium serpens*
109		薄网藓属	曲肋薄网藓	*Leptodictyum humile*
110			薄网藓	*Leptodictyum riparium*
111		拟细湿藓属	仰叶拟细湿藓	*Campyliadelphus stellatus*
112			长肋细湿藓	*Campyliadelphus polygamum*
113		大湿原藓属	弯叶大湿原藓	*Calliergonella lindbergii*
114	青藓科	青藓属	灰白青藓	*Brachythecium albicans*
115			羽枝青藓	*Brachythecium plumosum*
116			弯叶青藓	*Brachythecium reflexum*
117		鼠尾藓属	鼠尾藓	*Myuroclada maximowiczii*
118	绢藓科	绢藓属	长柄绢藓	*Entodon macropodus*
119			绢藓	*Entodon cladorrhizans*
120	棉藓科	棉藓属	棉藓原变种	*Plagiothecium denticulatum*
121			圆条棉藓	*Plagiothecium cavifolium*
122	灰藓科	灰藓属	弯叶灰藓	*Hypnum hamulosum*
123			大灰藓	*Hypnum plumaeforme*
124			卷叶灰藓	*Hypnum revolutum*
125			南亚灰藓	*Hypnum oldhamii*
126		鳞叶藓属	鳞叶藓	*Taxiphyllum taxirameum*
127		明叶藓属	暖地明叶藓	*Vesicularia ferriei*
128		长灰藓属	沼生长灰藓	*Herzogiella turfacea*
129		毛梳藓属	毛梳藓	*Ptilium crista - castrensis*
130	塔藓科	塔藓属	塔藓	*Hylocomium splendens*
131		赤茎藓属	赤茎藓	*Erythrodontium schreberi*
132	金发藓科	小金发藓属	东亚小金发藓	*Pogonatum inflexum*

（续）

序号	科	属	种	
			中文名	拉丁名
133	金发藓科	小金发藓属	苞叶小金发藓	*Pogonatum spinulosum*
134		拟金发藓属	拟金发藓	*Polytrichastrum formosum*
135		仙鹤藓属	仙鹤藓	*Atrichum undulatum*
136		金发藓属	金发藓原变种	*Polytrichum commune* var.
137			桧叶金发藓原变种	*Polytrichum juniperinum* ssp.
二、维管束植物				
（一）蕨类植物				
1	石松科	石松属	石松	*Lycopodium japonicum*
2	卷柏科	卷柏属	蔓出卷柏	*Selaginella davidii*
3			深绿卷柏	*Selaginella doederleinii*
4			江南卷柏	*Selaginella moellendorfii*
5			翠云草	*Selaginella uncinata*
6	木贼科	木贼属	节节草	*Hippochaete ramosissimum*
7			笔管草	*Equisetum ramosissimum*
8		问荆属	问荆	*Equisetum arvense*
9	水韭科	水韭属	中华水韭	*Isoetes sinensis*
10	阴地蕨科	阴地蕨属	华东阴地蕨	*Botrychium japonicum*
11	瓶尔小草科	瓶尔小草属	狭叶瓶尔小草	*Ophioglossum thermale*
12	紫萁科	紫萁属	紫萁	*Osmunda japonica*
13	海金沙科	海金沙属	海金沙	*Lygodium japonicum*
14	里白科	芒萁属	芒萁	*Dicranopteris dichotoma*
15	碗蕨科	碗蕨属	溪洞碗蕨	*Dennstaedtia wilfordii*
16			碗蕨	*Dennstaedtia scabra*
17		鳞盖蕨属	边缘鳞盖蕨	*Microlepia marginata*
18	水蕨科	水蕨属	粗梗水蕨	*Ceratopteris pteridoides*
19			水蕨	*Ceratopteris thalictroides*
20	鳞始蕨科	肖乌蕨属	乌蕨	*Stendoma chusanum*
21	凤尾蕨科	凤尾蕨属	刺齿半边旗	*Pteris dispar*
22			井栏边草	*Pteris multifida*
23			半边旗	*Pteris semipinnata*
24			蜈蚣草	*Pteris vittata*
25	蕨科	蕨属	蕨	*Pteridium aquilinum*
26	裸子蕨科	凤丫蕨属	南岳凤丫蕨	*Coniogramme centro-chinensis*
27			凤丫蕨	*Coniogramme japonica*
28	蹄盖蕨科	短肠蕨属	耳羽短肠蕨	*Allantodia wichurae*

（续）

序号	科	属	种	
			中文名	拉丁名
29	蹄盖蕨科	短肠蕨属	淡绿短肠蕨	*Allantodia virescens*
30			江南短肠蕨	*Allantodia metteniana*
31		安蕨属	华东安蕨	*Anisocampium sheareri*
32		菜蕨属	菜蕨	*Callipteris esculenta*
33		双盖蕨属	单叶双盖蕨	*Diplazium subsinuatum*
34	金星蕨科	毛蕨属	渐尖毛蕨	*Cyclosorus acuminatus*
35		针毛蕨属	针毛蕨	*Macrothelypteris oligophlebia*
36			普通针毛蕨	*Macrothelypteris torresiana*
37		星毛蕨属	星毛蕨	*Ampelopteris prolifera*
38		金星蕨属	金星蕨	*Parathelypteris glanduligera*
39		卵果蕨属	延羽卵果蕨	*Phegopteris decursive – pinnata*
40		新月蕨属	披针新月蕨	*Pronephrium penangianum*
41	鳞毛蕨科	复叶耳蕨属	中华复叶耳蕨	*Arachniodes chinensis*
42			刺头复叶耳蕨	*Arachniodes exilis*
43		贯众属	镰羽贯众	*Cyrtomium balansae*
44			贯众	*Cyrtomium fortunei*
45		鳞毛蕨属	红盖鳞毛蕨	*Dryopteris erythrosora*
46			黑足鳞毛蕨	*Dryopteris fuscipes*
47			东京鳞毛蕨	*Dryopteris tokyoensis*
48	水龙骨科	瓦韦属	瓦韦	*Lepisorus thunbergianus*
49		星蕨属	江南星蕨	*Microsorium fortunei*
50		水龙骨属	日本水龙骨	*Polypodiodes niponica*
51		石韦属	石韦	*Pyrrosia lingua*
52		盾蕨属	盾蕨	*Neolepisorus ovatus*
53	苹科	苹属	苹	*Marsilea quadrifolia*
54	槐叶苹科	槐叶苹属	槐叶苹	*Salvinia natans*
55	满江红科	满江红属	满江红	*Azolla imbricata*
（二）裸子植物				
1	松科	松属	湿地松	*Pinus elliottii*
2	杉科	水松属	水松	*Glyptostrobus pensilis*
3		水杉属	水杉	*Metasequoia glyptostoboides*
4		落羽杉属	池杉	*Taxodium ascendens*
5			落羽杉	*Taxodium distichum*
（三）被子植物				
1	三白草科	蕺菜属	蕺菜	*Houttuynia cordata*

（续）

序号	科	属	种	
			中文名	拉丁名
2	三白草科	三白草属	三白草	*Saururus chinensis*
3	杨柳科	柳属	垂柳	*Salix babylonica*
4			河柳	*Salix chaenomeloides*
5			银叶柳	*Salix chienii*
6			长梗柳	*Salix dunnii*
7			井冈柳	*Salix leveilleana*
8			旱柳	*Salix matsudana*
9			粤柳	*Salix mesnyi*
10			南川柳	*Salix rosthorni*
11			紫柳	*Salix wilsonii*
12	胡桃科	枫杨属	枫杨	*Pterocarya stenoptera*
13	桦木科	桤木属	江南杞木	*Alnus trabeculosa*
14	桑科	构属	构树	*Broussonetia papyifera*
15		榕属	石榕树	*Ficus abelii*
16			榕	*Ficus microcarpa*
17			琴叶榕	*Ficus pandurata*
18			竹叶榕	*Ficus stenophylla*
19		桑属	桑	*Morus alba*
20	荨麻科	楼梯草属	庐山楼梯草	*Elatostema stewardii*
21		赤车属	赤车	*Pellionia radicans*
22		冷水花属	湿生冷水花	*Pilea aquarum*
23			透茎冷水花	*Pilea pumila*
24			矮冷水花	*Pilea peploides*
25			三角形冷水花	*Pilea swinglei*
26	马兜铃科	细辛属	细辛	*Asarum sieboldii*
27	蓼科	荞麦属	金荞麦	*Fagopyrum dibotrys*
28		蓼属	两栖蓼	*Polygonum amphibium*
29			扁蓄蓼	*Polygonum aviculare*
30			毛蓼	*Polygonum barbatum*
31			丛枝蓼	*Polygonum posumbu*
32			火炭母	*Polygonum chinense*
33			蓼子草	*Polygonum criopolitanum*
34			虎杖	*Reynoutria japonica*
35			二歧蓼	*Polygonum dichotomum*
36			稀花蓼	*Polygonum dissitiflorum*

（续）

序号	科	属	种	
			中文名	拉丁名
37	蓼科	蓼属	水蓼	*Polygonum hydropiper*
38			柔茎蓼	*Polygonum tenellum* var. *micranthum*
39			酸模叶蓼	*Polygonum lapathifolium*
40			长戟叶蓼	*Polygonum maackianum*
41			小花蓼	*Polygonum muricatum*
42			尼泊尔蓼	*Polygonum nepalense*
43			红蓼	*Polygonum orientale*
44			掌叶蓼	*Polygonum palmatum*
45			湿地蓼	*Polygonum paralimicola*
46			杠板归	*Polygonum perfoliatum*
47			春蓼	*Polygonum persicaria*
48			习见蓼	*Polygonum plebeium*
49			疏忽蓼	*Polygonum praetermissum*
50			伏毛蓼	*Polygonum pubescens*
51			箭头蓼	*Polygonum sagittatum*
52			箭叶蓼	*Polygonum sieboldii*
53			糙毛蓼	*Polygonum strigosum*
54			平卧蓼	*Polygonum strindbergii*
55			支柱蓼	*Polygonum suffultum*
56			细叶蓼	*Polygonum taquetii*
57			戟叶蓼	*Polygonum thunbergii*
58			粘蓼	*Polygonum viscoferum*
59			香蓼	*Polygonum viscosum*
60		酸模属	酸模	*Rumex acetosa*
61			小酸模	*Rumex acetosella*
62			皱叶酸模	*Rumex crispus*
63			齿果酸模	*Rumex dentatus*
64			羊蹄	*Rumex japonicus*
65			长刺酸模	*Rumex trisetifer*
66			刺酸模	*Rumex maritimus*
67			尼泊尔酸模	*Rumex nepalensis*
68			钝叶酸模	*Rumex obtusifolius*
69	苋科	虾钳菜属	喜旱莲子草	*Alternanthera philoxeroides*
70			莲子草	*Alternanthera sessillis*
71		青葙属	青葙	*Celosia argentea*

（续）

序号	科	属	种	
			中文名	拉丁名
72	苋科	苋属	绿穗苋	*Amaranthus hybridus*
73			刺苋	*Amaranthus spinosus*
74	商陆科	商陆属	垂序商陆	*Phytolacca americana*
75	藜科	藜属	土荆芥	*Chenopodium ambrosioides*
76			灰绿藜	*Chenopodium glaucum*
77			杂配藜	*Chenopodium hybridum*
78	石竹科	荷莲豆草属	荷莲豆草	*Drymaria cordata*
79		剪秋罗属	剪春萝	*Lychnis coronata*
80		鹅肠菜属	牛繁缕	*Malachium aquaticum*
81		漆姑草属	漆姑草	*Sagina japonica*
82		繁缕属	雀舌草	*Stellaria uligonosa*
83	马齿苋科	马齿苋属	马齿苋	*Portulaca oleracea*
84	睡莲科	莼属	莼菜	*Brasenia schreberi*
85		芡属	芡实	*Euryale ferox*
86		莲属	莲	*Nelumbo nucifera*
87		萍蓬草属	贵州萍蓬草	*Nuphar bornetii*
88			中华萍蓬草	*Nuphar sinense*
89			萍蓬草	*Nuphar pumilum*
90		睡莲属	睡莲	*Nymphaea tetragana*
91		水盾草属	竹节水松	*Cabomba caroliniana*
92	金鱼藻科	金鱼藻属	金鱼藻	*Ceratophyllum demersum*
93			宽叶金鱼藻	*Ceratophyllum inflatum*
94			五刺金鱼藻	*Ceratophyllum oryzelorum*
95	毛茛科	翠雀属	还亮草	*Delphinium anthriscifolium*
96		水毛茛属	水毛茛	*Batrachium bungei*
97			毛柄水毛茛	*Batrachium trichophyllum*
98		毛茛属	禺毛茛	*Ranunculus cantoniensis*
99			茴茴蒜	*Ranunculus chinensis*
100			西南毛茛	*Ranunculus ficariifolius*
101			毛茛	*Ranunculus japonicus*
102			肉根毛茛	*Ranunculus polii*
103			石龙芮	*Ranunculus sceleratus*
104			扬子毛茛	*Ranunculus sieboldii*
105			猫爪草	*Ranunculus ternatus*
106	樟科	樟属	樟	*Cinnamomum camphora*

（续）

序号	科	属	种	
			中文名	拉丁名
107	罂粟科	紫堇属	夏天无	*Corydalis decumbens*
108			紫堇	*Corydalis edulis*
109			刻叶紫堇	*Corydalis incisa*
110			黄堇	*Corydalis pallida*
111			小花黄堇	*Corydalis racemosa*
112		博落回属	博落回	*Macleaya cordata*
113	十字花科	芥属	荠	*Capsella bursa – pastoris*
114		碎米荠属	弯曲碎米荠	*Cardamine flexuosa*
115			碎米荠	*Cardamine hirsuta*
116			弹裂碎米荠	*Cardamine imputiens*
117			白花碎米荠	*Cardamine leucantha*
118			水田碎米荠	*Cardamine lyrata*
119		臭芥属	臭荠	*Coronopus didymus*
120		独行菜属	北美独行菜	*Lepidium virginicum*
121		豆瓣菜属	豆瓣菜	*Nasturtium officinale*
122		焊菜属	广东焊菜	*Rorippa cantoniensis*
123			风花菜	*Rorippa globosa*
124			焊菜	*Rorippa indica*
125	茅膏菜科	茅膏菜属	茅膏菜	*Drosera peltata*
126			圆叶茅膏菜	*Drosera rotundifolia*
127			锦地罗	*Drosera burmanni*
128	景天科	景天属	珠芽景天	*Sedum bulbiferum*
129			景天	*Sedum erythroctictum*
130	虎耳草科	金腰属	日本金腰	*Chrysosplenium japonicum*
131			大叶金腰	*Chrysosplenium macrophyllum*
132			中华金腰	*Chrysosplenium sinicum*
133		绣球属	圆锥绣球	*Hydrangea paniculata*
134		梅花草属	白耳菜	*Parnassia foliosa*
135		扯根菜属	扯根菜	*Penthorum chinense*
136		虎耳草属	虎耳草	*Saxifraga stolonifera*
137		黄水枝属	黄水枝	*Tiarella polyphylla*
138	蔷薇科	蛇莓属	蛇莓	*Duchesmea indica*
139		路边青属	路边青	*Geum aleppicum*
140		委陵菜属	鹅绒委陵菜	*Potentilla anserine*
141			蕨麻	*Potentilla anserina*
142			翻白草	*Potentilla discolor*

（续）

序号	科	属	种	
			中文名	拉丁名
143	蔷薇科	委陵菜属	莓叶委陵菜	*Potentilla fragarioides*
144			三叶委陵菜	*Potentilla freyniana*
145			蛇含委陵菜	*Potentilla kleiniana*
146			下江委陵菜	*Potentilla limprichtii*
147			朝天委陵菜	*Potentilla supina*
148			菊叶委陵菜	*Potentilla tanacetifolia*
149		蔷薇属	小果蔷薇	*Rosa cymasa*
150		地榆属	地榆	*Sanguisorba officinalis*
151			长叶地榆	*Sanguisorba officinalis* var. *longifolia*
152		悬钩子属	蓬蘽	*Rubus hissutus*
153	豆科	合萌属	合萌	*Aeschynomene indica*
154		黄芪属	紫云英	*Astragalus sinicus*
155		决明属	望江南	*Cassia occidentalis*
156			含羞草决明	*Cassia mimosoides*
157		大豆属	野大豆	*Glycine soja*
158		鸡眼草属	鸡眼草	*Kummerowia striata*
159		苜蓿属	南苜蓿	*Medicago polymorpha*
160		田菁属	田菁	*Sesbania cannabina*
161		车轴草属	红车轴草	*Trifolium pratense*
162			白车轴草	*Trifolium repens*
163		野豌豆属	广布野豌豆	*Vicia cracca*
164			小巢菜	*Vicia hirsuta*
165			牯岭野豌豆	*Vicia kulingiana*
166			四籽野豌豆	*Vicia tetrasperma*
167	酢浆草科	酢浆草属	酢浆草	*Oxalis corniculata*
168	牻牛儿苗科	老鹳草属	野老鹳草	*Geranium carolinianum*
169			老鹳草	*Geranium wilordii*
170	楝科	楝属	苦楝	*Melia azedarach*
171	大戟科	铁苋菜属	铁苋菜	*Acalypha australis*
172		秋枫属	重阳木	*Bischofia polycarpa*
173		大戟属	飞扬草	*Euphorbia hirta*
174			月腺大戟	*Euphorbia ebracteolata*
175			泽漆	*Euphorbia helioscopia*
176			斑地锦	*Euphorbia maculata*
177		算盘子属	算盘子	*Glochidion puberum*

（续）

序号	科	属	种	
			中文名	拉丁名
178	大戟科	算盘子属	湖北算盘子	*Glochidion wilsonii*
179		叶下珠属	黄珠子草	*Phyllanthus virgatus*
180			叶下珠	*Phyllanthus urinaria*
181		蓖麻属	蓖麻	*Ricinus communis*
182		乌桕属	乌桕	*Sapium sebiferum*
183	水马齿科	水马齿属	沼生水马齿	*Callitriche palustis*
184			水马齿	*Callitriche staginalis*
185	黄杨科	黄杨属	雀舌黄杨	*Buxus bodiniri*
186			大花黄杨	*Buxus henryi*
187			黄杨	*Buxus sinica*
188	卫矛科	卫矛属	垂丝卫矛	*Euonymus oxyphyllus*
189		南蛇藤属	南蛇藤	*Celastrus orbiculatus*
190	凤仙花科	凤仙花属	华凤仙	*Impatiens chinensis*
191			白花凤仙花	*Impatiens wilsonii*
192			水金凤	*Impatiens noli – tangere*
193			黄金凤	*Impatiens siculifer*
194			野凤仙花	*Impatiens textori*
195			丰满凤仙花	*Impatiens obesa*
196			管茎凤仙花	*Impatiens tubulosa*
197			睫毛萼凤仙花	*Impatiens blepharosepala*
198			绿萼凤仙花	*Impatiens chlorosepala*
199			鸭跖草状凤仙花	*Impatiens commelinoides*
200			齿萼凤仙花	*Impatiens dicentra*
201			翼萼凤仙花	*Impatiens pterosepala*
202			细柄凤仙花	*Impatiens leptocaulon*
203			井冈凤仙花	*Impatiens jingangensis*
204			婺源凤仙花	*Impatiens wuyuanensis*
205			封怀凤仙花	*Impatiens fenghwaiana*
206	梧桐科	马松子属	马松子	*Melochia corchorifolia*
207	鼠李科	马甲子属	马甲子	*Paliurus ramosissimus*
208	锦葵科	苘麻属	苘麻	*Abutilon theophrasti*
209		梵天花属	地桃花	*Urena lobata*
210			梵天花	*Urena procumbens*
211		木槿属	野西瓜苗	*Hibiscus trionum*
212	藤黄科	金丝桃属	地耳草	*Hypericum japonicum*

（续）

序号	科	属	种	
			中文名	拉丁名
213	沟繁缕科	沟繁缕属	三蕊沟繁缕	*Elatine triandra*
214	柽柳科	柽柳属	柽柳	*Tamarix chinensis*
215	堇菜科	堇菜属	鸡腿堇菜	*Viola acuminata*
216			如意草	*Viola arcuata*
217			戟叶堇菜	*Viola betonicifolia*
218			心叶堇菜	*Viola concordifolia*
219			白花地丁	*Viola patrinii*
220			紫花地丁	*Viola philippica*
221			三角叶堇菜	*Viola triangulifolia*
222			堇菜	*Viola verecunda*
223	千屈菜科	水苋菜属	水苋菜	*Ammannia baccifera*
224			多花水苋菜	*Ammannia multiflora*
225			绿水苋菜	*Ammannia viride*
226		千屈菜属	千屈菜	*Lythrum salicaria*
227		节节菜属	节节菜	*Rotala indica*
228			圆叶节节菜	*Rotala rotundifolia*
229			轮叶节节菜	*Rotala mexicana*
230	野牡丹科	野牡丹属	地菍	*Melastoma dodecandrum*
231	柳叶菜科	柳叶菜属	光华柳叶菜	*Epilobium cephalostigma*
232			柳叶菜	*Epilobium hirsutum*
233			长籽柳叶菜	*Epilobium pyrricholophum*
234		水龙属	草龙	*Jussiaea hyssopifolia*
235			水龙	*Jussiaea adscendens*
236		丁香蓼属	卵叶丁香蓼	*Ludwigia ovalis*
237			丁香蓼	*Ludwigia prostrata*
238		月见草属	月见草	*Oenothera biennis*
239	菱科	菱属	南湖菱	*Trapa acounis*
240			弓角菱	*Trapa arcuata*
241			乌菱	*Trapa bicornis*
242			菱	*Trapa bispinosa*
243			四角刻叶菱	*Trapa incisa*
244			野菱＝四角刻叶菱	*Trapa incise*(*quadricauta*)
245			丘角菱	*Trapa japonica*
246			冠菱	*Trapa litwinowii*
247			四角大柄菱	*Trapa macropoda*

（续）

序号	科	属	种	
			中文名	拉丁名
248	菱科	菱属	四瘤菱	*Trapa mammillifera*
249			东北菱	*Trapa manshurica*
250			细果野菱	*Trapa maximowiczii*
251			四角矮菱	*Trapa natans* var. *pumila*
252			八瘤菱	*Trapa octotuberculata*
253			耳菱	*Trapa potaninii*
254			格菱	*Trapa pseudoincisa*
255			无刺格菱	*Trapa puseudoincisa* var. *aspita*
256			南昌格菱	*Trapa puseudoincisa* var. *nanchangensis*
257			四角菱	*Trapa quadrispinosa*
258			短四角菱	*Trapa quadrispinosa* var. *yongxuensis*
259	小二仙草科	小二仙草属	小二仙草	*Haloragis micrantha*
260		狐尾藻属	穗状狐尾藻	*Myriophyllum spicatum*
261			乌苏里狐尾藻	*Myriophyllum ussuriense*
262			狐尾藻	*Myriophyllum verticillatum*
263	伞形科	积雪草属	积雪草	*Centella asiatica*
264		毒芹属	毒芹	*Cicuta virosa*
265		蛇床属	蛇床	*Cnidium monnieri*
266		鸭儿芹属	鸭儿芹	*Cryptotaenia japonica*
267		独活属	短毛独活	*Heracleum moellendorffii*
268		天胡荽属	天胡荽	*Hydrocotyle sibthorpioides*
269		水芹属	西南水芹	*Oenanthe didlsii*
270			短辐水芹	*Oenanthe benghalensis*
271			水芹	*Oenanthe javanica*
272			卵叶水芹	*Oenanthe rosthornii*
273			中华水芹	*Oenanthe sinensis*
274		变豆菜属	直刺变豆菜	*Sanicula orthacantha*
275		泽芹属	泽芹	*Sium suave*
276		窃衣属	小窃衣	*Torilis japonica*
277		胡萝卜属	野胡萝卜	*Daucus carota*
278	报春花科	点地梅属	点地梅	*Androsace umbellate*
279		海乳草属	海乳草	*Glaux maritima*
280		珍珠菜属	广西过路黄	*Lysimachia alfredii*
281			泽珍珠菜	*Lysimachia candida*
282			过路黄	*Lysimachia christinae*

（续）

序号	科	属	种	
			中文名	拉丁名
283	报春花科	珍珠菜属	聚花过路黄	*Lysimachia congestiflora*
284			大叶过路黄	*Lysimachia fordiana*
285			星宿菜	*Lysimachia fortanei*
286			临时救	*Lysimachia congestiflora*
287			黑腺珍珠菜	*Lysimachia heterogenea*
288			重楼排草	*Lysimachia paridiformis*
289			小叶珍珠菜	*Lysimachia parvifolia*
290			巴东过路黄	*Lysimachia patungensis*
291			腺药珍珠菜	*Lysimachia stenosepala*
292			轮叶过路黄	*Lysimachia klattiana*
293	野茉莉科	赤杨叶属	赤杨叶	*Alniphyllum fortunei*
294	马钱科	醉鱼草属	醉鱼草	*Buddleja lindleyana*
295	龙胆科	荇菜属	水皮莲	*Nymphoides cristatum*
296			金银莲花	*Nymphoides indica*
297			荇菜	*Nymphoides peltatum*
298	萝藦科	鹅绒藤属	牛皮消	*Cynanchum auriculatum*
299			白前	*Cynanchum glaucescens*
300			柳叶白前	*Cynanchum stauntcnii*
301			徐长卿	*Cynanchum paniculatum*
302		萝藦属	萝藦	*Metaplexis japonica*
303		杠柳属	黑龙骨	*Periploca forreseii*
304		娃儿藤属	娃儿藤	*Tylophora evata*
305	旋花科	心萼薯属	心萼薯	*Aniseia biflora*
306		打碗花属	打碗花	*Calystegia hederacea*
307		菟丝子属	菟丝子	*Cuscuta chinensis*
308		马蹄金属	马蹄金	*Dichondra repens*
309		番薯属	蕹菜	*Ipomoea aquatica*
310		鱼黄草属	鱼黄草	*Merremia hederacea*
311		牵牛属	圆叶牵牛	*Pharbitis purpurea*
312	紫草科	斑种草属	柔弱斑种草	*Bothriospermum tenellum*
313		皿果草属	皿果草	*Omphalotrigonotis cupulifera*
314		附地菜属	附地菜	*Trigonotis peduncularis*
315		盾果草属	盾果草	*Thyrocarpus sampsonii*
316	马鞭草科	大青属	臭牡丹	*Clerodendrum bungei*
317		过江藤属	过江藤	*Phyla nodiflora*

（续）

序号	科	属	种	
			中文名	拉丁名
318	马鞭草科	马鞭草属	柳叶马鞭草	*Verbena bonariensis*
319			马鞭草	*Verbena officinalis*
320		马缨丹属	马缨丹	*Lantana camara*
321		牡荆属	牡荆	*Vitex negundo* var. *cannabifolia*
322			单叶蔓荆	*Vitex trifolia* var. *simplicifolia*
323	唇形科	风轮菜属	风轮菜	*Clinopodium chinense*
324			邻近风轮菜	*Clinopodium confine*
325			细风轮菜	*Clinopodium gracile*
326			匍匐风轮菜	*Clinopodium repens*
327		水蜡烛属	毛茎水蜡烛	*Dysophylla cruciata*
328			齿叶水蜡烛	*Dysophylla sampsonii*
329			水虎尾	*Dysophylla stellata*
330		活血丹属	活血丹	*Glecoma longituba*
331		野芝麻属	宝盖草	*Lamium amplexicarle*
332			野芝麻	*Lamium barbatum*
333		益母草属	益母草	*Leonurus artemisia*
334		地笋属	硬毛地瓜苗	*Lycopus lucidus* var. *hirtus*
335		薄荷属	薄荷	*Mentha haplocalyx*
336		石荠苎属	石荠苎	*Mosla scabra*
337		香茶菜属	内折香茶菜	*Rabdosia inflexa*
338			显脉香茶菜	*Rabdosia nervosa*
339			溪黄草	*Rabdosia serra*
340		牛至属	牛至	*Origanum vulgare*
341		鼠尾草属	荔枝草	*Salvia plebeia*
342			南丹参	*Salvia bowleyana*
343		黄芩属	半枝莲	*Scutellaria barbata*
344			韩信草	*Scutellaria indica*
345		水苏属	地蚕	*Stachys geobombycis*
346			水苏	*Stachys japonica*
347			针筒菜	*Stachys oblongifolia*
348		夏枯草属	夏枯草	*Prunella vulgaris*
349		香科科属	血见愁	*Teucrium viscidum*
350	茄科	曼陀罗属	曼陀罗	*Datura stramonium*
351		枸杞属	枸杞	*Lycium chinense*
352		酸浆属	酸浆	*Physalis alkekengi* var. *alkekengi*

（续）

序号	科	属	种	
			中文名	拉丁名
353	茄科	茄属	白英	*Solanum lyratum*
354			龙葵	*Solanum nigrum*
355	玄参科	虻眼属	虻眼	*Dopatrium junceum*
356		水八角属	白花水八角	*Gratiola japonica*
357		石龙尾属	紫苏草	*Limnophila aromatica*
358			异叶石龙尾	*Limnophila heterophylla*
359			大叶石龙尾	*Limnophila rugosa*
360			石龙尾	*Limnophila sessiliflora*
361		水茫草属	水茫草	*Limosella aquatica*
362		母草属	狭叶母草	*Lindernia angustifolia*
363			泥花草	*Lindernia antepota*
364			母草	*Lindernia crustacea*
365			陌上菜	*Lindernia procumbens*
366			宽叶母草	*Lindernia nummularifolia*
367		通泉草属	纤细通泉草	*Mazus gracilis*
368			通泉草	*Mazus japonicus*
369			匍茎通泉草	*Mazus miquelii*
370			弹刀子草	*Mazus stachydifolius*
371		玄参属	玄参	*Scrophularia ningpoensis*
372		婆婆纳属	北水苦荬	*Veronica anagallis – aquatica*
373			多枝婆婆纳	*Veronica javanica*
374			蚊母草	*Veronica peregrina*
375			水苦荬	*Veronica undulata*
376			直立婆婆纳	*Veronica arvensis*
377			婆婆纳	*Veronica didyma*
378			阿拉伯婆婆纳	*Veronica persica*
379	胡麻科	茶菱属	茶菱	*Trapella sinensis*
380	狸藻科	狸藻属	黄花狸藻	*Utricularia aurea*
381			南方狸藻	*Utricularia australis*
382			挖耳草	*Utricularia bifida*
383			短梗挖耳草	*Utricularia caerulea*
384			少花狸藻	*Utricularia exoleta*
385			细叶狸藻	*Utricularia minor*
386			斜果挖耳草	*Utricularia minutissima*
387			狸藻	*Utricularia vulgaris*

（续）

序号	科	属	种	
			中文名	拉丁名
388	爵床科	白接骨属	白接骨	*Asystasiella neesiana*
389		水蓑衣属	水蓑衣	*Hygrophila salicifolia*
390		观音草属	九头狮子草	*Peristrophe japonica*
391		爵床属	爵床	*Rostellularia procumbens*
392	车前科	车前属	车前	*Plantago asiatica*
393			平车前	*Plantago depressa*
394			长叶车前	*Plantago lanceolata*
395			大车前	*Plantago major*
396			北美车前	*Plantago virginica*
397	茜草科	水团花属	水团花	*Adina pilulifera*
398			细叶水团花	*Adina rubella*
399		黄棉木属	黄棉木	*Metadina trichotoma*
400		风箱树属	风箱树	*Cephalanthus tetrandrus*
401		拉拉藤属	猪殃殃	*Galium aparine* var. *tenerum*
402			拉拉藤	*Galium aparine* var. *echinospermum*
403			六叶葎	*Galium asperuloides* ssp. *hoffmeisteri*
404			四叶葎	*Galium bungei*
405			细叶四叶葎	*Galium gracilens*
406			麦仁珠	*Galium tricornutum*
407			小叶猪殃殃	*Galium trifidum*
408		耳草属	金毛耳草	*Hedyotis chrysotricha*
409			伞房耳草	*Hedyotis corymbosa*
410			白花蛇舌草	*Hedyotis diffusa*
411		薄柱草属	薄柱草	*Nertera sinensis*
412		蛇根草属	日本蛇根草	*Ophiorrhiza Japonica*
413		鸡矢藤属	鸡矢藤	*Paederia scandens*
414	忍冬科	忍冬属	金银忍冬	*Lonicera maackii*
415	败酱草科	败酱属	少蕊败酱	*Patrinia monandra*
416			败酱	*Patrinia scabiosifolia*
417			白花败酱	*Patrinia villosa*
418	葫芦科	盒子草属	盒子草	*Actinostemma tenerum*
419		马㼎儿属	马㼎儿	*Zehneria indica*
420		栝楼属	栝楼	*Trichosanthes kirilowii*
421	桔梗科	党参属	羊乳	*Codonopsis lanceolata*
422		半边莲属	半边莲	*Lobelia chinensis*

（续）

序号	科	属	种	
			中文名	拉丁名
423	桔梗科	半边莲属	江南山梗菜	*Lobelia davidii*
424			山梗菜	*Lobelia sessilifolia*
425		尖瓣花属	尖瓣花	*Sphenoclea zeylanica*
426		蓝花参属	蓝花参	*Wahlenbergia marginata*
427	菊科	下田菊属	下田菊	*Adenostemma lavenia*
428		藿香蓟属	藿香蓟	*Ageratum conyzoides*
429		豚草属	豚草	*Ambrosia artemisiifolia*
430		蒿属	茵陈蒿	*Artemisia capillaries*
431			野艾蒿	*Artemisia lavandulaefolia*
432			红足蒿	*Artemisia rubripes*
433			猪毛蒿	*Artemisia scoparia*
434			蒌蒿	*Artemisia selengensis*
435		紫菀属	紫菀	*Aster tataricus*
436			钻形紫菀	*Aster subulatus*
437		鬼针草属	鬼针草	*Bidens pilosa*
438			狼杷草	*Bidens tripartita*
439		飞廉属	丝毛飞廉	*Carduus crispus*
440		天名精属	天名精	*Carpesium abrotanoides*
441		蓟属	大蓟	*Cirsium japonicum*
442			刺儿菜	*Cirsium setosum*
443		白酒草属	香丝草	*Conyza bonariensis*
444			小飞蓬	*Conyza canadensis*
445		菊属	野菊	*Dendranthema indicum*
446		一点红属	小一点红	*Emilia prenanthoidea*
447			一点红	*Emilia sonchifolia*
448		飞蓬属	一年蓬	*Erigeron annuus*
449		鳢肠属	鳢肠	*Eclipta prostrate*
450		鼠麹草属	鼠麹草	*Gnaphalium affine*
451			下白鼠麹草	*Gnaphalium hypoleucum*
452		野茼蒿属	野茼蒿	*Grassocephalum crepidioides*
453		泥胡菜属	泥胡菜	*Hemistepta lyrata*
454		狗娃花属	狗娃花	*Heteropappus hispidus*
455		旋覆花属	欧亚旋覆花	*Inula britanica*
456			条叶旋覆花	*Inula linariaefolia*
457		苦荬菜属	剪刀股	*Lxeris japonica*

（续）

序号	科	属	种	
			中文名	拉丁名
458	菊科	苦荬菜属	苦荬菜	*Ixeris polycephala*
459			齿缘苦荬菜	*Ixeris dentate*
460			细叶苦荬菜	*Ixeris gracilis*
461			多头苦荬菜	*Ixeris polycephala*
462			抱茎苦荬菜	*Ixeris sonchifolia*
463		稻槎菜属	稻槎菜	*Lapsana apogonoides*
464		橐吾属	蹄叶橐吾	*Ligularia fischeri*
465			鹿蹄橐吾	*Ligularia hodgsonii*
466			狭苞橐吾	*Ligularia intermedia*
467			大头橐吾	*Ligularia japonica*
468		虾须草属	虾须草	*Sheareria nana*
469		豨莶属	豨莶	*Siegesbeckia orientalis*
470		裸柱菊属	裸柱菊	*Soliva anthemifolia*
471		苦苣菜属	苦苣菜	*Sonchus oleraceus*
472		蒲公英属	芥叶蒲公英	*Taraxacum brassicaefolium*
473			蒲公英	*Taraxacum mongolicum*
474		苍耳属	苍耳	*Xanthium sibiricum*
475		黄鹌菜属	黄鹌菜	*Youngia japonica*
476		马兰属	马兰	*Aster indicus*
477	香蒲科	香蒲属	长苞香蒲	*Typha angustata*
478			水烛	*Typha angustifolia*
479			香蒲	*Typha orientalis*
480	黑三棱科	黑三棱属	黑三棱	*Sparganium stoloiferum*
481	水蕹科	水蕹属	水蕹	*Aponogeton lakhonensis*
482	眼子菜科	眼子菜属	菹草	*Potamogeton crispus*
483			鸡冠眼子菜	*Potamogeton cristatus*
484			眼子菜	*Potamogeton distinctus*
485			光叶眼子菜	*Potamogeton lucens*
486			微齿眼子菜	*Potamogeton maackianus*
487			竹叶眼子菜	*Potamogeton malaianus*
488			浮叶眼子菜	*Potamogeton natans*
489			尖叶菜丝叶	*Potamogeton oxyphyllus*
490			篦齿眼子菜	*Potamogeton pectinatus*
491			穿叶眼子菜	*Potamogeton perfoliatus*
492			小眼子菜	*Potamogeton pusillus*

（续）

序号	科	属	种	
			中文名	拉丁名
493	茨藻科	茨藻属	弯果茨藻	*Najas ancistrocarpa*
494			日本茨藻	*Najas japonica*
495			草茨藻	*Najas graminea*
496			大茨藻	*Najas marina*
497			小茨藻	*Najas minor*
498			澳古茨藻	*Najas oguraensis*
499			多孔茨藻	*Najas foveolata*
500			鄱阳茨藻	*Najas poyangensis*
501		角果藻属	角果藻	*Zannichellia palustris*
502	泽泻科	泽泻属	窄叶泽泻	*Alisma canaliculatum*
503			东方泽泻	*Alisma orientale*
504		毛茛泽泻属	长喙毛茛泽泻	*Ranalisma rostrata*
505		慈姑属	冠果草	*Sagittaria guyanensis* subsp. *lappula*
506			长叶慈姑	*Sagittaria aginashi*
507			小慈姑	*Sagittaria potamogetifolia*
508			矮慈姑	*Sagittaria pygmaea*
509			野慈姑	*Sagittaria trifolia* var. *trifolia*
510			长瓣慈姑	*Sagittaria trifolia* f. *longiloba*
511			华夏慈姑	*Sagittaria trifolia* var. *sinensis*
512	水鳖科	黑藻属	黑藻	*Hydrilla verticillata*
513			罗氏轮叶黑藻	*Hydrilla verticillata* var. *roxburghii*
514		水筛属	无尾水筛	*Blyxa aubertii*
515			有尾水筛	*Blyxa echinosperma*
516			水筛	*Blyxa japonica*
517			光滑水筛	*Blyxa leiosperma*
518		水鳖属	水鳖	*Hydrocharis dubia*
519		水车前属	贵州水车前	*Ottelia sinensis*
520		苦草属	密刺苦草	*Vallisneria denseserrulata*
521			苦草	*Vallisneria natans*
522			刺苦草	*Vallisneria spinulosa*
523	禾本科	剪股颖属	小糠草	*Agrostis alba*
524			华北剪股颖	*Agrostis clavata*
525			台湾剪股颖	*Agrostis sozanensis*
526			匍茎剪股颖	*Agrostis stolonifera*
527			多花剪股颖	*Agrostis myriantha*

（续）

序号	科	属	种	
			中文名	拉丁名
528	禾本科	看麦娘属	看麦娘	*Alopecurus aequalis*
529			日本看麦娘	*Alopecurus japonicus*
530			长芒看麦娘	*Alopecurus longiaristatus*
531		楔颖草属	瑞氏楔颖草	*Apocopis wrightii*
532		野古草属	野古草	*Arundinella anomala*
533		荩草属	荩草	*Arthraxon hispidus*
534		菵草属	菵草	*Beckmannia syzigachne*
535		孔颖草属	臭根子草	*Bothriochloa intermedia*
536		雀麦属	雀麦	*Bromus japonicus*
537			硬雀麦	*Bromus rigidus*
538		拂子茅属	拂子茅	*Calamagrostis epigejos*
539		薏苡属	薏苡	*Coix lacryma – jobi*
540		狗牙根属	狗牙根	*Cynodon dactylon*
541		野青茅属	湖北野青茅	*Deyeuxia hupehensis*
542		马唐属	止血马唐	*Digitaria ischaemum*
543			马唐	*Digitaria saguinalis*
544			紫马唐	*Digitaria violascens*
545		稗属	长芒稗	*Echinochloa caudata*
546			光头稗	*Echinochloa colonum*
547			稗	*Echinochloa crusgalli*
548			旱稗	*Echinochloa hispidula*
549			无芒稗	*Echinochloa crusgalli* var. *mitis*
550			西来稗	*Echinochloa crusgalli* var. *zelayensis*
551		鹅观草属	纤毛鹅观草	*Roegneria ciliaris*
552			鹅观草	*Roegneria kamoji*
553		画眉草属	乱草	*Eragrostis japonica*
554			画眉草	*Eragrostis pilosa*
555			牛虱草	*Eragrostis unioloides*
556		蜈蚣草属	蜈蚣草	*Eremochloa ciliaris*
557			假俭草	*Eremochloa ophiuroides*
558		野黍属	野黍	*Eriochloa villosa*
559		甜茅属	假鼠妇草	*Glyceria leptolepis*
560		球穗草属	球穗草	*Hackelochloa granularis*
561		牛鞭草属	大牛鞭草	*Hemarthria altissima*
562			牛鞭草	*Hemarthria altissima*

（续）

序号	科	属	种	
			中文名	拉丁名
563	禾本科	牛鞭草属	扁穗牛鞭草	*Hemarthria compressa*
564		水禾属	水禾	*Hygroryza aristata*
565		燕麦属	野燕麦	*Avena fatua*
566		黑麦草属	毒麦	*Lolium temulentum*
567		白茅属	白茅	*Imperata cylindrica*
568		箬竹属	阔叶箬竹	*Indocalamus latifolius*
569			箬竹	*Indocalamus tessellates*
570		柳叶箬属	柳叶箬	*Isachne globosa*
571			日本柳叶箬	*Isachne nipponensis*
572		鸭嘴草属	有芒鸭嘴草	*Ischaemum aristatum*
573			粗毛鸭嘴草	*Ischaemum barbatum*
574			田间鸭嘴草	*Ischaemum rugosum*
575		假稻属	李氏禾	*Leersia hexandra*
576			假稻	*Leersia japonica*
577			秕壳草	*Leersia sayanuka*
578		稻属	野生稻	*Oryza rufipogon*
579		千金子属	千金子	*Leptochloa chinensis*
580		淡竹叶属	淡竹叶	*Lophatherum gracile*
581		莠竹属	莠竹	*Microstegium nodosum*
582		粟草属	粟草	*Milium effusum*
583		芒属	五节芒	*Miscanthus floridulus*
584		河八王属	河八王	*Narenga porphyrocoma*
585		求米草属	求米草	*Oplismenus undulatifolius*
586		黍属	糠稷	*Panicum bisulcatum*
587			水生黍	*Panicum paludosum*
588			细柄黍	*Panicum psilopodium*
589			铺地黍	*Panicum repens*
590		雀稗属	圆果雀稗	*Paspalum orbiculare*
591			双穗雀稗	*Paspalum distichum*
592			雀稗	*Paspalum thunbergii*
593			毛花雀稗	*Paspalum dilatatum*
594		芦苇属	芦苇	*Phragmites australis*
595		苦竹属	苦竹	*Pleioblastus amarus*
596		刚竹属	水竹	*Phyllostachys heteroclada*
597		早熟禾属	早熟禾	*Poa annua*

（续）

序号	科	属	种	
			中文名	拉丁名
598	禾本科	早熟禾属	白顶早熟禾	*Poa acroleuca*
599		棒头草属	棒头草	*Polypogon fugax*
600			长芒棒头草	*Polypogon monspeliensis*
601		甘蔗属	斑茅	*Saccharum arundinaceum*
602			甜根子草	*Saccharum spontaneum*
603		囊颖草属	囊颖草	*Sacciolepis indica*
604		稗荩属	稗荩	*Sphaerocaryum malaccense*
605		菅属	苞子草	*Themeda caudata*
606		荻属	南荻	*Triarrhena lutarioriparia*
607			荻	*Triarrhena sacchariflora*
608		狗尾草属	大狗尾草	*Setaria faberi*
609		菰属	菰	*Zizania latifolia*
610			茭白	*Zizania latifolia*
611		结缕草属	结缕草	*Zoysia japonica*
612	莎草科	球柱草属	球柱草	*Bulbostylis barbata*
613			丝叶球柱草	*Bulbostylis densa*
614		薹草属	阿齐薹草	*Carex argyi*
615			滨海薹草	*Carex bodinieri*
616			青绿薹草	*Carex breviculmis*
617			短尖薹草	*Carex brevicuspis*
618			亚澳薹草	*Carex brownii*
619			褐果薹草	*Carex brunnea*
620			发秆薹草	*Carex capillacea*
621			弓喙薹草	*Carex capricornis*
622			陈氏薹草	*Carex cheniana*
623			中华薹草	*Carex chinensis*
624			灰化薹草	*Carex cinerascens*
625			缘毛薹草	*Carex craspedotricha*
626			二形鳞薹草	*Carex dimorpholepis*
627			皱果薹草	*Carex dispalata*
628			长穗薹草	*Carex dolichostachya*
629			芒尖薹草	*Carex doniana*
630			卵穗薹草	*Carex ovatispiculata*
631			蕨状薹草	*Carex filicina*
632			穿孔薹草	*Carex foraminata*

（续）

序号	科	属	种	
			中文名	拉丁名
633	莎草科	薹草属	亲族薹草	*Carex gentilis*
634			穹隆薹草	*Carex gibba*
635			长梗薹草	*Carex glossostigma*
636			长囊薹草	*Carex harlandii*
637			异鳞薹草	*Carex heterolepis*
638			异穗薹草	*Carex heterostachya*
639			狭穗薹草	*Carex ischnostachya*
640			日本薹草	*Carex japonica*
641			大披针薹草	*Carex lanceolata*
642			弯喙薹草	*Carex laticeps*
643			舌叶薹草	*Carex ligulata*
644			长嘴薹草	*Carex longerostrata*
645			江苏薹草	*Carex kiangsuensis*
646			斑点果薹草	*Carex maculata*
647			乳突薹草	*Carex maximowiczii*
648			条穗薹草	*Carex nemostachys*
649			翼果薹草	*Carex neurocarpa*
650			短苞薹草	*Carex paxii*
651			镜子薹草	*Carex phacota*
652			粉被薹草	*Carex pruinosa*
653			独穗薹草	*Carex rara*
654			糙叶薹草	*Carex scabrifolia*
655			花葶薹草	*Carex scaposa*
656			仙台薹草	*Carex sendaica*
657			宽叶薹草	*Carex siderosticta*
658			似柔果薹草	*Carex submollicula*
659			肿胀果薹草	*Carex subtumida*
660			大理薹草	*Carex rubrobrunnea*
661			长柱头薹草	*Carex teinogyna*
662			合鳞薹草	*Carex tristachya* var. *pocilliformis*
663			截鳞薹草	*Carex truncatigluma*
664			单性薹草	*Carex unisexualis*
665		莎草属	阿穆尔莎草	*Cyperus amuricus*
666			扁穗莎草	*Cyperus compressus*
667			长尖莎草	*Cyperus cuspidatus*

（续）

序号	科	属	种	
			中文名	拉丁名
668	莎草科	莎草属	异型莎草	*Cyperus difformis*
669			畦畔莎草	*Cyperus haspan*
670			碎米莎草	*Cyperus iria*
671			茳芏	*Cyperus malaccensis*
672			具芒碎米莎草	*Cyperus microiria*
673			白鳞莎草	*Cyperus nipponicus*
674			垂穗莎草	*Cyperus nutans*
675			三轮草	*Cyperus orthostachyus*
676			毛轴莎草	*Cyperus pilosus*
677			香附子	*Cyperus rotundus*
678			窄穗莎草	*Cyperus tenuispica*
679		荸荠属	紫果蔺	*Heleocharis atropurpurea*
680			荸荠	*Heleocharis dulcis*
681			针蔺	*Heleocharis japonica*
682			透明鳞荸荠	*Heleocharis pellucida*
683			野荸荠	*Heleocharis plantagineiformis*
684			龙师草	*Heleocharis tetraquetra*
685			具槽秆荸荠	*Heleocharis valleculosa*
686			牛毛毡	*Heleocharis yokoscensis*
687			江南荸荠	*Heleocharis migoana*
688			木贼状荸荠	*Heleocharis equisetina*
689			密花荸荠	*Heleocharis congesta*
690			海绵基荸荠	*Heleocharis pellucida* var. *spongiosa*
691		飘拂草属	夏飘拂草	*Fimbristylis aestivalis*
692			扁鞘飘拂草	*Fimbristylis complanata*
693			矮扁鞘飘拂草	*Fimbristylis complanata* var. *kraussiana*
694			球穗飘拂草	*Fimbristylis globulosa*
695			两歧飘拂草	*Fimbristylis dichotoma*
696			拟二叶飘拂草	*Fimbristylis diphylloides*
697			宜昌飘拂草	*Fimbristylis henryi*
698			水虱草	*Fimbristylis miliacea*
699			五棱秆飘拂草	*Fimbristylis quinquangularis*
700			少穗飘拂草	*Fimbristylis schoenoides*
701			烟台飘拂草	*Fimbristylis stauntoni*
702			双穗飘拂草	*Fimbristylis subbispicata*

（续）

序号	科	属	种	
			中文名	拉丁名
703	莎草科	飘拂草属	四棱飘拂草	*Fimbristylis tetragona*
704			武功山飘拂草	*Fimbristylis wukungshanensis*
705			长穗飘拂草	*Fimbristylis longispica*
706		水莎草属	水莎草	*Juncellus serotinus*
707		水蜈蚣属	水蜈蚣	*Kyllinga brevifolia*
708			单穗水蜈蚣	*Kyllinga monocephala*
709		湖瓜草属	湖瓜草	*Lipocarpha microcephala*
710		砖子苗属	密穗砖子苗	*Mariscus compactus*
711			砖子苗	*Mariscus umbellatus*
712		扁莎草属	球穗扁莎	*Pycerus globosus*
713			矮扁莎	*Pycerus pumilus*
714			红鳞扁莎	*Pycerus sanquinolentus*
715		刺子莞属	刺子莞	*Rhynchospora rubra*
716			华刺子莞	*Rhynchospora chinensis*
717			白喙刺子莞	*Rhynchospora brownii*
718			细叶刺子莞	*Rhynchospora faberi*
719		藨草属	萤蔺	*Scirpus juncoides*
720			庐山藨草	*Scirpus luchanensis*
721			百球藨草	*Scirpus rosthornii*
722			类头状花序藨草	*Scirpus subcapitatus*
723			水葱	*Scirpus validus*
724			水毛花	*Scirpus triangulatus*
725			半夏	*Pinellia ternata*
726			猪毛菜	*Scirpus wallichii*
727			荆三棱	*Scirpus yagara*
728	棕榈科	省藤属	多刺鸡藤	*Calamus tetradactyloides*
729	天南星科	菖蒲属	菖蒲	*Acorus calamus*
730			金钱蒲	*Acorus gramineus*
731			石菖蒲	*Acorus tatarinowii*
732		芋属	野芋	*Colocasia antiquorum*
733			芋	*Colocasia esculenta*
734		大薸属	大薸	*Pistia stratiotes*
735	浮萍科	浮萍属	浮萍	*Lemna minor*
736			稀脉萍	*Lemna perpusilla*
737			品藻	*Lemna trisulca*

（续）

序号	科	属	种	
			中文名	拉丁名
738	浮萍科	紫萍属	紫萍	*Spirodela polyrrhiza*
739		芜萍属	无根萍	*Wolffia arrhiza*
740	黄眼草科	黄眼草属	黄眼草	*Xyris indica*
741	谷精草科	谷精草属	高山谷精草	*Eriocaulon alpestre*
742			毛谷精草	*Eriocaulon australe*
743			谷精草	*Eriocaulon buergerianum*
744			白药谷精草	*Eriocaulon cinereum*
745			长苞谷精草	*Eriocaulon decemflorum*
746			尖苞谷精草	*Eriocaulon echinulatum*
747			江南谷精草	*Eriocaulon faberi*
748			疏毛谷精草	*Eriocaulon nantoense* var. *parviceps*
749			老谷精草	*Eriocaulon senile*
750			华南谷精草	*Eriocaulon sexangulare*
751	鸭跖草科	鸭跖草属	饭包草	*Commelina bengalensis*
752			鸭跖草	*Commelina communis*
753			大苞鸭跖草	*Commelina paludosa*
754		聚花草属	聚花草	*Floscopa scandens*
755		水竹叶属	疣草	*Murdannia keisak*
756			裸花水竹叶	*Murdannia nudiflora*
757			水竹叶	*Murdannia triquetra*
758			牛轭草	*Murdannia loriformis*
759			细竹篙草	*Murdannia simplex*
760	雨久花科	雨久花属	雨久花	*Monochoria korsakowii*
761			鸭舌草	*Monochoria vaginalis*
762		凤眼蓝属	凤眼蓝	*Eichhornia crassipes*
763	灯心草科	灯心草属	翅茎灯心草	*Juncus alatus*
764			小花灯心草	*Juncus articulatus*
765			星花灯心草	*Juncus diastrophanthus*
766			灯心草	*Juncus effusus*
767			江南灯心草	*Juncus prismatocarpus*
768			野灯心草	*Juncus setchuensis*
769			坚被灯心草	*Juncus tenuis*
770		地杨梅属	多花地杨梅	*Luzula multiflora*
771			羽毛地杨梅	*Luzula plumose*
772			异被地杨梅	*Luzula inaequalis*

（续）

序号	科	属	种	
			中文名	拉丁名
773	百合科	萱草属	黄花菜	*Hemerocallis citrina*
774		玉簪属	玉簪	*Hosta plantaginea*
775			紫萼	*Hosta ventricosa*
776		山麦冬属	山麦冬	*Liriope spicata*
777		沿阶草属	沿阶草	*Ophiopogon bodinieri*
778			麦冬	*Ophiopogon japonicus*
779		藜芦属	毛叶藜芦	*Veratrum grandiflorum*
780			毛穗藜芦	*Veratrum maackii*
781		郁金香属	老鸦瓣	*Tulipa edulis*
782		葱属	薤白	*Allium macrostemon*
783	石蒜科	石蒜属	黄花石蒜	*Lycoris aurea*
784			石蒜	*Lycoris radiata*
785	蒟蒻薯科	裂果薯属	裂果薯	*Schizocapsa plantaginea*
786	鸢尾科	鸢尾属	玉蝉花	*Iris ensata*
787			蝴蝶花	*Iris japonica*
788			燕子花	*Iris laevigata*
789			黄花鸢尾	*Iris wilsonii*
790			溪荪	*Iris sanguinea*
791			小花鸢尾	*Iris speculatrix*
792		庭菖蒲属	庭菖蒲	*Sisyrinchium rosulatum*
793	水玉簪科	水玉簪属	三品一枝花	*Burmannia coelestis*
794	兰科	白及属	白及	*Bletilla striata*
795		舌唇兰属	密花舌唇兰	*Platanthera hologlottis*
796		玉凤花属	线叶十字兰	*Habenaria linearifolia*
797			十字兰	*Habenaria schindleri*
798		绶草属	绶草	*Spiranthes sinensis*

附录 2　江西湿地调查区域动物名录

序号	目	科	种	
			中文名	拉丁名
一、脊椎动物				
(一)鱼　类				
1	鲟形目	鲟科	中华鲟	*Acipenser sinensis*
2		匙吻鲟科	白鲟	*Psephurus gladius*
3	鲱形目	鲱科	鲥	*Tenualosa reevesii*
4		鳀科	刀鲚	*Coilia ectenes*
5			短颌鲚	*Coilia brachygnathus*
6	鲑形目	银鱼科	太湖新银鱼	*Neosalanx taihuensis*
7			乔氏新银鱼	*Neosalanx jordani*
8			寡齿新银鱼	*Neosalanx oligodonis*
9			大银鱼	*Protosalanx chinensis*
10			短吻间银鱼	*Hemisalanx brachyrostralis*
11	鳗鲡目	鳗鲡科	日本鳗鲡	*Anguilla japonica*
12	鲤形目	胭脂鱼科	胭脂鱼	*Myxocyprinus asiaticus*
13		鲤科	宽鳍鱲	*Zacco platypus*
14			马口鱼	*Opsariichthys bidens*
15			尖头鲹	*Phoxinus oxycephalas*
16			青鱼	*Mylopharyngodon piceus*
17			草鱼	*Ctenopharyngodon idellus*
18			赤眼鳟	*Squaliobarbus curriculus*
19			鳤	*Ochetobius elongatus*
20			鯮	*Luciobrama macrocephalus*
21			鳡	*Elopichthys bambusa*
22			伍氏华鳊	*Sinibrama wui*
23			大眼华鳊	*Sinibrama macrops*
24			飘鱼	*Pseudolaubuca sinensis*
25			寡鳞飘鱼	*Pseudolaubuca engraulis*
26			似鲚	*Toxabramis swinhonis*
27			鳘	*Hemiculter leucisculus*
28			贝氏鳘	*Hemiculter bleekeri*
29			张氏鳘	*Hemiculter tchangei*
30			伍氏半鳘	*Hemiculterella wui*
31			半鳘	*Hemiculterella sauvagei*
32			南方拟鳘	*Pseudoheniculter dispar*

（续）

序号	目	科	种	
			中文名	拉丁名
33	鲤形目	鲤科	海南拟鳘	*Pseudoheniculter hainanensis*
34			红鳍原鲌	*Culterichthys erythropterus*
35			翘嘴鲌	*Culter alburnus*
36			蒙古鲌	*Culter mongolicus*
37			达氏鲌	*Culter dabryi*
38			尖头鲌	*Culter oxycephalus*
39			拟尖头鲌	*Culter oxycephaloides*
40			鳊	*Parabramis pekinensis*
41			鲂	*Megalobrama skolkovii*
42			团头鲂	*Megalobrama amblycephala*
43			三角鲂	*Megalobrama terminalis*
44			银鲴	*Xenocypris macrolepis*
45			黄尾鲴	*Xenocypris davidi*
46			细鳞鲴	*Xenocypris microlepis*
47			圆吻鲴	*Distoechodon tumirostris*
48			似鳊	*Pseudobrama simoni*
49			鲢	*Hypophthalmichthys molitrix*
50			鳙	*Aristichthy nobilis*
51			唇䱻	*Hemibarbus labeo*
52			花䱻	*Hemibarbus maculatus*
53			长吻䱻	*Hemibarbus longirostris*
54			花棘䱻	*Hemibarbus umbrifer*
55			似刺鳊鮈	*Paracanthobrama guichenoti*
56			似䱻	*Belligobio nummifer*
57			麦穗鱼	*Pseudarasbora parva*
58			长麦穗鱼	*Pseudarasbora elongata*
59			华鳈	*Sarcocheilichthys sinensis*
60			小鳈	*Sarcocheilichthys parvus*
61			江西鳈	*Sarcocheilichthys kiangsiensis*
62			黑鳍鳈	*Sarcocheilichthys nigripinnis*
63			短须颌须鮈	*Gnathopogon imberbis*
64			隐须颌须鮈	*Gnathopogon nicholsi*
65			济南颌须鮈	*Gnathopogon tsinanensis*
66			银鮈	*Squalidus argentatus*
67			亮银鮈	*Squalidus nitens*

（续）

序号	目	科	种	
			中文名	拉丁名
68	鲤形目	鲤科	点纹银鮈	*Squalidus wolterdstorffi*
69			兴凯银鮈	*Squalidus chankaensis*
70			暗斑银鮈	*Squalidus atromaculatus*
71			铜鱼	*Coreius heteroden*
72			北方铜鱼	*Coreius septentrionalis*
73			吻鮈	*Rhinogobio typus*
74			圆筒吻鮈	*Rhinogobio cylindricus*
75			长鳍吻鮈	*Rhinogobio ventralis*
76			片唇鮈	*Platysmacheilus exiguus*
77			长须片唇鮈	*Platysmacheilus longibarbatus*
78			裸腹片唇鮈	*Platysmacheilus nudiventris*
79			胡鮈	*Huigobio chenhsienensis*
80			棒花鱼	*Abbottina rivularis*
81			辽宁棒花鱼	*Abbottina liaonongensis*
82			乐山小鳔鮈	*Microphysogobio kiatingensis*
83			洞庭小鳔鮈	*Microphysogobio tungtingensis*
84			福建小鳔鮈	*Microphysogobio fukiensis*
85			长体小鳔鮈	*Microphysogobio elongatus*
86			似鮈	*Pseudogobio vaillanti*
87			桂林似鮈	*Pseudogobio guilinensis*
88			蛇鮈	*Saurogobio dabryi*
89			长蛇鮈	*Saurogobio dumerili*
90			光唇蛇鮈	*Saurogobio gymnocheilus*
91			细尾蛇鮈	*Saurogobio gracilicaudatus*
92			宜昌鳅鮀	*Gobiabotia filifer*
93			长须鳅鮀	*Gobiabotia longibarba*
94			董氏鳅鮀	*Gobiabotia tungi*
95			江西鳅鮀	*Gobiabotia jiangxiensis*
96			南方鳅鮀	*Gobiabotia meridionalis*
97			无须鱊	*Acheilognathus gracilis*
98			大鳍鱊	*Acheilognathus macropterus*
99			须鱊	*Acheilognathus barbatus*
100			兴凯鱊	*Acheilognathus chankaensis*
101			越南鱊	*Acheilognathus tonkinensis*
102			短须鱊	*Acheilognathus barbatulus*

（续）

序号	目	科	种	
			中文名	拉丁名
103	鲤形目	鲤科	寡鳞鱊	*Acheilognathus hyposelonotus*
104			多鳞鱊	*Acheilognathus polylepis*
105			巨口鱊	*Acheilognathus tabira*
106			长身鱊	*Acheilognathus elongatus*
107			白河鱊	*Acheilognathus peihoensis*
108			斑条鱊	*Acheilognathus taenianalis*
109			革条副鱊	*Paracheilognathus himategus*
110			广西副鱊	*Paracheilognathus meridianus*
111			彩副鱊	*Paracheilognathus imberbis*
112			高体鳑鲏	*Rhodeus ocellatus*
113			彩石鳑鲏	*Rhodeus lighti*
114			方氏鳑鲏	*Rhodeus fangi*
115			中华鳑鲏	*Rhodeus sinensis*
116			条纹小鲃	*Puntius semifasciolatus*
117			光倒刺鲃	*Spinibarbus hollandi*
118			中华倒刺鲃	*Spinibarbus sinensis*
119			光唇鱼	*Acrossocheilus fasciatus*
120			厚唇光唇鱼	*Acrossocheilus labiatus*
121			侧条光唇鱼	*Acrossocheilus parallens*
122			北江光唇鱼	*Acrossocheilus beijiangensis*
123			半刺光唇鱼	*Acrossocheilus hemispinus*
124			薄颌光唇鱼	*Acrossocheilus kreyenbergii*
125			细身光唇鱼	*Acrossocheilus elongatus*
126			白甲鱼	*Onychostoma sima*
127			稀有白甲鱼	*Onychostoma rarum*
128			小口白甲鱼	*Onychostoma lini*
129			台湾白甲鱼	*Onychostoma barbatula*
130			南方白甲鱼	*Onychostoma gerlachi*
131			瓣结鱼	*Tor brevifilis*
132			异华鲮	*Parasinilabeo assimilis*
133			鲮	*Cirrhinus molitorella*
134			泸溪直口鲮	*Rectoris luxiensis*
135			东方墨头鱼	*Garra orientalis*
136			鲤	*Cyprinus carpio*
137			三角鲤	*Cyprinus multitaeniata*

（续）

序号	目	科	种	
			中文名	拉丁名
138	鲤形目	鲤科	鲫	*Carassius auratus*
139		鳅科	横纹条鳅	*Noemacheilus fasciatus*
140			辛氏条鳅	*Noemacheilus hingi*
141			花斑副沙鳅	*Parabotia fasciata*
142			武昌副沙鳅	*Parabotia banarescui*
143			点面副沙鳅	*Parabotia maculosa*
144			江西副沙鳅	*Parabotia kiangsiensis*
145			漓江副沙鳅	*Parabotia lijiangensis*
146			宽体沙鳅	*Botia reevesae*
147			长薄鳅	*Leptobotia elongata*
148			紫薄鳅	*Leptobotia taeniops*
149			斑纹薄鳅	*Leptobotia zebra*
150			张氏薄鳅	*Leptobotia tchangi*
151			中华花鳅	*Cobitis sinensis*
152			大斑花鳅	*Cobitis macrostigma*
153			泥鳅	*Misgurnus anguillicaudatus*
154			大鳞副泥鳅	*Paramisgurnus dabryanus*
155		平鳍鳅科	犁头鳅	*Lepturichthys fimbriata*
156			缨口鳅	*Crossostoma davidi*
157			中华原吸鳅	*Protomyzon sinensis*
158			原缨口鳅	*Vanmanenia stenosoma*
159			海南原缨口鳅	*Vanmanenia hainanensis*
160			信宜原缨口鳅	*Vanmanenia xinyiensis*
161			平舟原缨口鳅	*Vanmanenia pinchowensis*
162			裸腹原缨口鳅	*Vanmanenia gymnetrus*
163			拟腹吸鳅	*Pseudogastromyzon fasciatus*
164			东坡长汀品唇鳅	*Pseudogastromyzon changtingensis tungpeiensis*
165			花斑拟腹吸鳅	*Pseudogastromyzon myseri*
166			方氏品唇鳅	*Pseudogastromyzon fangi*
167	鲇形目	鲇科	鲇	*Silurus asotus*
168			大口鲇	*Silurus meridionalis*
169			越南鲇	*Silurus cochinchinensis*
170		胡子鲇科	胡子鲇	*Clarias fuscus*
171		鮠科	黄颡鱼	*Pelteobagrus fulvldraco*
172			长须黄颡鱼	*Pelteobagrus eupogon*

（续）

序号	目	科	种	
			中文名	拉丁名
173	鲇形目	鲿科	光泽黄颡鱼	*Pelteobagrus nitidus*
174			瓦氏黄颡鱼	*Pelteobagrus vachellii*
175			长吻鮠	*Leiocassis longirostris*
176			粗唇鮠	*Leiocassis crassilabris*
177			叉尾鮠	*Leiocassis tenuifurcatus*
178			圆尾拟鲿	*Pseudobagrus tenuis*
179			切尾拟鲿	*Pseudobagrus truncatus*
180			短尾拟鲿	*Pseudobagrus brevicaudatus*
181			细体拟鲿	*Pseudobagrus pratti*
182			白边拟鲿	*Pseudobagrus albomarginatus*
183			盎堂拟鲿	*Pseudobagrus ondan*
184			条纹拟鲿	*Pseudobagrus taeniatus*
185			乌苏拟鲿	*Pseudobagrus ussuriensis*
186			长脂拟鲿	*Pseudobagrus adiposalis*
187			大鳍鳠	*Mystus macropterus*
188		钝头鮠科	黑尾鉠	*Liobagrus nigricauda*
189			鳗尾鉠	*Liobagrus anguillicauda*
190			司氏鉠	*Liobagrus styani*
191			白缘鉠	*Liobagrus marginatus*
192		鮡科	中华纹胸鮡	*Glyptothorax sinense*
193			福建纹胸鮡	*Glyptothorax fokiensis*
194	鳉形目	青鳉科	中华青鳉	*Oryzias latipes*
195		胎鳉科	食蚊鱼	*Gambusia affinis*
196	颌针鱼目	鱵科	间下鱵	*Hyporhamphus intermedius*
197	合鳃目	合鳃鱼科	黄鳝	*Monopterus albus*
198	鲈形目	鮨科	鳜	*Siniperca chuatsi*
199			大眼鳜	*Siniperca knerii*
200			斑鳜	*Siniperca scherzeri*
201			长身鳜	*Coreosiniperca roulei*
202			波纹鳜	*Siniperca undulata*
203			暗鳜	*Siniperca obscura*
204		塘鳢科	褐塘鳢	*Eleotris fusca*
205		沙塘鳢科	中华沙塘鳢	*Odontobutis sinensis*
206			小黄黝鱼	*Micropercops swinhonis*
207		鰕虎鱼科	粘皮鲻鰕虎鱼	*Mugilogobius myxodermus*

（续）

序号	目	科	种	
			中文名	拉丁名
208	鲈形目	鰕虎鱼科	子陵吻鰕虎鱼	*Rhinogobius giurinus*
209			波氏吻鰕虎鱼	*Rhinogobius cliffordpopei*
210			溪吻鰕虎鱼	*Rhinogobius duospilus*
211			李氏吻鰕虎鱼	*Rhinogobius leavelli*
212			林氏吻鰕虎鱼	*Rhinogobius lindbergi*
213		斗鱼科	叉尾斗鱼	*Macropodus opercularis*
214			圆尾斗鱼	*Macropodus chinensis*
215		鳢科	乌鳢	*Channa argus*
216			月鳢	*Channa asiatica*
217			斑鳢	*Channa maculata*
218		刺鳅科	大刺鳅	*Mastacembelus armatus*
219			中华刺鳅	*Mastacembelus sinensis*
220	鲽形目	舌鳎科	窄体舌鳎	*Cynoglossus gracilis*
221			三线舌鳎	*Cynoglossus trigrammus*
222	鲀形目	鲀科	弓斑东方鲀	*Takifugu ocellatus*
223			暗色东方鲀	*Takifugu obscurus*
（二）两栖类				
1	有尾目	隐鳃鲵科	中国大鲵	*Andrias davidianus*
2		蝾螈科	东方蝾螈	*Cynops orientalis*
3			黑斑肥螈	*Pachytriton brevipes*
4			无斑肥螈	*Pachytriton labiatus*
5			中国瘰螈	*Paramesotrit chinensis*
6	无尾目	锄足蟾科	宽头短腿蟾	*Brachytarsophrys carinensis*
7			福建掌突蟾	*Leptolalax liui*
8			鳌掌突蟾	*Leptolalax pelodytoides*
9			淡肩角蟾	*Megophrys boettgeri*
10			挂墩角蟾	*Megophrys kuatunensis*
11			短肢角蟾	*Megophrys brachykolcs*
12			小角蟾	*Megophrys minor*
13			莽山角蟾	*Megophrys mangshanensis*
14			崇安髭蟾	*Vibrissaphor liui*
15			崇安髭蟾瑶山亚种	*Vibrissaphor liui yaoshanensis*
16		蟾蜍科	中华蟾蜍	*Bufo gargarizans*
17			黑眶蟾蜍	*Bufo melanostictus*
18		雨蛙科	中国树蟾	*Hyla chinensis*

（续）

序号	目	科	种	
			中文名	拉丁名
19	无尾目	雨蛙科	无斑树蟾	*Hyla immaculate*
20			三港树蟾	*Hyla sanchiangensis*
21		蛙科	华南湍蛙	*Amolops ricketti*
22			武夷湍蛙	*Amolops wuyiensis*
23			戴云湍蛙	*Amolops daiyunensis*
24			泽陆蛙	*Fejervarya limnocharis*
25			虎纹蛙	*Hoplobatrac rugulosa*
26			弹琴水蛙	*Hylarana adenopleura*
27			沼水蛙	*Hylarana guentheri*
28			阔褶水蛙	*Hylarana latouchii*
29			福建大头蛙	*Limnonectes fujianensis*
30			尖舌浮蛙	*Occidozyga lima*
31			大绿臭蛙	*Odorrana livida*
32			花臭蛙	*Odorrana schmackeri*
33			竹叶臭蛙	*Odorrana versabilis*
34			小竹叶臭蛙	*Odorrana exilivesabilis*
35			凹耳臭蛙	*Odorrana tormotus*
36			黑斑蛙	*Pelophylax nigromaculata*
37			金线蛙	*Pelophylax plancyi*
38			镇海林蛙	*Rana zhenhaiensis*
39			长肢林蛙	*Rana longicrus*
40			寒露林蛙	*Rana hanluica*
41			棘胸蛙	*Paa spinosa*
42			棘腹蛙	*Paa boulengeri*
43			九龙棘蛙	*Paa jiulongensis*
44			小棘蛙	*Paa exllispinosa*
45		树蛙科	经甫泛树蛙	*Polypedates chenfui*
46			大泛树蛙	*Polypedates dennysi*
47			斑腿泛树蛙	*Polypedates megacephalus*
48		姬蛙科	粗皮姬蛙	*Microhyla butleri*
49			小弧斑姬蛙	*Microhyla heymonsi*
50			饰纹姬蛙	*Microhyla ornata*
51			花姬蛙	*Microhyla pulchraornata*
（三）爬行类				
1	龟鳖目	鳖科	鳖	*Pelodiscus sinensis*

（续）

序号	目	科	种	
			中文名	拉丁名
2	龟鳖目	平胸龟科	平胸龟	*Platysternon megacephalum*
3		淡水龟科	乌龟	*Chinemys reevesii*
4			黄喉水龟	*Mauremys mutica*
5			眼斑水龟	*Sacalia bealei*
6			四眼斑水龟	*Sacalia quadriocellata*
7			中华花龟	*Ocadia sinensis*
8	有鳞目	壁虎科	多疣壁虎	*Gekko japonica*
9			铅山壁虎	*Gekko hokouesis*
10			蹼趾壁虎	*Gekko subpalmatus*
11		鬣蜥科	丽棘蜥	*Acanthosaura lepidogaster*
12		蛇蜥科	脆蛇蜥	*Ophisaurus harti*
13		蜥蜴科	北草蜥	*Takydromus septentrionalis*
14			白条草蜥	*Takydromus uolteri*
15			崇安地蜥	*Platyplacopus sylvaticus*
16		石龙子科	光蜥	*Ateuchosaurus chinensis*
17			中国石龙子	*Eumeces chinensis*
18			蓝尾石龙子	*Eumeces elegans*
19			宁波滑蜥	*Scincella modesta*
20			铜蜓蜥	*Sphenomorphorus indicus*
21			中国棱蜥	*Tropidophonus sinicus*
22			海南棱蜥	*Tropidophonus hainanus*
23		盲蛇科	钩盲蛇	*Ramphotyphlops braminus*
24		蟒科	蟒蛇	*Python mouurus*
25		闪鳞蛇科	海南闪鳞蛇	*Xenopeltis hainanensis*
26		游蛇科	井冈脊蛇	*Achalinus jinggangensis*
27			棕脊蛇	*Achalinus rufescens*
28			黑脊蛇	*Achalinus spinalis*
29			平鳞钝头蛇	*Pareas boulengeri*
30			钝头蛇	*Pareas chinensis*
31			福建钝头蛇	*Pareas stnleyi*
32			白眉腹链蛇	*Amphiesma boulengeri*
33			锈链腹链蛇	*Amphiesma craspedogaster*
34			棕黑腹链蛇	*Amphiesma sauteri*
35			草腹链蛇	*Amphiesma stolata*
36			绞花林蛇	*Boiga kraepelini*

（续）

序号	目	科	种	
			中文名	拉丁名
37	有鳞目	游蛇科	繁花林蛇	*Boiga multonaculata*
38			尖尾两头蛇	*Calamaria pavimentata*
39			钝尾两头蛇	*Calamaria septentrionalis*
40			翠青蛇	*Cyclophiops major*
41			黄链蛇	*Dinodon flavozonatum*
42			赤链蛇	*Dinodon rufozonatnm*
43			双斑锦蛇	*Elaphe bimaculata*
44			王锦蛇	*Elaphe carinata*
45			灰腹绿锦蛇	*Elaphe frenatum*
46			玉斑锦蛇	*Elaphe mandarina*
47			紫灰锦蛇	*Elaphe porphyracea*
48			红点锦蛇	*Elaphe rufodorsata*
49			黑眉锦蛇	*Elaphe taeniura*
50			颈棱蛇	*Macropisthodon rudis*
51			中国小头蛇	*Oligodon chinensis*
52			台湾小头蛇	*Oligodon formosanus*
53			饰纹小头蛇	*Oligodon ornatus*
54			双全背白环蛇	*Ophires fasciatus*
55			黑背白环蛇	*Ophires ruhstrati*
56			挂墩后棱蛇	*Opisthotropis kuatunensis*
57			山溪后棱蛇	*Opisthotropis latouchii*
58			福建后棱蛇	*Opisthotropis maxwelli*
59			福建颈斑蛇	*Plagopholis styani*
60			紫沙蛇	*Psanmodynastes pulveruntus*
61			横尾斜鳞蛇	*Pseudoxenodon busicola*
62			斜鳞蛇	*Pseudoxenodon macrops*
63			斜鳞蛇福建亚种	*Pseudoxenodon macrops fukienensis*
64			崇安斜鳞蛇	*Pseudoxenodon karlschmidti*
65			花尾斜鳞蛇	*Pseudoxenodon stejnegeri*
66			灰鼠蛇	*Ptyas korros*
67			滑鼠蛇	*Ptyas mucosus*
68			红脖颈槽蛇	*Rhabdophis subminiayus*
69			虎斑颈槽蛇	*Rhabdophis tigrinus*
70			黑头剑蛇	*Sibynophis chinensis*
71			环纹华游蛇	*Sinonatrix aequifasciata*

（续）

序号	目	科	种	
			中文名	拉丁名
72	有鳞目	游蛇科	赤练华游蛇	*Sinonatrix annularis*
73			乌华游蛇	*Sinonatrix percaninata*
74			渔游蛇	*Xechrophis piscator*
75			乌梢蛇	*Zaocy dhumnades*
76			中国水蛇	*Enhydris chinensis*
77			铅色水蛇	*Enhydris plumbea*
78		眼镜蛇科	银环蛇	*Bungarus multicinctus*
79			福建丽纹蛇	*Calliophis kelloggi*
80			丽纹蛇	*Calliophis macclellandi*
81			舟山眼镜蛇	*Naja atra*
82			眼镜王蛇	*Ophiophagus hannah*
83		蝰科	白头蝰	*Azeniops feae*
84			尖吻蝮	*Dienakistrodon acutus*
85			短尾蝮	*Gloydius brevicaudus*
86			山烙铁头	*Ovophis monticola*
87			原矛头蝮蛇	*Protobothrops mucrosquamatus*
88			白唇叶青蛇	*Trimeresurus albolabris*
89			竹叶青蛇	*Trimeresurus stejnegeri*
(四)鸟　类				
1	䴙䴘目	䴙䴘科	小䴙䴘	*Tachybaptus ruficollis*
2			凤头䴙䴘	*Podiceps cristatus*
3			黑颈䴙䴘	*Podiceps nigricollis*
4	鹱形目	鹱科	白额鹱	*Puffinus leucomelas*
5	鹈形目	鹈鹕科	卷羽鹈鹕	*Pelecanus crispus*
6		鸬鹚科	鸬鹚	*Phalacrocorax carbo*
7	鹳形目	鹭科	苍鹭	*Ardea cinerea*
8			草鹭	*Ardea purpurea*
9			绿鹭	*Butorides striatus*
10			池鹭	*Ardeola bacchus*
11			牛背鹭	*Bubulcus ibis*
12			大白鹭	*Egretta alba*
13			白鹭	*Egretta garzetta*
14			黄嘴白鹭	*Egretta eulophotes*
15			中白鹭	*Egretta intermedia*

（续）

序号	目	科	种	
			中文名	拉丁名
16	鹳形目	鹭科	夜鹭	*Nycticorax nycticorax*
17			栗鳽	*Gorsachius goisagi*
18			海南虎斑鳽	*Gorsachius magnificus*
19			黄苇鳽	*Ixobrychus sinensis*
20			紫背苇鳽	*Ixobrychus eurhythmus*
21			栗苇鳽	*Ixobrychus cinnamomeus*
22			黑鳽	*Dupetor flavicollis*
23			大麻鳽	*Botaurus stellaris*
24		鹳科	彩鹳	*Mycteria leucocephala*
25			东方白鹳	*Ciconia boyciana*
26			黑鹳	*Ciconia nigra*
27			秃鹳	*Leptoptilos javanicus*
28		鹮科	[黑头]白鹮	*Threskiornis melanocephalus*
29			白琵鹭	*Platalea leucorodia*
30			黑脸琵鹭	*Platalea minor*
31	雁形目	鸭科	加拿大雁	*Branta canadensis*
32			红胸黑雁	*Branta ruficollis*
33			鸿雁	*Anser cygnoides*
34			豆雁	*Anser fabalis*
35			白额雁	*Anser albifrons*
36			小白额雁	*Anser erythropus*
37			灰雁	*Anser anser*
38			斑头雁	*Anser indicus*
39			雪雁	*Anser caerulescens*
40			小天鹅	*Cygnus columbianus*
41			栗树鸭	*Dendrocygna javanica*
42			赤麻鸭	*Tadorna ferruginea*
43			翘鼻麻鸭	*Tadorna tadorna*
44			针尾鸭	*Anas acuta*
45			绿翅鸭	*Anas crecca*
46			花脸鸭	*Anas formosa*
47			罗纹鸭	*Anas falcata*
48			绿头鸭	*Anas platyrhynchos*
49			斑嘴鸭	*Anas poecilorhyncha*
50			赤膀鸭	*Anas strepera*

（续）

序号	目	科	种	
			中文名	拉丁名
51	雁形目	鸭科	赤颈鸭	*Anas penelope*
52			白眉鸭	*Anas querquedula*
53			琵嘴鸭	*Anas clypeata*
54			红头潜鸭	*Aythya ferina*
55			青头潜鸭	*Aythya baeri*
56			凤头潜鸭	*Aythya fuligula*
57			斑背潜鸭	*Aythya marila*
58			鸳鸯	*Aix galericulata*
59			棉凫	*Nettapus coromandelianus*
60			斑脸海番鸭	*Melanitta fusca*
61			鹊鸭	*Bucephala clangula*
62			斑头秋沙鸭	*Mergus albellus*
63			中华秋沙鸭	*Mergus squamatus*
64			普通秋沙鸭	*Mergus merganser*
65	隼形目	鹗科	鹗	*Pandion haliatus*
66	鹤形目	鹤科	灰鹤	*Grus grus*
67			白头鹤	*Grus monacha*
68			沙丘鹤	*Grus canadensis*
69			白枕鹤	*Grus vipio*
70			白鹤	*Grus leucogeranus*
71		秧鸡科	普通秧鸡	*Rallus aquaticus*
72			蓝胸秧鸡	*Rallus striatus*
73			白喉斑秧鸡	*Rallina eurizonoides*
74			小田鸡	*Porzana pusilla*
75			红胸田鸡	*Porzana fusca*
76			斑胁田鸡	*Porzana paykullii*
77			花田鸡	*Porzana exquisite*
78			红脚苦恶鸟	*Amaurornis akool*
79			白胸苦恶鸟	*Amaurornis phoenicurus*
80			董鸡	*Gallicrex cinerea*
81			黑水鸡	*Gallinula chloropus*
82			白骨顶	*Fulica atra*
83		鸨科	大鸨	*Otis tarca*
84	鸻形目	雉鸻科	水雉	*Hydrophasianus chirurgus*

（续）

序号	目	科	种	
			中文名	拉丁名
85	鸻形目	彩鹬科	彩鹬	*Rostratula benghalensis*
86		蛎鹬科	蛎鹬	*Haematopus ostralegus*
87		鸻科	凤头麦鸡	*Vanellus vanellus*
88			灰头麦鸡	*Vanellus cinereus*
89			灰斑鸻	*Pluvialis squatarola*
90			金斑鸻	*Pluvialis fulva*
91			剑鸻	*Charadrius hiaticula*
92			长嘴剑鸻	*Charadrius placidus*
93			金眶鸻	*Charadrius dubius*
94			环颈鸻	*Charadrius alexandrinus*
95			蒙古沙鸻	*Charadrius mongolus*
96			铁嘴沙鸻	*Charadrius leschenaultii*
97			红胸鸻	*Charadrius asiaticus*
98			东方鸻	*Charadrius veredus*
99		鹬科	小杓鹬	*Numenius minutus*
100			中杓鹬	*Numenius phaeopus*
101			白腰杓鹬	*Numenius arquata*
102			红腰杓鹬	*Numenius madagascariensis*
103			黑尾塍鹬	*Limosa limosa*
104			鹤鹬	*Tringa erythropus*
105			红脚鹬	*Tringa totanus*
106			泽鹬	*Tringa stagnatilis*
107			青脚鹬	*Tringa nebularia*
108			白腰草鹬	*Tringa ochropus*
109			林鹬	*Tringa glareola*
110			矶鹬	*Tringa hypoleucos*
111			灰尾漂鹬	*Heteroscelus brevipes*
112			翘嘴鹬	*Xenus cinereus*
113			翻石鹬	*Arenaria interpres*
114			针尾沙锥	*Gallinago stenura*
115			孤沙锥	*Gallinago solitaria*
116			大沙锥	*Gallinago megala*
117			扇尾沙锥	*Gallinago gallinago*
118			丘鹬	*Scolopax rusticola*
119			红颈滨鹬	*Calidris ruficollis*

（续）

序号	目	科	种	
			中文名	拉丁名
120	鸻形目	鹬科	长趾滨鹬	*Calidris subminuta*
121			青脚滨鹬	*Calidris temminckii*
122			黑腹滨鹬	*Calidris alpina*
123			弯嘴滨鹬	*Calidris ferruginea*
124			三趾滨鹬	*Calidris alba*
125			阔嘴鹬	*Limicola falcinellus*
126		反嘴鹬科	黑翅长脚鹬	*Himantopus himantopus*
127			反嘴鹬	*Recurvirostra avosetta*
128		鹬科	红颈瓣蹼鹬	*Phalaropus lobatus*
129		燕鸻科	普通燕鸻	*Glareola maldivarum*
130	鸥形目	鸥科	黑尾鸥	*Larus crassirostris*
131			海鸥	*Larus canus*
132			银鸥	*Larus argentatus*
133			西伯利亚银鸥	*Larus vegae*
134			灰背鸥	*Larus schistisagus*
135			遗鸥	*Larus relictus*
136			红嘴鸥	*Larus ridibundus*
137			黑嘴鸥	*Larus saundersi*
138		燕鸥科	须浮鸥	*Chlidonias hybrida*
139			白翅浮鸥	*Chlidonias leucoptera*
140			红嘴巨鸥	*Hydroprogne caspia*
141			普通燕鸥	*Sterna hirundo*
142			白额燕鸥	*Sterna albifrons*
143	鸮形目	鸱鸮科	黄腿渔鸮	*Ketupa flavipes*
144	佛法僧目	翠鸟科	冠鱼狗	*Ceryle lugubrus*
145			斑鱼狗	*Ceryle rudis*
146			普通翠鸟	*Alcedo atthis*
147			斑头大翠鸟	*Alcedo hercules*
148			赤翡翠	*Halcyon coromanda*
149			白胸翡翠	*Halcyon smyrnensis*
150			蓝翡翠	*Halcyon pileata*
（五）哺乳类				
1	食虫目	猬科	刺猬	*Erinaceus europaeus*
2		鼩鼱科	臭鼩鼱	*Suncus murinus*
3	翼手目	菊头蝠科	鲁氏菊头蝠	*Rhinolophus rouxii*

（续）

序号	目	科	种	
			中文名	拉丁名
4	翼手目	蝙蝠科	普通伏翼	*Pipistrellus abramus*
5			东方蝙蝠	*Vespertilio superans*
6			褐山蝠	*Nyctalus noctula*
7	鳞甲目	鳞鲤科	穿山甲	*Mani pentadactyla*
8	啮齿目	松鼠科	隐纹花松鼠	*Tamiops swinhoei*
9		竹鼠科	中华竹鼠	*Rhizomys sinensis*
10		仓鼠科	黑腹绒鼠	*Eothenomys melanogaster*
11			东方田鼠	*Microtus fortis*
12		鼠科	中华姬鼠	*Apodemus draco*
13			黑线姬鼠	*Apodemus agrarius*
14			小家鼠	*Mus musculus*
15			屋顶鼠	*Rattus rattus*
16			黄胸鼠	*Rattus flavipectus*
17			褐家鼠	*Rattus norvegicus*
18			黄毛鼠	*Rattus losea*
19			大足鼠	*Rattus nitidus*
20			社鼠	*Rattus niviventer*
21			针毛鼠	*Rattus fulvescens*
22			白腹巨鼠	*Rattus eduardsi*
23			巢鼠	*Micromys minutus*
24		豪猪科	豪猪	*Hystrix hodgsoni*
25	鲸目	鼠海豚科	江豚	*Neophocaena phocoenidae*
26	食肉目	犬科	赤狐	*Vulpes vulpes*
27			貉	*Nyctereutes procyonoides*
28		鼬科	青鼬	*Martea flavigula*
29			黄鼬	*Mustela sibirca*
30			鼬獾	*Mustela moschate*
31			狗獾	*Meles leucurus*
32			猪獾	*Arctonyx collaris*
33			水獭	*Lutra lutra*
34		灵猫科	果子狸	*Paguma larvata*
35			小灵猫	*Viverricula indica*
36			食蟹獴	*Herpestes urva*
37		猫科	豹猫	*Felis bengalensis*

（续）

序号	目	科	种	
			中文名	拉丁名
38	偶蹄目	猪科	野猪	*Sus scrofa*
39		鹿科	河麂	*Hydropotes inermis*
40			水鹿	*Cervus unicolor*
41	兔形目	兔科	华南兔	*Lepus sinensis*
二、无脊椎动物				
1	贻贝目	贻贝科	湖沼股蛤	*Limnoperna lacustris*
2	蚌目	蚌科	圆顶珠蚌	*Unio douglasiae*
3			雕刻珠蚌	*Unio persculpta*
4			中国尖嵴蚌	*Acuticosta chinensis*
5			卵形尖嵴蚌	*Acuticosta ovata*
6			勇士尖嵴蚌	*Acuticosta retiaria*
7			射线裂嵴蚌	*Schistodesmus lampreyanus*
8			棘裂嵴蚌	*Schistodesmus spineus*
9			剑状矛蚌	*Lancelaria gladiola*
10			短褶矛蚌	*Lancelaria grayana*
11			三型矛蚌	*Lancelaria triformis*
12			真柱状矛蚌	*Lancelaria eucylindrica*
13			圆头楔蚌	*Cuneopsis heudei*
14			江西楔蚌	*Cuneopsis kiangsiensis*
15			巨首楔蚌	*Cuneopsis capitata*
16			鱼尾楔蚌	*Cuneopsis pisciculus*
17			微红楔蚌	*Cuneopsis rufescens*
18			矛形楔蚌	*Cuneopsis celtiformis*
19			扭蚌	*Arconaia lancelata*
20			橄榄蛏蚌	*Solenaia oleivora*
21			龙骨蛏蚌	*Solenaia carinatus*
22			背瘤丽蚌	*Lamprotula leai*
23			角月丽蚌	*Lamprotula cornuum – lunae*
24			洞穴丽蚌	*Lamprotula caveata*
25			刻裂丽蚌	*Lamprotula scripta*
26			多瘤丽蚌	*Lamprotula polysticta*
27			猪耳丽蚌	*Lamprotula rochechouarti*
28			三巨瘤丽蚌	*Lamprotula triclava*

（续）

序号	目	科	种	
			中文名	拉丁名
29	蚌目	蚌科	巴氏丽蚌	*Lamprotula bazini*
30			绢丝丽蚌	*Lamprotula fibrosa*
31			失衡丽蚌	*Lamprotula tortuosa*
32			天津丽蚌	*Lamprotula tientsinensis*
33			环带丽蚌	*Lamprotula zonata*
34			三角帆蚌	*Hyriopsis cumingii*
35			尖锄蚌	*Plychorhynchus pfisteri*
36			圆背角无齿蚌	*Anodonta woodianapacifioa*
37			背角无齿蚌	*Anodonta woodiana*
38			太平洋无齿蚌	*Anodonta pacifica*
39			球形无齿蚌	*Anodonta globosula*
40			光滑无齿蚌	*Anodonta lucida*
41			蚶形无齿蚌	*Anodonta arcaeformis*
42			褶纹冠蚌	*Cristaria plicata*
43			高顶鳞皮蚌	*Lepidodesma languilati*
44	帘蛤目	蚬科	河蚬	*Corbicula fluminea*
45			刻纹蚬	*Corbicula largilierti*
46			江蚬	*Corbicula fluminalis*
47	中腹足目	田螺科	中国圆田螺	*Cipangopaludina chinensis*
48			中华圆田螺	*Cipangopaludina cathayensis*
49			河圆田螺	*Cipangopaludina flumineali*s
50			梨形环棱螺	*Bellamya purificata*
51			铜锈环棱螺	*Bellamya aeruginosa*
52			方形环棱螺	*Bellamya quadrata*
53			双旋环棱螺	*Bellamya dispiralis*
54			绘环棱螺	*Bellamya limnoophila*
55			河环棱螺	*Bellamya reevei*
56			包氏环棱螺	*Bellamya bottgeri*
57			厄氏环棱螺	*Bellamya heudei*
58			耳河螺	*Rivularia auriculata*
59			球河螺	*Rivularia globosa*
60			长河螺	*Rivularia elongate*
61		瓶螺科	福寿螺	*Pila yigaa*

（续）

序号	目	科	种	
			中文名	拉丁名
62	中腹足目	拟沼螺科	绯拟沼螺	*Assiminea latercea*
63		狭口螺科	光滑狭口螺	*Stenothyra glabra*
64		豆螺科	长角涵螺	*Alocinma longicornis*
65			赤豆螺	*Bithynia fuchsiana*
66			槲豆螺	*Bithynia misella*
67			纹沼螺	*Parafossarulus striatulus*
68			细纹沼螺	*Parafossarulus woodi*
69			中华沼螺	*Parafossarulus sinensis*
70			曲旋沼螺	*Parafossarulus anomalospiralis*
71			大沼螺	*Parafossarulus eximius*
72		肋蜷科	方格短沟蜷	*Semisulcospira cancellata*
73			放逸短沟蜷	*Semisulcospira iibertina*
74			格氏短沟蜷	*Semisulcospira gredleri*
75			短短沟蜷	*Semisulcospira brevicual*
76			塔锥短沟蜷	*Semisulcospira henriettae*
77			多瘤短沟蜷	*Semisulcospira peregrinorum*
78			红带短沟蜷	*Semisulcospira erythrozona*
79			珍珠短沟蜷	*Semisulcospira baccata*
80			斯氏短沟蜷	*Semisulcospira schmakeri*
81			较小短沟蜷	*Semisulcospira minor*
82			芒短沟蜷	*Semisulcospira aristarchorum*
83		跑螺科	瘤拟黑螺	*Melanoides tuberculata*
84		膀胱螺科	光膀胱螺	*Physa acuta*
85		椎实螺科	耳萝卜螺	*Radix auricularia*
86			椭圆萝卜螺	*Radix swinhoei*
87			卵萝卜螺	*Radix ovata*
88			折叠萝卜螺	*Radix plicatula*
89			狭萝卜螺	*Radix lagotis*
90			小土蜗	*Galba pervia*
91		扁蜷螺科	扁旋螺	*Gyraulus compressure*
92			凸旋螺	*Gyraulus convexiusculus*
93			白旋螺	*Gyraulus albus*
94			尖口圆扁螺	*Hippeutis cantori*

（续）

序号	目	科	种	
			中文名	拉丁名
95	中腹足目	扁蜷螺科	大脐圆扁螺	*Hippeutis umbilicalis*
96			半球多脉扁螺	*Polypylis hemisphaerula*
97		觿螺科	湖北钉螺	*Oncomelania hupensis*
98	十足目	溪蟹科	修水华溪蟹	*Sinopotamon xiushuiense*
99			万载华溪蟹	*Sinopotamon wanzaiense*
100			兰氏华溪蟹	*Sinopotamon lansi*
101			双叶华溪蟹	*Sinopotamon bilobatum*
102			不等叶华溪蟹	*Sinopotamon unaequum*
103			长江华溪蟹指名亚种	*Sinopotamon yangtsekiense*
104			福建华溪蟹	*Sinopotamon fukienense*
105			安远华溪蟹	*Sinopotamon anyuanense*
106			将乐华溪蟹	*Sinopotamon jianglense*
107			光泽华溪蟹指名亚种	*Sinopotamon davidi*
108			莲花华溪蟹	*Sinopotamon lianhuaense*
109			四股桥华溪蟹	*Sinopotamon siguqiaoense*
110			九江华溪蟹	*Sinopotamon jiujiangense*
111			浏阳华溪蟹	*Sinopotamon liuyangense*
112			宁冈华溪蟹	*Sinopotamon ninggangense*
113			玉山华溪蟹	*Sinopotamon yushanense*
114			斜沿华溪蟹	*Sinopotamon obliquum*
115			凹肢华溪蟹指名亚种	*Sinopotamon depressum*
116			凹肢华溪蟹通山亚种新亚种	*Sinopotamon tongshanense* subsp. nov
117			凹肢华溪蟹商城亚种	*Sinopotamon shangchengense* subsp. nov
118			资溪华溪蟹	*Sinopotamon zixiense*
119			福建博特溪蟹	*Bottapotamon fukienense*
120			弋阳华南溪蟹	*Huananpotamon yiyangense*
121			贵溪华南溪蟹	*Huananpotamon guixiense*
122			黎川华南溪蟹	*Huananpotamon lichuanense*
123			南城华南溪蟹	*Huananpotamon nanchengense*
124			崇仁华南溪蟹	*Huananpotamon chongrenense*
125			中间华南溪蟹	*Huananpotamon medium*
126			瑞金华南溪蟹	*Huananpotamon ruijingense*
127		方蟹科	中华绒螯蟹	*Eriocheir sinensis*

（续）

序号	目	科	种	
			中文名	拉丁名
128	十足目	束腹蟹科	鄱阳束腰蟹	*Somanniathelphusa poyangensis*
129			黄龙束腰蟹	*Somanniathelphusa huanglongensis*
130			临川束腰蟹	*Somanniathelphusa linchuanesis*
131			瑞金束腰蟹	*Somanniathelphusa ruijinensis*
132			高云束腰蟹	*Somanniathelphusa gaoyunensi*
133			重石束腰蟹	*Somanniathelphusa zhongshiensis*
134		长臂虾科	日本沼虾	*Macrobrachium mipponensis*
135			粗糙沼虾	*Macrobrachium asperulum*
136			巨掌沼虾	*Macrobrachium superbum*
137			斑节沼虾	*Macrobrachium maculatum*
138			贪食沼虾	*Macrobrachium lar*
139			九江沼虾	*Macrobrachium jiujiangense*
140			安徽沼虾	*Macrobrachium anhuiense*
141			短腕沼虾	*Macrobrachium brevicar*
142		匙指虾科	锯齿新米虾	*Neocaridina denticulata*
143		螯虾科	克氏原螯虾	*Proeambarus clarkii*

附录3　江西重点调查湿地概况

一、国际重要湿地、国家重要湿地及自然保护区

1. 鄱阳湖国家级自然保护区

鄱阳湖国家级自然保护区重点调查湿地范围面积2.24万公顷，湿地面积2.24万公顷，主要湿地类型为湖泊湿地和沼泽湿地。湖泊为永久性淡水湖。地理坐标为东经116°35′31″～116°36′32″，北纬29°08′39″～29°22′47″；位于永修县内。

调查中记录到湿地高等植物3门93科246属328种。记录到国家重点保护野生植物3种，均为国家Ⅱ级保护野生植物。

湿地植被可划分为4个植被型组，8个植被型，22个群系。

调查中记录到脊椎动物5纲27目67科305种。其中，鱼类5目19科114种，两栖类2目6科11种，爬行类3目10科30种，鸟类9目17科119种，哺乳类8目15科31种。

调查中记录到国家重点保护野生动物27种。其中，国家Ⅰ级保护野生动物11种，国家Ⅱ级保护野生动物16种。在国家重点保护野生动物中，有湿地鸟类19种。其中，国家Ⅰ级保护鸟类7种，国家Ⅱ级保护鸟类12种。

记录到外来动物2门2纲2目2科2种，均为无脊椎动物。

于1983年建立省级自然保护区，1988年晋升为国家级自然保护区。受江西省林业厅管理，成立了江西鄱阳湖国家级自然保护区管理局。

主要受到泥沙淤积和污染等威胁。

2. 鄱阳湖湿地(国家重要湿地)

鄱阳湖重点调查湿地范围面积16.78万公顷，湿地面积16.78万公顷，主要湿地类型为河流湿地、湖泊湿地、沼泽湿地和人工湿地。湖泊为季节性和永久性淡水湖。地理坐标为东经115°47′～116°45′，北纬28°22′～29°45′；位于江西省北部。

调查中记录到湿地高等植物2门90科257属475种。

湿地植被可划分为4个植被型组，8个植被型，19个群系。

调查中记录到脊椎动物5纲36目81科363种。其中，鱼类12目26科136种，两栖类2目6科14种，爬行类3目10科33种，鸟类11目24科149种，哺乳类8目15科31种。

记录到国家重点保护野生动物32种。其中，国家Ⅰ级保护野生动物11种，国家Ⅱ级保护野生动物21种。在国家重点保护野生动物中，有湿地鸟类25种。其中，国家Ⅰ级保护鸟类8种，国家Ⅱ级保护鸟类17种。

记录到外来动物2门2纲2目2科2种，均为无脊椎动物。

鄱阳湖湿地主要受江西省林业厅管理，建立了7个保护管理站，管理站归口于江西鄱阳湖国

家级自然保护区管理局。

主要受到非法狩猎、过度捕捞和采集、围垦、泥沙淤积、基建和城市建设、外来物种入侵等威胁。

3. 鄱阳湖南矶湿地国家级自然保护区

鄱阳湖南矶湿地国家级自然保护区重点调查湿地范围面积3.33万公顷，湿地面积3.24万公顷，主要湿地类型为湖泊湿地。湖泊为永久性淡水湖。地理坐标为东经116°10′24″~116°23′50″，北纬28°52′21″~29°06′46″；位于新建县内。

调查中记录到湿地高等植物3门64科186属259种。

湿地植被可划分为2个植被型组，6个植被型，16个群系。

调查中记录到脊椎动物5纲25目52科204种。其中，鱼类6目14科58种，两栖类1目5科11种，爬行类2目8科19种，鸟类8目14科95种，哺乳类8目11科21种。

记录到国家重点保护野生动物14种。其中，国家Ⅰ级保护野生动物4种，国家Ⅱ级保护野生动物10种。在国家重点保护野生动物中，有湿地鸟类11种，其中，国家Ⅰ级保护鸟类4种，国家Ⅱ级保护鸟类7种。

记录到外来动物2门2纲2目2科2种，均为无脊椎动物。

于1997年建立省级自然保护区，2008年晋升为国家级自然保护区。受南昌市林业局管理，成立了江西鄱阳湖南矶湿地国家级自然保护区管理局。

主要受到公路和城镇化建设威胁。

4. 桃红岭梅花鹿国家级自然保护区

桃红岭梅花鹿自然保护区重点调查湿地范围面积1.25万公顷，湿地面积0.02万公顷，主要湿地类型为河流湿地和人工湿地。地理坐标为东经116°32′~116°43′，北纬29°42′~29°53′；位于彭泽县内。

调查中记录到湿地高等植物3门82科234属368种。国家重点保护野生植物4种，均为国家Ⅱ级保护野生植物。

湿地植被可划分为4个植被型组，6个植被型，13个群系。

调查中记录到脊椎动物5纲20目45科136种。其中，鱼类2目4科8种，两栖类2目7科19种，爬行类2目9科29种，鸟类7目8科36种，哺乳类7目17科44种。

记录到国家重点保护野生动物5种。其中，国家Ⅰ级保护野生动物1种，国家Ⅱ级保护野生动物4种。在国家重点保护野生动物中，有湿地鸟类1种，为国家Ⅰ级保护鸟类。

于1981年建立省级自然保护区，2001年晋升为国家级自然保护区。受江西省林业厅管理，成立了江西省桃红岭梅花鹿自然保护区管理局。

5. 九连山国家级自然保护区

九连山国家级自然保护区重点调查湿地范围面积1.34万公顷，湿地面积0.01万公顷(102.66公顷)，主要湿地类型为河流湿地和人工湿地。地理坐标为东经114°22′50″~114°31′32″，北纬

24°29′18″~24°38′55″；位于龙南县内。

调查中记录到湿地高等植物3门145科400多种。

湿地植被可划分为5个植被型组，7个植被型，60个群系。

调查中记录到脊椎动物5纲23目59科187种。其中，鱼类6目14科35种，两栖类2目7科18种，爬行类2目13科43种，鸟类6目7科36种，哺乳类7目18科55种。

记录到国家重点保护野生动物8种。其中，国家Ⅰ级保护野生动物1种，国家Ⅱ级保护野生动物7种。在国家重点保护野生动物中，有湿地鸟类2种，为国家Ⅱ级保护鸟类。

于1981年建立省级自然保护区，2003年晋升为国家级自然保护区。受江西省林业厅管理，成立了江西九连山国家级自然保护区管理局。

主要受到工业轻微污染威胁。

6. 官山国家级自然保护区

官山国家级自然保护区重点调查湿地范围面积1.15万公顷，湿地面积0.003万公顷(31.01公顷)，主要湿地类型为河流湿地。地理坐标为东经114°29′~114°45′，北纬28°30′~28°40′；地跨宜丰、铜鼓两县。

调查中记录到湿地高等植物3门54科68属121种。

湿地植被可划分为2个植被型组，3个植被型，16个群系。

调查中记录到脊椎动物5纲19目46科152种。其中，鱼类1目2科6种，两栖类2目8科31种，爬行类2目12科66种，鸟类5目5科12种，哺乳类9目19科37种。

记录到国家重点保护野生动物5种，均为国家Ⅱ级保护野生动物。在国家重点保护野生动物中，有湿地鸟类1种。

于1981年建立省级自然保护区，2007年晋升为国家级自然保护区，受江西省林业厅管理，成立了江西官山保护区管理局。

主要受到泥沙淤积等方面威胁。

7. 江西武夷山国家级自然保护区

江西武夷山国家级自然保护区重点调查湿地范围面积1.6万公顷，湿地面积0.006万公顷(55.91公顷)，主要湿地类型为河流湿地。地理坐标为东经117°39′30″~117°55′47″，北纬27°48′11″~28°00′35″；位于铅山县内。

调查中记录到湿地高等植物3门134科413属690种。

湿地植被可划分为3个植被型组，4个植被型，12个群系。

调查中记录到脊椎动物5纲22目61科227种。其中，鱼类4目10科36种，两栖类2目8科28种，爬行类2目11科59种，鸟类6目8科29种，哺乳类8目24科75种。

记录到国家重点保护野生动物6种。其中，国家Ⅰ级保护野生动物1种，国家Ⅱ级保护野生动物5种。在国家重点保护野生动物中，有湿地鸟类1种，为国家Ⅰ级保护鸟类。

于1981年建立省级自然保护区，2002年晋升为国家级自然保护区。受江西省林业厅管理，成立了江西武夷山国家级自然保护区管理局。

主要受到外来物种入侵等威胁。

8. 井冈山国家级自然保护区

井冈山国家级自然保护区重点调查湿地范围面积2.07万公顷，湿地面积0.02万公顷，主要湿地类型为河流湿地和人工湿地。地理坐标为东经114°04′~114°16′，北纬26°28′~26°40′；位于井冈山市。

调查中记录到湿地高等植物3门138科443属702种。

湿地植被可划分为4个植被型组，7个植被型，12个群系。

调查中记录到脊椎动物5纲22目62科222种。其中，鱼类4目11科33种，两栖类2目8科35种，爬行类2目11科48种，鸟类6目8科31种，哺乳类8目24科75种。

记录到国家重点保护野生动物4种，均为国家Ⅱ级保护野生动物。在国家重点保护野生动物中，有湿地鸟类2种。

记录到外来动物1门1纲1目1科1种，为无脊椎动物。

于1981年建立省级自然保护区，2000年晋升为国家级自然保护区。受井冈山国家级自然保护区管理局管理，成立了井冈山国家级自然保护区管理局。

主要受到旅游开发利用威胁。

9. 马头山国家级自然保护区

马头山国家级自然保护区重点调查湿地范围面积1.39万公顷，湿地面积105.37公顷，主要湿地类型为河流湿地。地理坐标为东经117°10′14″~117°18′00″，北纬27°43′18″~27°52′50″；位于资溪县内。

调查中记录到湿地高等植物3门31科52属98种。

湿地植被可划分为4个植被型组，6个植被型，18个群系。

调查中记录到脊椎动物5纲22目61科220种。其中，鱼类3目8科34种，两栖类2目8科28种，爬行类2目12科49种，鸟类7目11科45种，哺乳类8目22科64种。

记录到国家重点保护野生动物19种。其中，国家Ⅰ级保护野生动物4种，国家Ⅱ级保护野生动物15种。在国家重点保护野生动物中，有湿地鸟类2种，均为国家Ⅱ级保护鸟类。

于2001年建立省级自然保护区，2007年晋升为国家级自然保护区。受资溪县人民政府管理，成立了江西马头山国家级自然保护区筹备办。

主要受水利工程和引排水的负面影响等方面的威胁。

10. 鄱阳湖青岚湖省级自然保护区

青岚湖省级自然保护区重点调查湿地范围面积0.16万公顷，湿地面积0.16万公顷，主要湿地类型为河流湿地和湖泊湿地。湖泊为永久性淡水湖。中心地理坐标为东经116°13′16″，北纬28°25′21″；位于进贤县内。

调查中记录到湿地高等植物3门57科73属136种。

湿地植被可划分为2个植被型组，6个植被型，12个群系。

调查中记录到脊椎动物5纲26目54科239种。其中，鱼类7目16科96种，两栖类1目3科7种，爬行类2目7科13种，鸟类10目18科105种，哺乳类6目10科18种。

记录到国家重点保护野生动物7种，均为国家Ⅱ级保护野生动物。在国家重点保护野生动物中，有湿地鸟类5种。

记录到外来动物2门2纲2目2科，均为无脊椎动物。

于1998年被批准为省级自然保护区。受南昌市林业局管理，成立了进贤县林业局野生动物保护站。

主要受到城市化建设威胁。

11. 鸳鸯湖省级自然保护区

鸳鸯湖省级自然保护区重点调查湿地范围面积0.09万公顷，湿地面积112.53公顷，主要湿地类型为人工湿地。中心地理坐标为东经117°31′，北纬29°19′；位于婺源县内。

调查中记录到湿地高等植物3门28科63属69种。

湿地植被可划分为2个植被型组，4个植被型，8个群系。

调查中记录到脊椎动物5纲24目46科155种。其中，鱼类5目12科57种，两栖类1目4科10种，爬行类2目7科14种，鸟类10目13科56种，哺乳类6目10科18种。

记录到国家重点保护野生动物4种。其中，国家Ⅰ级保护野生动物1种，国家Ⅱ级保护野生动物3种。在国家重点保护野生动物中，有湿地鸟类3种，其中，国家Ⅰ级保护鸟类1种，国家Ⅱ级保护鸟类2种。

于1997年被批准为省级自然保护区。受婺源县林业局管理，成立了鸳鸯湖省级自然保护区管理局。

未受到相关威胁。

12. 都昌候鸟省级自然保护区

都昌候鸟省级自然保护区重点调查湿地范围面积4.11万公顷，湿地面积3.05万公顷，主要湿地类型为湖泊湿地、沼泽湿地和人工湿地。湖泊为永久性淡水湖。地理坐标为东经116°02′24″~116°36′30″，北纬28°50′28″~29°10′20″；位于都昌县内。

调查中记录到湿地高等植物3门90科250属376种。国家重点保护野生植物4种，均为国家Ⅱ级保护野生植物。

湿地植被可划分为2个植被型组，6个植被型，14个群系。

调查中记录到脊椎动物5纲23目50科180种。其中，鱼类4目12科39种，两栖类1目4科8种，爬行类2目6科11种，鸟类10目19科105种，哺乳类6目9科17种。

记录到国家重点保护野生动物14种。其中，国家Ⅰ级保护野生动物3种，国家Ⅱ级保护野生动物11种。在国家重点保护野生动物中，有湿地鸟类12种。其中，国家Ⅰ级保护鸟类3种，国家Ⅱ级保护鸟类9种。

记录到外来动物1门1纲1目1科1种，为无脊椎动物。

于2000年被批准为省级自然保护区，受都昌县林业局和省农业厅管理，成立了都昌候鸟自然保护区管理局。

主要受到城镇化建设、外来物种等威胁。

二、湿地公园

1. 孔目江国家湿地公园

孔目江国家湿地公园重点调查湿地范围面积0.15万公顷，湿地面积103.02公顷，主要湿地类型为河流湿地和人工湿地。地理坐标为东经114°55′~115°04′，北纬25°39′~25°52′；位于渝水区内。

调查中记录到湿地高等植物3门69科145属170种。

湿地植被可划分为3个植被型组，7个植被型，15个群系。

调查中记录到脊椎动物5纲19目41科123种。其中，鱼类4目10科48种，两栖类1目5科11种，爬行类2目8科21种，鸟类6目7科27种，哺乳类6目11科16种。

记录到国家重点保护野生动物4种，均为国家Ⅱ级保护野生动物。在国家重点保护野生动物中，有湿地鸟类2种。

记录到外来动物1门1纲1目1科1种，为无脊椎动物。

于2007年被批准为国家级湿地公园。受新余市林业局管理，成立了孔目江国家湿地公园管理处。

主要受到城市化建设、外来物种入侵等威胁。

2. 东鄱阳湖国家湿地公园

东鄱阳湖国家湿地公园重点调查湿地范围面积3.63万公顷，湿地面积3.39万公顷，主要湿地类型为河流湿地、湖泊湿地和人工湿地。湖泊为永久性淡水湖。地理坐标为东经116°23′39″~116°44′38″，北纬28°56′52″~29°13′31″；位于鄱阳县内。

调查中记录到湿地高等植物3门126科356属473种。

湿地植被可划分为3个植被型组，6个植被型，20个群系。

调查中记录到脊椎动物5纲23目48科173种。其中，鱼类5目15科59种，两栖类2目6科12种，爬行类2目8科23种，鸟类8目13科67种，哺乳类6目6科12种。

记录到国家重点保护野生动物16种。其中，国家Ⅰ级保护野生动物4种，国家Ⅱ级保护野生动物12种。在国家重点保护野生动物中，有湿地鸟类11种，其中，国家Ⅰ级保护鸟类4种，国家Ⅱ级保护鸟类7种。

记录到外来动物2门2纲2目2科2种，均为无脊椎动物。

2011年被批准为国家级湿地公园。受鄱阳县湿地管理委员会管理，成立了江西东鄱阳湖国家湿地公园管理委员会。

主要受到城镇化、围垦等方面的威胁。

3. 修河国家湿地公园

修河国家湿地公园重点调查湿地范围面积0.43万公顷，湿地面积0.25万公顷，主要湿地类型为河流湿地和湖泊湿地。湖泊为永久性淡水湖。地理坐标为东经115°23′~116°40′，北纬28°53′~29°23′；位于永修县内。

调查中记录到湿地高等植物3门48科110属150种。

记录到国家重点保护野生植物2种，均为国家Ⅱ级保护野生植物。

湿地植被可划分为2个植被型组，6个植被型，24个群系。

调查中记录到脊椎动物5纲22目49科183种。其中，鱼类4目12科54种，两栖类2目6科13种，爬行类2目8科23种，鸟类8目13科77种，哺乳类6目10科16种。

记录到国家重点保护野生动物10种。其中，国家Ⅰ级保护野生动物3种，国家Ⅱ级保护野生动物7种。在国家重点保护野生动物中，有湿地鸟类9种，其中，国家Ⅰ级保护鸟类3种，国家Ⅱ级保护鸟类6种。

于2009年被批准为国家级湿地公园。受永修县林业局管理，成立了修河国家级湿地公园管理局。

主要受到采砂威胁。

4. 东江源国家湿地公园

东江源国家湿地公园重点调查湿地范围面积0.27万公顷，湿地面积0.02万公顷，主要湿地类型为河流湿地。地理坐标为东经115°14′56″~115°34′00″，北纬25°00′07″~25°07′00″；位于安远县内。

调查中记录到湿地高等植物3门125科395属671种。

湿地植被可划分为4个植被型组，7个植被型，29个群系。

调查中记录到脊椎动物5纲21目46科140种。其中，鱼类4目12科41种，两栖类2目6科20种，爬行类2目8科29种，鸟类6目9科38种，哺乳类7目11科12种。

记录到国家重点保护野生动物3种，均为国家Ⅱ级保护野生动物。在国家重点保护野生动物中，有湿地鸟类1种。

记录到外来动物1门1纲1目1科1种，为无脊椎动物。

于2008年被批准为国家级湿地公园。受安远县林业局管理，成立了安远县东江源国家湿地公园管理局。

主要受到其他威胁。

5. 药湖国家湿地公园

药湖国家湿地公园重点调查湿地范围面积0.26万公顷，湿地面积0.11万公顷，主要湿地类型为河流湿地、湖泊湿地和人工湿地。湖泊为永久性淡水湖。地理坐标为东经115°41′~115°45′，北纬25°19′~25°22′；位于丰城市内。

调查中记录到湿地高等植物3门39科92属128种。

湿地植被可划分为5个植被型组，8个植被型，16个群系。

调查中记录到脊椎动物5纲20目42科147种。其中，鱼类5目12科55种，两栖类1目5科9种，爬行类2目7科14种，鸟类8目13科62种，哺乳类4目5科7种。

记录到国家重点保护野生动物8种。其中，国家Ⅰ级保护野生动物2种，国家Ⅱ级保护野生动物6种。在国家重点保护野生动物中，有湿地鸟类7种。其中，国家Ⅰ级保护鸟类2种，国家Ⅱ级保护鸟类5种。

记录到外来动物1门1纲1目1科1种，为无脊椎动物。

于2009年被批准为国家级湿地公园，受丰城市林业局管理。

主要受到污染和泥沙淤积的威胁。

6. 傩湖国家湿地公园

傩湖国家湿地公园重点调查湿地范围面积0.17万公顷，湿地面积0.02万公顷，主要湿地类型为河流湿地和人工湿地。地理坐标为东经116°16′33″～116°20′44″，北纬26°51′29″～27°00′15″；位于南丰县内。

调查中记录到湿地高等植物3门33科65属78种。

湿地植被可划分为5个植被型组，8个植被型，15个群系。

调查中记录到脊椎动物5纲23目48科140种。其中，鱼类5目12科51种，两栖类2目7科17种，爬行类2目8科28种，鸟类7目9科28种，哺乳类7目12科16种。

记录到国家重点保护野生动物5种，均为国家Ⅱ级保护野生动物。在国家重点保护野生动物中，有湿地鸟类3种。

记录到外来动物2门2纲2目2科2种，均为无脊椎动物。

于2009年被批准为国家级湿地公园。受南丰县林业局管理，成立了南丰县潘渡水电实业有限公司。

主要受到城镇化建设威胁。

7. 庐山西海国家湿地公园

庐山西海国家湿地公园重点调查湿地范围面积2.47万公顷，湿地面积0.41万公顷，主要湿地类型为河流湿地和人工湿地。地理坐标为东经114°43′43″～115°24′24″，北纬29°10′27″～29°22′30″；位于武宁县内。

调查中记录到湿地高等植物3门73科199属299种。

记录到国家重点保护野生植物4种，均为国家Ⅱ级保护野生植物。

湿地植被可划分为4个植被型组，8个植被型，17个群系。

调查中记录到脊椎动物5纲23目57科234种。其中，鱼类4目11科67种，两栖类2目7科21种，爬行类2目9科43种，鸟类8目11科49种，哺乳类7目19科54种。

记录到国家重点保护野生动物2种，均为国家Ⅱ级保护野生动物。其中，有湿地鸟类1种。

于2011年被批准为国家级湿地公园。受武宁县林业局管理，成立了庐山西海国家湿地公园管理局。

主要受到城镇化建设的威胁。

8. 修河源国家湿地公园

修河源国家湿地公园重点调查湿地范围面积 0.43 万公顷，湿地面积 0.32 万公顷，主要湿地类型为河流湿地和人工湿地。地理坐标为东经 114°18′37″～114°44′09″，北纬 28°54′39″～29°11′26″；位于修水县内。

调查中记录到湿地高等植物 3 门 77 科 211 属 344 种。

记录到国家重点保护野生植物 4 种，均为国家 Ⅱ 级保护野生植物。

湿地植被可划分为 3 个植被型组，7 个植被型，17 个群系。

调查中记录到脊椎动物 5 纲 22 目 55 科 216 种。其中，鱼类 4 目 11 科 50 种，两栖类 2 目 7 科 21 种，爬行类 2 目 9 科 45 种，鸟类 7 目 9 科 46 种，哺乳类 7 目 19 科 54 种。

记录到国家重点保护野生动物 3 种，均为国家 Ⅱ 级保护野生动物。其中，有湿地鸟类 1 种。

于 2011 年被批准为国家级湿地公园。受修水县人民政府管理，成立了江西修河源国家湿地公园管理局。

主要受到城市化建设威胁。

9. 大湖江国家湿地公园

大湖江国家湿地公园重点调查湿地范围面积 0.67 万公顷，湿地面积 0.52 万公顷，主要湿地类型为河流湿地和人工湿地。地理坐标为东经 114°54′06″～115°03′13″，北纬 25°50′41″～26°12′36″；位于赣县县内。

调查中记录到湿地高等植物 2 门 65 科 162 属 212 种。国家重点保护野生植物 3 种，均为国家 Ⅱ 级保护野生植物。

湿地植被可划分为 4 个植被型组，5 个植被型，16 个群系。

调查中记录到脊椎动物 5 纲 24 目 58 科 226 种。其中，鱼类 4 目 12 科 70 种，两栖类 2 目 7 科 24 种，爬行类 2 目 9 科 43 种，鸟类 8 目 10 科 34 种，哺乳类 8 目 20 科 55 种。

记录到国家重点保护野生动物 2 种，均为国家 Ⅱ 级保护野生动物。其中，有湿地鸟类 1 种。

记录到外来动物 1 门 1 纲 1 目 1 科 1 种，为无脊椎动物。

于 2011 年被批准为国家湿地公园。受赣县林业局管理，成立了赣县大湖江湿地公园管理处。

10. 潋江国家湿地公园

潋江国家湿地公园重点调查湿地范围面积 0.36 万公顷，湿地面积 0.20 万公顷，主要湿地类型为河流湿地和人工湿地。中心地理坐标为东经 115°19′，北纬 26°16′；位于兴国县内。

调查中记录到湿地高等植物 3 门 126 科 337 属 551 种。

湿地植被可划分为 5 个植被型组，8 个植被型，42 个群系。

调查中记录到脊椎动物 5 纲 22 目 55 科 207 种。其中，鱼类 4 目 11 科 51 种，两栖类 2 目 7 科 23 种，爬行类 2 目 9 科 41 种，鸟类 7 目 9 科 39 种，哺乳类 7 目 19 科 53 种。

记录到国家重点保护野生动物 2 种，均为国家 Ⅱ 级保护野生动物。

记录到外来动物1门1纲1目1科1种，为无脊椎动物。

于2011年被批准为国家湿地公园，受兴国县林业局管理，成立了兴国县潋江湿地公园管理委员会。

主要受到基建和城市化建设、泥沙淤积等威胁。

11. 芦溪山口岩省级湿地公园

芦溪山口岩省级湿地公园重点调查湿地范围面积0.70万公顷，湿地面积0.01万公顷(90.25公顷)，主要湿地类型为河流湿地。地理坐标为东经113°55′~114°16′，北纬27°25′~27°47′；位于芦溪县内。

调查中记录到湿地高等植物3门103科264属421种。

湿地植被可划分为4个植被型组，7个植被型，12个群系。

调查中记录到脊椎动物5纲22目55科182种。其中，鱼类4目12科46种，两栖类2目7科19种，爬行类2目9科39种，鸟类7目9科35种，哺乳类7目18科43种。

国家重点保护野生动物3种，均为国家Ⅱ级保护野生动物。在国家重点保护野生动物中，有湿地鸟类1种。

记录到外来动物1门1纲1目1科1种，为无脊椎动物。

于2010年被批准为省级湿地公园。受芦溪县林业局管理，成立了芦溪山口岩省级湿地公园管理处。

主要受到泥沙淤积、过度捕捞和采集、水利工程和引排水的负面影响等威胁。

12. 莲花莲江省级湿地公园

莲花莲江省级湿地公园重点调查湿地范围面积0.01万公顷(87.90公顷)，湿地面积0.01万公顷(55.19公顷)，主要湿地类型为河流湿地。地理坐标为东经113°56′17″~113°56′41″，北纬27°06′33″~27°09′18″；位于莲花县内。

调查中记录到湿地高等植物2门83科228属373种。

湿地植被可划分为4个植被型组，7个植被型，13个群系。

调查中记录到脊椎动物5纲22目54科179种。其中，鱼类4目12科39种，两栖类2目7科20种，爬行类2目9科38种，鸟类7目9科42种，哺乳类7目17科40种。

记录到国家重点保护野生动物3种，均为国家Ⅱ级保护野生动物。在国家重点保护野生动物中，有湿地鸟类1种。

记录到外来动物1门1纲1目1科1种，为无脊椎动物。

于2010年被批准为省级湿地公园，受莲花县林业局管理，成立了莲花莲江省级湿地公园管理处。

主要受到基建和城市化、泥沙淤积、过度捕捞和采集、水利工程和引排水的负面影响等威胁。

13. 余江白塔河省级湿地公园

余江白塔河省级湿地公园重点调查湿地范围面积 0.06 万公顷，湿地面积 0.04 万公顷，主要湿地类型为河流湿地。地理坐标为东经 116°48′28″～116°52′06″，北纬 28°10′00″～28°15′00″；位于余江县内。

调查中记录到湿地高等植物 2 门 37 科 93 属 134 种。

湿地植被可划分为 4 个植被型组，8 个植被型，19 个群系。

调查中记录到脊椎动物 5 纲 22 目 36 科 111 种。其中，鱼类 6 目 13 科 36 种，两栖类 1 目 3 科 8 种，爬行类 2 目 4 科 14 种，鸟类 8 目 11 科 47 种，哺乳类 5 目 5 科 6 种。

记录到国家重点保护野生动物 2 种，均为国家Ⅱ级保护野生动物。在国家重点保护野生动物中，有湿地鸟类 1 种。

记录到外来动物 2 门 2 纲 2 目 2 科 2 种，均为无脊椎动物。

于 2010 年批准成立，受余江县林业局管理。

主要受到基建和城市化建设、污染和非法狩猎等威胁。

14. 全南桃江省级湿地公园

全南桃江省级湿地公园重点调查湿地范围面积 0.03 万公顷，湿地面积 0.03 万公顷，主要湿地类型为河流湿地和人工湿地。中心地理坐标为东经 114°31′47″，北纬 24°44′40″；位于全南县内。

调查中记录到湿地高等植物 2 门 56 科 159 属 216 种。

湿地植被可划分为 5 个植被型组，9 个植被型，25 个群系。

调查中记录到脊椎动物 5 纲 23 目 52 科 184 种。其中，鱼类 4 目 11 科 50 种，两栖类 2 目 7 科 26 种，爬行类 2 目 10 科 37 种，鸟类 8 目 10 科 44 种，哺乳类 7 目 14 科 27 种。

记录到国家重点保护野生动物 4 种。其中，国家Ⅰ级保护野生动物 1 种，国家Ⅱ级保护野生动物 3 种。在国家重点保护野生动物中，有湿地鸟类 1 种，为国家Ⅱ级保护鸟类。

记录到外来动物 1 门 1 纲 1 目 1 科 1 种，为无脊椎动物。

于 2010 年被批准为省级湿地公园。受全南县林业局管理，成立了全南县林业局野生动植保护管理站。

主要受到基建和城市化建设、污染等威胁。

15. 瑞金绵江省级湿地公园

瑞金绵江省级湿地公园重点调查湿地范围面积 0.18 万公顷，湿地面积为 0.06 万公顷，主要湿地类型为河流湿地和人工湿地。地理坐标为东经 115°42′～116°22′，北纬 25°30′～26°20′；位于瑞金市内。

调查中记录到湿地高等植物 3 门 67 科 163 属 213 种。

湿地植被可划分为 6 个植被型组，9 个植被型，33 个群系。

调查中记录到脊椎动物 5 纲 23 目 50 科 167 种。其中，鱼类 4 目 12 科 51 种，两栖类 2 目 7 科 16 种，爬行类 2 目 9 科 29 种，鸟类 8 目 10 科 45 种，哺乳类 7 目 14 科 26 种。

记录到国家重点保护野生动物3种，均为国家Ⅱ级保护野生动物。在国家重点保护野生动物中，有湿地鸟类1种。

记录到外来动物2门2纲2目2科2种，均为无脊椎动物。

于2010年被批准为省级湿地公园，受瑞金市林业局管理，成立了瑞金市林业局野生动植物保护管理站。

主要受到污染威胁。

16. 宁都梅江省级湿地公园

宁都梅江省级湿地公园重点调查湿地范围面积0.10万公顷，湿地面积0.09万公顷，主要湿地类型为河流湿地。地理坐标为东经115°40′~116°17′，北纬26°05′~27°08′；位于宁都县内。

调查中记录到湿地高等植物3门45科106属124种。

湿地植被可划分为5个植被型组，9个植被型，45个群系。

调查中记录到脊椎动物5纲12目60科165种。其中，鱼类4目12科49种，两栖类1目4科13种，爬行类2目9科18种，鸟类28科72种，哺乳类5目7科13种。

记录到国家重点保护野生动物5种，均为国家Ⅱ级保护野生动物。其中，有湿地鸟类4种。

记录到外来动物2门2纲2目2科2种，均为无脊椎动物。

于2010年被批准为省级湿地公园，受宁都县林业局管理，成立了宁都县林业局野生动植物保护管理站。

主要受到基建和城市化建设、污染等威胁。

17. 于都长征源省级湿地公园

于都长征源省级湿地公园重点调查湿地范围面积0.10万公顷，湿地面积0.08万公顷，主要湿地类型为河流湿地。地理坐标为东经115°11′~115°49′，北纬25°35′~26°21′；位于于都县内。

调查中记录到湿地高等植物3门52科83属141种。

湿地植被可划分为5个植被型组，6个植被型，28个群系。

调查中记录到脊椎动物5纲19目40科113种。其中，鱼类4目12科48种，两栖类1目5科11种，爬行类2目8科15种，鸟类7目9科30种，哺乳类5目6科9种。

记录到国家重点保护野生动物1种，属国家Ⅱ级保护野生动物。

记录到外来动物2门2纲2目2科2种，均为无脊椎动物。

于2010年被批准为省级湿地公园，受于都县林业局管理，成立了于都县林业局野生动植物保护管理站。

主要受到污染的威胁。

18. 高安瑞州省级湿地公园

高安瑞州省级湿地公园重点调查湿地范围面积18.09公顷，湿地面积18.09公顷，主要湿地类型为湖泊湿地。湖泊为永久性淡水湖。中心地理坐标为东经115°25′~115°35′，北纬28°12′~28°41′；位于高安市内。

调查中记录到湿地高等植物3门48科83属203种。

湿地植被可划分为5个植被型组，8个植被型，16个群系。

调查中记录到脊椎动物5纲17目30科93种。其中，鱼类4目10科34种，两栖类1目3科5种，爬行类2目5科8种，鸟类7目9科41种，哺乳类3目3科5种。

记录到国家重点保护野生动物1种，属国家Ⅰ级保护野生动物，为湿地鸟类。

记录到外来动物1门1纲1目1科1种，为无脊椎动物。

于2010年被批准为省级湿地公园。受高安市城市建设管理局管理，具体管理部门为高安市园林处。

主要受到基建和城市化、污染和泥沙淤积等威胁。

19. 丰城玉龙河省级湿地公园

丰城玉龙河省级湿地公园重点调查湿地范围面积0.02万公顷，湿地面积32.69公顷，主要湿地类型为河流湿地。地理坐标为东经115°25′~116°46′，北纬27°42′~28°19′；位于丰城市内。

调查中记录到湿地高等植物3门45科83属146种。

湿地植被可划分为5个植被型组，8个植被型，19个群系。

调查中记录到脊椎动物5纲15目32科99种。其中，鱼类4目12科37种，两栖类1目3科5种，爬行类2目5科14种，鸟类7目9科37种，哺乳类3目3科6种。

记录到国家重点保护野生动物1种，属国家Ⅰ级保护野生动物，为湿地鸟类。

记录到外来动物1门1纲1目1科1种，为无脊椎动物。

于2010年被批准为省级湿地公园。受丰城市新城区管理委员会管理，具体管理部门为丰城市新城区管理委员会。

主要受到基建和城市化、污染和泥沙淤积等威胁。

20. 宜丰新昌湖省级湿地公园

宜丰新昌湖省级湿地公园重点调查湿地范围面积35.6公顷，湿地面积16.51公顷，主要湿地类型为人工湿地。地理坐标为东经114°47′55″~115°48′25″，北纬28°23′26″~28°23′48″；位于宜丰县内。

调查中记录到湿地高等植物3门43科78属165种。

湿地植被可划分为4个植被型组，6个植被型，15个群系。

调查中记录到脊椎动物5纲18目33科105种。其中，鱼类5目13科52种，两栖类1目3科6种，爬行类2目5科12种，鸟类7目9科30种，哺乳类3目3科5种。

记录到外来动物2门2纲2目2科2种，均为无脊椎动物。

记录到国家重点保护野生动物1种，属国家Ⅰ级保护野生动物，为湿地鸟类。

于2010年被批准为省级湿地公园，受宜丰县林业局部门管理，成立了宜丰县公园管理所。

主要受到基建和城市化、污染等威胁。

21. 奉新华林省级湿地公园

奉新华林省级湿地公园重点调查湿地范围面积0.004万公顷(41.77公顷)，湿地面积0.004万公顷(41.77公顷)，主要湿地类型为人工湿地。地理坐标为东经115°14′46″~115°15′42″，北纬28°36′50″~28°38′10″；位于奉新县内。

调查中记录到湿地高等植物3门83科226属396种。国家重点保护野生植物1种，属国家Ⅱ级保护野生植物。

调查中记录到湿地高等植物3门36科54属68种。

湿地植被可划分为5个植被型组，7个植被型，15个群系。

调查中记录到脊椎动物5纲17目33科93种。其中，鱼类4目12科32种，两栖类1目3科7种，爬行类2目6科13种，鸟类7目9科36种，哺乳类3目3科5种。

记录到国家重点保护野生动物3种，均为国家Ⅱ级保护野生动物。在国家重点保护野生动物中，有湿地鸟类1种。

记录到外来动物1门1纲1目1科1种，为无脊椎动物。

于2010年被批准为省级湿地公园，受奉新县林业局管理。

主要受到基建和城市化、泥沙淤积的负面影响等威胁。

22. 上饶槠溪省级湿地公园

上饶槠溪省级湿地公园重点调查湿地范围面积0.04万公顷，湿地面积0.03万公顷，主要湿地类型为河流湿地。地理坐标为东经116°13′~118°29′，北纬27°34′~29°34′；位于上饶县内。

调查中记录到湿地高等植物3门101科293属442种。

湿地植被可划分为1个植被型组，2个植被型，9个群系。

调查中记录到脊椎动物5纲17目32科100种。其中，鱼类4目12科48种，两栖类1目3科5种，爬行类2目5科7种，鸟类7目9科36种，哺乳类3目3科4种。

记录到国家重点保护野生动物1种，属国家Ⅰ级保护野生动物，为湿地鸟类。

于2009年被批准为省级湿地公园，受上饶县林业局管理，成立了江西上饶槠溪省级湿地公园管理委员会。

主要受到基建与城市化威胁。

23. 万年珠溪省级湿地公园

万年珠溪省级湿地公园重点调查湿地范围面积146.80公顷，湿地面积106.1公顷，主要湿地类型为河流湿地。地理坐标为东经117°03′07″~117°05′10″，北纬28°39′21″~28°44′07″；位于万年县内。

调查中记录到湿地高等植物3门70科178属245种。国家重点保护野生植物1种，属国家Ⅱ级保护野生植物。

湿地植被可划分为3个植被型组，4个植被型，10个群系。

调查中记录到脊椎动物5纲22目45科153种。其中，鱼类4目14科44种，两栖类2目5科

11种，爬行类2目8科16种，鸟类9目13科72种，哺乳类5目5科10种。

记录到国家重点保护野生动物4种，均为国家Ⅱ级保护野生动物。在国家重点保护野生动物中，有湿地鸟类3种。

于2003年被批准为省级湿地公园。受万年县林业局管理，成立了万年珠溪省级湿地公园管理办公室。

主要受到基建和城市化、过度捕捞和采集、非法狩猎、外来物种入侵等威胁。

24. 德兴泊水河省级湿地公园

江西德兴泊水河省级湿地公园重点调查湿地范围面积0.04万公顷，湿地面积0.02万公顷，主要湿地类型为河流湿地。地理坐标为东经117°22′56″～118°05′48″，北纬28°38′06″～29°15′48″；位于德兴市内。

调查中记录到湿地高等植物3门110科290属443种(变种)。

湿地植被可划分为2个植被型组，2个植被型，5个群系。

调查中记录到脊椎动物5纲21目40科96种。其中，鱼类4目8科21种，两栖类2目6科11种，爬行类2目9科17种，鸟类7目9科32种，哺乳类6目8科15种。

记录到国家重点保护野生动物2种，均为国家Ⅱ级保护野生动物。在国家重点保护野生动物中，有湿地鸟类1种。

于2010年批准为省级湿地公园，受德兴市林业局管理，成立了江西德兴泊水河省级湿地公园管理办公室。

主要受到基建和城市建设、污染等威胁。

25. 婺源饶河源省级湿地公园

婺源饶河源省级湿地公园重点调查湿地范围面积0.03万公顷，湿地面积0.02万公顷，主要湿地类型为河流湿地。地理坐标为东经117°50′55″～117°54′22″，北纬29°15′20″～29°19′40″；位于婺源县内。

调查中记录到湿地高等植物3门58科169属218种。

湿地植被可划分为3个植被型组，4个植被型，7个群系。

调查中记录到脊椎动物5纲25目47科185种。其中，鸟类10目14科51种，两栖类2目6科15种，爬行类2目9科32种，鱼类4目12科53种，哺乳类7目16科34种。

记录到国家重点保护野生动物4种。其中，国家Ⅰ级保护野生动物1种，国家Ⅱ级保护野生动物3种。在国家重点保护野生动物中，有国家Ⅰ级保护野生动物1种，为湿地鸟类。

于2010年批准为省级湿地公园，受婺源县林业局管理，成立了婺源饶河源省级湿地公园管委会。

主要受到基建和城市建设、外来物种入侵等威胁。

26. 吉安庐陵湖省级湿地公园

吉安庐陵湖省级湿地公园重点调查湿地范围面积0.02万公顷，湿地面积114.45公顷，主要湿地类型为河流湿地。地理坐标为东经114°58′～115°03′，北纬27°07′～27°10′；位于吉州区内。

调查中记录到湿地高等植物3门75科153属170种。

湿地植被可划分为4个植被型组，7个植被型，11个群系。

调查中记录到脊椎动物5纲21目42科117种。其中，鱼类3目4科18种，两栖类1目4科9种，爬行类2目8科17种，鸟类8目10科39种，哺乳类7目16科34种。

记录到国家重点保护野生动物3种，均为国家Ⅱ级保护野生动物。在国家重点保护野生动物中，有湿地鸟类1种。

记录到外来动物1门1纲1目1科1种，为无脊椎动物。

于2010年批准为省级湿地公园，受吉安市林业局管理。

主要受到污染威胁。

27. 遂川遂川江省级湿地公园

遂川遂川江省级湿地公园重点调查湿地范围面积0.07万公顷，湿地面积0.03万公顷，主要湿地类型为河流湿地。地理坐标为东经114°28′～114°35′，北纬26°12′～26°23′；位于遂川县内。

调查中记录到湿地高等植物3门89科238属368种。

湿地植被可划分为4个植被型组，8个植被型，17个群系。

调查中记录到脊椎动物5纲20目44科130种。其中，鱼类4目14科44种，两栖类2目6科16种，爬行类2目9科22种，鸟类7目10科34种，哺乳类5目5科14种。

记录到国家重点保护野生动物2种，均为国家Ⅱ级保护野生动物。在国家重点保护野生动物中，有湿地鸟类1种。

记录到外来动物1门1纲1目1科1种，为无脊椎动物。

于2010年批准为省级湿地公园。受遂川县林业局管理。

主要受到污染威胁。

28. 南丰潭湖省级湿地公园

南丰潭湖省级湿地公园重点调查湿地范围面积0.08万公顷，湿地面积0.04万公顷，主要湿地类型为湖泊湿地。湖泊为淡水湖。地理坐标为东经116°39′17″～116°42′13″，北纬27°06′11″～27°08′07″；位于南丰县内。

调查中记录到湿地高等植物1门18科31属41种。

湿地植被可划分为5个植被型组，7个植被型，16个群系。

调查中记录到脊椎动物5纲21目49科149种。其中，鱼类4目12科52种，两栖类2目7科17种，爬行类2目8科29种，鸟类6目9科35种，哺乳类7目13科16种。

记录到国家重点保护野生动物5种，均为国家Ⅱ级保护野生动物。在国家重点保护野生动物中，有湿地鸟类3种。

记录到外来动物1门1纲1目1科1种，为无脊椎动物。

于2010年批准为省级湿地公园。受南丰县水利局管理，具体管理部门为潭湖水库管理局。

主要受到污染、泥沙淤积等威胁。

29. 金溪白马湖省级湿地公园

金溪白马湖省级湿地公园重点调查湿地范围面积0.06万公顷，湿地面积0.03万公顷，主要湿地类型为河流湿地和人工湿地。地理坐标为东经116°39′17″~116°42′13″，北纬27°06′11″~27°08′07″；位于金溪县内。

调查中记录到湿地高等植物2门43科113属154种。

湿地植被可划分为4个植被型组，7个植被型，16个群系。

调查中记录到脊椎动物5纲22目52科170种。其中，鱼类4目14科47种，两栖类2目7科20种，爬行类2目9科45种，鸟类7目8科33种，哺乳类7目14科25种。

记录到国家重点保护野生动物5种，均为国家Ⅱ级保护野生动物。在国家重点保护野生动物中，有湿地鸟类2种。

记录到外来动物1门1纲1目1科1种，为无脊椎动物。

于2010年批准为省级湿地公园，受金溪县林业局管理，成立了高坊水库管理局。

主要受到污染威胁。

30. 宜黄白鹭洲省级湿地公园

宜黄白鹭洲省级湿地公园重点调查湿地范围面积0.01万公顷，湿地面积79.55公顷，主要湿地类型为河流湿地。地理坐标为东经116°01′~116°28′，北纬27°03′~27°43′；位于宜黄县内。

调查中记录到湿地高等植物2门45科75属113种。

湿地植被可划分为6个植被型组，7个植被型，15个群系。

调查中记录到脊椎动物5纲20目38科80种。其中，鱼类4目8科15种，两栖类1目5科10种，爬行类2目8科17种，鸟类7目9科27种，哺乳类6目8科11种。

记录到国家重点保护野生动物2种，均为国家Ⅱ级保护野生动物。在国家重点保护野生动物中，有湿地鸟类1种。

记录到外来动物1门1纲1目1科1种，为无脊椎动物。

于2010年批准为省级湿地公园。受宜黄县林业局管理，成立了宜黄县白鹭洲省级湿地公园管理办公室。

主要受到污染、水利工程和引排水的负面影响等威胁。

31. 乐安龙潭省级湿地公园

乐安龙潭省级湿地公园重点调查湿地范围面积135.55公顷，湿地面积15.46公顷，主要湿地类型为河流湿地。地理坐标为东经115°50′38″~115°52′30″，北纬27°26′08″~27°28′43″；位于乐安县内。

调查中记录到湿地高等植物3门35科65属130种。

湿地植被可划分为3个植被型组，7个植被型，10个群系。

调查中记录到脊椎动物5纲23目53科168种。其中，鱼类4目12科45种，两栖类2目7科19种，爬行类2目9科40种，鸟类8目10科40种，哺乳类7目15科24种。

记录到国家重点保护野生动物3种，均为国家Ⅱ级保护野生动物。在国家重点保护野生动物中，有湿地鸟类1种。

记录到外来动物1门1纲1目1科1种，为无脊椎动物。

于2010年批准为省级湿地公园，受乐安县林业局管理，成立了乐安县水电局龙潭水库管理局。

主要受到污染威胁。

三、其他重点调查湿地

1. 焦潭湖

焦潭湖重点调查湿地范围面积0.24万公顷，湿地面积0.24万公顷，主要湿地类型为湖泊湿地。湖泊为永久性淡水湖。地理坐标为东经116°25′~116°28′，北纬29°06′~29°09′；位于都昌县内。

调查中记录到湿地高等植物2门56科112属231种。

湿地植被可划分为2个植被型组，3个植被型，3个群系。

调查中记录到脊椎动物5纲22目40科150种。其中，鱼类5目13科44种，两栖类1目3科7种，爬行类2目4科8种，鸟类8目12科77种，哺乳类6目8科14种。

记录到国家重点保护野生动物4种，均为国家Ⅱ级保护野生动物。在国家重点保护野生动物中，有湿地鸟类2种。

无管理机构。

未受到威胁。

2. 军山湖

军山湖重点调查湿地范围面积1.46万公顷，湿地面积1.46万公顷，主要湿地类型为湖泊湿地。湖泊为永久性淡水湖。中心地理坐标约为东经116°20′，北纬28°32′；位于进贤县内。

调查中记录到湿地高等植物3门47科65属124种。

湿地植被可划分为2个植被型组，6个植被型，10个群系。

调查中记录到脊椎动物5纲23目44科154种。其中，鱼类6目14科56种，两栖类1目3科7种，爬行类2目6科12种，鸟类8目11科61种，哺乳类6目10科18种。

记录到国家重点保护野生动物3种，均为国家Ⅱ级保护野生动物。在国家重点保护野生动物中，有湿地鸟类1种。

受林业、渔业、环保、农业、水利等部门管理。

主要受到养殖、围垦、泥沙淤积、过度捕捞和采集、非法狩猎等威胁。

3. 泥湖大道

泥湖大道重点调查湿地范围面积0.33万公顷，湿地面积0.33万公顷，主要湿地类型为湖泊湿地和人工湿地。湖泊为永久性淡水湖。地理坐标为东经116°02′~116°36′，北纬28°50′~29°10′；位于都昌县内。

调查中记录到湿地高等植物1门15科29属43种。

湿地植被可划分为2个植被型组，4个植被型，8个群系。

调查中记录到脊椎动物5纲19目35科131种。其中，鱼类2目4科32种，两栖类1目3科7种，爬行类2目6科10种，鸟类8目12科70种，哺乳类6目10科12种。

记录到国家重点保护野生动物4种，均为国家Ⅱ级保护野生动物。在国家重点保护野生动物中，有湿地鸟类2种。

受都昌县林业局管理，具体管理部门为都昌候鸟自然保护区管理局。

主要受到人为活动威胁。

4. 万安水库

万安水库重点调查湿地范围面积0.49万公顷，湿地面积0.48万公顷，主要湿地类型为人工湿地。地理坐标为东经114°46′~114°56′，北纬26°17′~26°26′；位于万安县内。

调查中记录到湿地高等植物3门87科238属360种。

湿地植被可划分为4个植被型组，8个植被型，2个群系。

调查中记录到脊椎动物5纲26目56科193种。其中，鱼类8目18科84种，两栖类1目5科14种，爬行类2目9科25种，鸟类7目9科39种，哺乳类8目15科31种。

记录到国家重点保护野生动物4种，均为国家Ⅱ级保护野生动物。

记录到外来动物1门1纲1目1科1种，为无脊椎动物。

受林业、渔业、环保、农业、水利等部门管理，成立了江西万安国家级森林公园和万安省级风景名胜区。

主要受到过度捕捞和采集、水利工程和引排水的负面影响等威胁。

5. 柘林水库

柘林水库重点调查湿地范围面积2.67万公顷，湿地面积2.42万公顷，主要湿地类型为人工湿地。地理坐标为东经115°28′~115°46′，北纬29°25′~29°28′；位于永修、武宁县内。

调查中记录到湿地高等植物3门81科209属328种。

湿地植被可划分为4个植被型组，8个植被型，17个群系。

调查中记录到脊椎动物5纲22目46科133种。其中，鱼类4目8科33种，两栖类2目6科15种，爬行类2目9科23种，鸟类7目9科40种，哺乳类7目14科22种。

记录到国家重点保护野生动物4种，均为国家Ⅱ级保护野生动物。

受九江市人民政府管理，成立了柘林水库管理局。

主要受到城市化、过度捕捞和采集等威胁。

6. 插旗洲湖

插旗洲湖重点调查湿地范围面积0.88万公顷，湿地面积0.88万公顷，主要湿地类型为沼泽湿地和人工湿地。地理坐标为东经115°17′~117°20′，北纬28°19′~29°20′；位于余干县内。

调查中记录到湿地高等植物3门87科136属305种。

湿地植被可划分为2个植被型组，2个植被型，4个群系。

调查中记录到脊椎动物5纲20目28科106种。其中，鱼类5目13科42种，两栖类1目2科6种，爬行类2目4科7种，鸟类7目9科44种，哺乳类5目5科7种。

记录到国家重点保护野生动物2种，均为国家Ⅱ级保护野生动物。

记录到外来动物1门1纲1目1科1种，为无脊椎动物。

受地方政府管理，未成立专门的管理机构。

主要受到养殖、泥沙淤积、污染等威胁。

7. 赤　湖

赤湖重点调查湿地范围面积0.49万公顷，湿地面积0.48万公顷，主要湿地类型为湖泊湿地、沼泽湿地和人工湿地。湖泊为永久性淡水湖。地理坐标为东经116°03′~116°14′，北纬30°15′~30°21′；位于瑞昌市内。

调查中记录到湿地高等植物2门43科96属126种。

湿地植被可划分为3个植被型组，5个植被型，13个群系。

调查中记录到脊椎动物5纲22目39科106种。其中，鱼类6目11科34种，两栖类1目4科8种，爬行类2目8科15种，鸟类7目9科36种，哺乳类6目7科13种。

记录到国家重点保护野生动物2种，均为国家Ⅱ级保护野生动物。

受瑞昌市林业局管理。

主要受到工业和城镇化、围垦、污染、过度捕捞和采集、非法狩猎、外来物种入侵等威胁。

8. 南岸洲

南岸洲重点调查湿地范围面积1.99万公顷，湿地面积1.99万公顷，主要湿地类型为湖泊湿地。湖泊为永久性淡水湖。地理坐标为东经116°02′~116°36′，北纬28°50′~29°10′；位于都昌县内。

调查中记录到湿地高等植物1门19科34属58种。

湿地植被可划分为2个植被型组，4个植被型，8个群系。

调查中记录到脊椎动物5纲22目37科132种。其中，鱼类5目13科40种，两栖类1目3科6种，爬行类2目5科9种，鸟类8目10科69种，哺乳类6目6科8种。

记录到国家重点保护野生动物3种，均为国家Ⅱ级保护野生动物。在国家重点保护野生动物中，有湿地鸟类1种。

受都昌县林业局管理，具体管理部门为都昌候鸟自然保护区管理局。

主要受到人为活动威胁。

9. 赛城湖

赛城湖重点调查湿地范围面积0.26万公顷，湿地面积0.26万公顷，主要湿地类型为湖泊湿地。湖泊为永久性淡水湖。中心地理坐标为东经116°18′，北纬30°08′；位于九江县与瑞昌市内。

调查中记录到湿地高等植物2门49科104属143种。

湿地植被可划分为2个植被型组，5个植被型，12个群系。

调查中记录到脊椎动物5纲22目41科109种。其中，鱼类6目12科42种，两栖类1目5科9种，爬行类2目8科14种，鸟类7目9科31种，哺乳类6目7科13种。

记录到国家重点保护野生动物2种，均为国家Ⅱ级保护野生动物。

受九江县林业局管理。

主要受到城市化、围垦、泥沙淤积、过度捕捞和采集、非法狩猎等威胁。

10. 下巢湖

下巢湖重点调查湿地范围面积138.61公顷，湿地面积138.61公顷，主要湿地类型为湖泊湿地。湖泊为永久性淡水湖。中心地理坐标为东经115°51′，北纬30°23′；位于瑞昌市内。

调查中记录到湿地高等植物1门16科30属42种。

湿地植被可划分为2个植被型组，4个植被型，8个群系。

调查中记录到脊椎动物5纲19目30科90种。其中，鱼类3目8科30种，两栖类1目3科6种，爬行类2目4科9种，鸟类8目10科38种，哺乳类5目5科7种。

记录到国家重点保护野生动物1种，为国家Ⅱ级保护野生动物。

受当地政府和瑞昌市林业局野生动植物保护管理总站管理。

主要受到其他威胁。

11. 洪门水库

洪门水库重点调查湿地范围面积0.68万公顷，湿地面积0.66万公顷，主要湿地类型为人工湿地。中心地理坐标为东经116°28′，北纬27°16′；位于南城、黎川县内。

调查中记录到湿地高等植物2门15科21属48种。

湿地植被可划分为5个植被型组，6个植被型，13个群系。

调查中记录到脊椎动物5纲24目54科165种。其中，鱼类6目15科69种，两栖类1目5科15种，爬行类2目9科28种，鸟类8目12科37种，哺乳类7目13科16种。

记录到国家重点保护野生动物5种。其中，国家Ⅰ级保护野生动物1种，国家Ⅱ级保护野生动物4种。在国家重点保护野生动物中，有湿地鸟类2种。其中，国家Ⅰ级保护鸟类1种，国家Ⅱ级保护鸟类1种。

记录到外来动物2门2纲2目2科2种，均为无脊椎动物。

受南城县和黎川县人民政府管理。

主要受到基建和城市化威胁。

12. 江口水库

江口水库重点调查湿地范围面积0.49万公顷，湿地面积0.47万公顷，主要湿地类型为人工湿地。中心地理坐标为东经114°47′，北纬27°42′；位于仙女湖区内。

调查中记录到湿地高等植物3门69科145属268种。

湿地植被可划分为4个植被型组，8个植被型，16个群系。

调查中记录到脊椎动物5纲21目46科135种。其中，鱼类3目8科36种，两栖类1目6科15种，爬行类2目9科26种，鸟类8目10科42种，哺乳类7目13科16种。

记录到国家重点保护野生动物3种，均为国家Ⅱ级保护野生动物。

记录到外来动物1门1纲1目1科1种，为无脊椎动物。

受林业、渔业、环保、农业、水利等部门管理，成立了仙女湖风景名胜区管理委员会。

主要受到基建和城市化威胁。

13. 长江干流

长江干流重点调查湿地范围面积1.94万公顷，湿地面积1.91万公顷，主要湿地类型为河流湿地。地理坐标为东经115°37′~117°08′，北纬29°49′~30°05′；位于九江、瑞昌、湖口、彭泽等县市内。

调查中记录到湿地高等植物3门52科86属130种。

湿地植被可划分为2个植被型组，4个植被型，10个群系。

调查中记录到脊椎动物5纲28目55科200种。其中，鱼类11目26科126种，两栖类1目5科9种，爬行类2目7科14种，鸟类8目10科38种，哺乳类6目7科13种。

记录到国家重点保护野生动物5种。其中，国家Ⅰ级保护野生动物2种，国家Ⅱ级保护野生动物3种。在国家重点保护野生动物中，有湿地鸟类3种。其中，国家Ⅰ级保护鸟类2种，国家Ⅱ级保护鸟类1种。

记录到外来动物1门1纲1目1科1种，为无脊椎动物。

受江西省林业厅管理，成立了长江管理委员会。

主要受到基建和城市化、围垦、泥沙淤积、过度捕捞和采集、非法狩猎、外来物种入侵、沙化等威胁。

14. 赣江干流

赣江干流重点调查湿地范围面积3.74万公顷，湿地面积3.72万公顷，主要湿地类型为河流湿地、湖泊湿地、沼泽湿地和人工湿地。湖泊为永久性淡水湖。地理坐标为东经115°56′~116°24′，北纬27°58′~28°55′；位于南昌市市辖区、南昌县、新建县、永修县、吉州区、青原区、吉安县、吉水县、峡江县、新干县、泰和县、万安县、丰城市、樟树市等县市内。

调查中记录到湿地高等植物3门154科516属989种。

湿地植被可划分为4个植被型组，6个植被型，32个群系。

调查中记录到脊椎动物5纲30目61科287种。其中，鱼类12目24科162种，两栖类1目3科8种，爬行类2目8科12种，鸟类8目12科81种，哺乳类7目14科24种。

记录到国家重点保护野生动物8种。其中，国家Ⅰ级保护野生动物1种，国家Ⅱ级保护野生动物7种。在国家重点保护野生动物中，有湿地鸟类3种，均为国家Ⅱ级保护鸟类。

记录到外来动物2门2纲2目2科2种，均为无脊椎动物。

受林业、渔业、环保、农业、水利等部门管理。

主要受到基建和城市化、围垦、泥沙淤积、过度捕捞和采集、非法狩猎、外来物种入侵、沙化等威胁。

15. 饶河干流

饶河干流重点调查湿地范围面积0.06万公顷，湿地面积为0.06万公顷，主要湿地类型为河流湿地。地理坐标为东经116°28′~116°44′，北纬28°57′~32°05′；位于鄱阳县内。

调查中记录到湿地高等植物3门125科394属669种。

湿地植被可划分为3个植被型组，6个植被型，17个群系。

调查中记录到脊椎动物5纲21目42科163种。其中，鱼类4目9科56种，两栖类1目5科10种，爬行类2目8科16种，鸟类8目11科64种，哺乳类6目9科17种。

记录到国家重点保护野生动物2种，均为国家Ⅱ级保护野生动物。其中，有湿地鸟类1种。

记录到外来动物2门2纲2目2科2种，均为无脊椎动物。

未成立专门管理机构。

主要受到基建和城市化、非法狩猎、沙化等威胁。

16. 信江干流

信江干流重点调查湿地范围面积1.27万公顷，湿地面积1.09万公顷，主要湿地类型为河流湿地。地理坐标为东经116°21′~118°12′，北纬28°14′~28°47′；位于广丰县、上饶县、信州区、铅山县、横峰县、弋阳县、贵溪市、月湖区、余江县、余干县、玉山县、进贤县等县市内。

调查中记录到湿地高等植物3门125科395属671种。

湿地植被可划分为5个植被型组，9个植被型，35个群系。

调查中记录到脊椎动物5纲25目50科169种。其中，鱼类7目11科54种，两栖类1目4科12种，爬行类2目8科16种，鸟类8目11科53种，哺乳类7目16科34种。

记录到国家重点保护野生动物3种，均为国家Ⅱ级保护野生动物。在国家重点保护野生动物中，有湿地鸟类1种。

记录到外来动物2门2纲2目2科2种，均为无脊椎动物。

未成立专门的管理机构。

主要受到基建和城市化、围垦、泥沙淤积、过度捕捞和采集、非法狩猎、外来物种入侵、沙化等威胁。

17. 抚河干流

抚河干流重点调查湿地范围面积1.05万公顷，湿地面积1.05万公顷，主要湿地类型为河流湿地和沼泽湿地。地理坐标为东经116°00′~116°14′，北纬26°33′~28°33′；位于广昌县内。

调查中记录到湿地高等植物1门35科65属98种。

湿地植被可划分为4个植被型组，6个植被型，18个群系。

调查中记录到脊椎动物5纲26目55科194种。其中，鱼类8目17科81种，两栖类1目5科15种，爬行类2目9科27种，鸟类8目11科55种，哺乳类7目13科16种。

记录到国家重点保护野生动物4种，均为国家Ⅱ级保护野生动物。在国家重点保护野生动物中，有湿地鸟类1种。

记录到外来动物2门2纲2目2科2种，均为无脊椎动物。

受抚州市和南昌市人民政府管理。

主要受到基建和城市化、围垦、泥沙淤积、过渡捕捞和采集、非法狩猎、水利工程和引排水的负面影响、外来物种入侵、沙化等威胁。

参考文献

[1]《鄱阳湖研究》编委会. 鄱阳湖研究[M]. 上海：上海科学技术出版社，1988：60－71.

[2] 陈宜瑜. 中国湿地研究[M]. 长春：吉林出版社，1995.

[3] 陈春泉，宋玉赞，黄晓凤，等. 江西七星岭自然保护区两栖动物资源调查初报[J]. 江西科学，2006，24(6)：505－508.

[4] 陈堂华. 江西青岚湖淡水蚌类分布、丰度、多样性及主要种类繁殖特征[D]. 南昌：南昌大学，2010.

[5] 陈小麟，林清贤，吴志强，等. 九岭山自然保护区脊椎动物资源[A]//李振基，吴小平，陈小麟，等. 江西九岭山自然保护区综合科学考察报告[M]. 北京：科学出版社，2009：162－200.

[6] 程宗锦. 江西五大河流科学考察[M]. 南昌：江西科学技术出版社，2009.

[7] 崔保山，杨志峰. 湿地学[M]. 北京：北京师范大学出版社，2006.

[8] 崔奕波，李钟杰. 长江流域湖泊的渔业资源与环境保护[M]. 北京：科学出版社，2005：181－192.

[9] 戴年华. 九连山自然保护区爬行动物名录[A]//刘信中，肖忠优，马建华. 江西九连山自然保护区科学考察与森林生态系统研究[M]. 北京：中国林业出版社，2002：51－253.

[10] 戴年华. 武夷山自然保护区脊椎动物名录[A]//刘信中，方福生. 江西武夷山自然保护区科学考察集[M]. 北京：中国林业出版社，2001：206－222.

[11] 戴年华，等. 1996. 宜春地区野生动物(鸟类. 兽类)[M]. 南昌：江西高校出版社.

[12] 丁平. 官山自然保护区陆生脊椎动物名录[A]//刘信中，吴和平. 江西官山自然保护区科学考察与研究[M]. 北京：中国林业出版社，2005：293－306.

[13] 费梁，叶昌媛，黄永昭，等. 中国两栖动物检索及图解[M]. 成都：四川科学技术出版社，2005.

[14] 费梁. 中国两栖动物图鉴[M]. 郑州：河南科学技术出版社，1999.

[15] 郭刚，吴兰. 南矶山自然保护区种子植物区系[J]. 南昌大学学报，2006，30(1)：52－55.

[16] 郭治之，刘瑞兰. 江西鱼类研究[J]. 南昌大学学报，1995，19(4)：222－232.

[17] 郭治之. 鄱阳湖鱼类调查报告[J]. 江西大学学报，1964(2)：121－130.

[18] 郭英荣，高云荣，谢利玉. 试论聚力保护鄱阳湖湿地[J]. 江西林业科技，2006，2：32－35.

[19] 高柏，孙占学，刘金辉. 江西省地热温泉开发利用与保护[J]. 水资源保护，2006，2：92－94.

[20] 葛刚，李恩香，吴和平，等. 鄱阳湖国家级自然保护区的外来入侵植物调查[J]. 湖泊科学，2010，22(1)：93－97.

[21] 官少飞. 江西渔业发展三十年[M]. 南昌：江西科学技术出版社，2009.

[22] 国家统计局国民经济综合统计司. 新中国六十年统计资料汇编[M]. 北京：中国统计出版社，2010.

[23] 国家统计局. 2011 中国统计年鉴[M]. 北京：中国统计出版社，2012.

[24] 胡茂林，吴志强，常剑波. 鄱阳湖南矶山自然保护区鲤、鲫的随机扩增多态 DNA 分析[J]. 长江流域资源与环境，2007，16(3)：314－317.

[25] 胡茂林，吴志强，周辉明，等. 鄱阳湖南矶山自然保护区渔业特点及资源现状[J]. 长江流域资源与环境，2005，14(5)：561－565.

[26] 黄族豪，吴华钦，陈东，等. 井冈山自然保护区两栖动物多样性与保护[J]. 江西科学，2007，25(5)：643－

647.

[27] 黄晓凤，顾署生，应国庆．鄱阳湖国家级自然保护区生态旅游开发初步研究[J]．江西林业科技，2006(1)：18－21.

[28] 黄晓平，龚雁．鄱阳湖渔业资源现状与养护对策研究[J]．江西水产科技，2007，4：2－6.

[29] 江西省统计局．2011 江西统计年鉴[M]．北京：中国统计出版社，2012.

[30] 江西省地方志编纂委员会．江西省志 3—江西省自然地理志[M]．北京：方志出版社，2003.

[31] 江西省鄱阳湖鸟类考察队．江西省鄱阳湖地区的鸟类区系组成及分析[J]．四川动物，1988，7(1)：23－25.

[32] 江西省人民政府．江西省人民政府办公厅关于印发江西省耕地保护与建设用地保障"十二五"规划的通知[R]．江西省人民政府公报，2012，69.

[33] 江西省水利厅．江西省平垸行洪、退田还湖工程措施总体实施方案[R].2002.

[34] 江西省人民政府．江西省人民政府办公厅关于印发江西省"十二五"能源发展专项规划的通知[R]．江西省人民政府公报，2012，13：26－42.

[35] 江西省人民政府．江西省人民政府办公厅关于印发江西省电力发展"十二五"规划的通知[R]．江西省人民政府公报，2012，19：29－46，70.

[36] 江西省人民政府．江西省人民政府办公厅关于印发江西省"十二五"新能源发展规划的通知[R]．江西省人民政府公报，2012，15：29－52.

[37] 江西省水文局．江西省水文发展"十一五"规划[R].2006.

[38] 姜红，刘礼堂，郑喜森．鄱阳湖水域渔业资源现状调查及主要保护对策[J]．渔业现代化，2013，1：68－72.

[39] 乐新贵，洪宏志，王英永．江西省爬行纲动物新纪录——崇安地蜥[J]．四川动物，2009，28(4)：600－642.

[40] 刘青，鄢帮有，葛刚，等．鄱阳湖湿地生态修复理论与实践[M]．北京：科学出版社，2012.

[41] 刘信中，叶居新．江西湿地[M]．北京：中国林业出版社，2000.

[42] 刘晓勇，钟瑞华，王伟．江西省沙化土地防治对策[J]．江西林业科技，2010，4：54－56.

[43] 刘戈，李小港，刘信中．江西省陆生脊椎动物编目——两栖、爬行、哺乳动物[J]．江西林业科技，2011(1)：56－64.

[44] 刘以珍，葛刚，徐燕花，等．赣江河岸带种子植物区系特征[J]．长江流域资源与环境，2010，19(11)：1256－1261.

[45] 刘勇江，欧阳珊，吴小平．鄱阳湖双壳类的分布及现状[J]．江西科学，2008，2(26)：280－83.

[46] 李良杰，彭燕，刘渊，等．江西湿地文化旅游资源开发研究[J]．中国农学通报，2011，27(11)：281－287.

[47] 李志军．鄱阳湖水资源保护规划研究[J]．人民长江，2011，42(2)：51－55.

[48] 李传坤，胡国珠．江西省第二次湿地资源调查特点分析[J]．中国勘察设计，2012，71－74.

[49] 李荣昉，吴敦银，刘影，等．鄱阳湖对长江洪水调蓄功能的分析[J]．水文，2003，06：12－17.

[50] 闵骞．鄱阳湖围垦对洪水影响的分析[J]．江西水利科技，1998，3：51－59.

[51] 闵骞，谭国良，卢兵，等．鄱阳湖生态系统中的主要问题与调控对策[R].2008.

[52] 闵骞，时建国，闵聃．1956～2005 年鄱阳湖入出湖悬移质泥沙特征及其变化初析[J]．水文，2011，1：54－58.

[53] 毛战坡，周怀东，王世岩，等．鄱阳湖水环境演变特征研究[J]．中国水利水电科学研究院学报，2011，9(4)：267－273.

[54] 农业部渔业局．2011 中国渔业统计年鉴[M]．北京：中国农业出版社，2011.

[55] 欧阳珊，詹诚，陈堂华，等．鄱阳湖大型底栖动物物种多样性及资源现状评价[J]．南昌大学学报，2009，31(1)：9－13.

[56] 钱新娥，黄春根，王亚民，等．鄱阳湖渔业资源现状及其环境监测[J]．水生生物学报，2002，6：612－617.

[57] 孙晓山，谭国良，等. 江西河湖大典[M]. 武汉：长江出版社，2010.
[58] 孙晓山. 加强流域综合管理 确保鄱阳湖一湖清水[J]. 江西水利科技，2009，2：87 - 92.
[59] 舒风月，欧阳珊，吴小平，等. 洞穴丽蚌生长和繁殖的初步研究[J]. 南昌大学学报，2001，25：66 - 69.
[60] 宋玉赞，陈春泉，黄晓凤. 江西省中国瘰螈分布的新记录[J]. 动物学研究，2006(6)：605 - 606.
[61] 陶立奎，程义杰，陈晓虹. 江西武夷山国家级自然保护区两栖动物多样性初报[J]. 四川动物，2008，27(5)：870 - 872.
[62] 王英永，肖家杰，彭启升，等. 江西三清山两栖纲动物多样性及其区系特征[J]. 暨南大学学报，2008，29(3)：300 - 304.
[63] 王英永，杨剑焕，杜卿，等. 江西阳际峰自然保护区脊椎动物(不含两栖类)资源[A]//郭英荣，江波，王英永. 西阳际峰自然保护区综合科学考察报告[M]. 北京：科学出版社，2010：144 - 148.
[64] 王英永. 三清山两栖纲和爬行纲动物资源与评价[A]//彭少麟，廖文波，王英永. 中国三清山生物多样性综合科学考察[M]. 北京：科学出版社，2008：144 - 149.
[65] 王晓鸿. 鄱阳湖湿地生态系统评估[M]. 北京：科学出版社，2004.
[66] 王晓鸿，鄢帮有，吴国琛. 山江湖工程[M]. 北京：科学出版社，2006.
[67] 王圣瑞，等. 鄱阳湖生态安全[M]. 北京：科学出版社，2014.
[68] 魏叶国. 江西广昌船形古物调查散记[J]. 南方文物，2004(1)：16 - 18.
[69] 吴文静，吴志强. 阳湖南矶山自然保护区鲶鱼、黄颡鱼和乌鳢的同工酶分析[J]. 淡水渔业，2008，5：21 - 25.
[70] 吴小平，王洪铸，梁彦龄. 长江中下游湖泊淡水贝类的分布及物种多样性[J]. 湖泊科学，2000，12(2)：111 - 118.
[71] 吴小平，欧阳珊，胡起宇. 阳湖的双壳类[J]. 南昌大学学报，1994，18(3)：249 - 252.
[72] 吴英豪，纪伟涛. 江西鄱阳湖国家级自然保护区研究[M]. 北京：中国林业出版社，2002.
[73] 吴征镒，周浙昆，孙航，等. 种子植物分布区类型及其起源和分化[M]. 昆明：云南出版集团公司，2006.
[74] 吴征镒，孙航，周浙昆，等. 中国种子植物区系地理[M]. 北京：科学出版社，2011.
[75] 肖胜生，杨洁，叶功富，等. 鄱阳湖湿地对气候变化的脆弱性与适应性管理[J]. 亚热带水土保持，2011，23(3)：36 - 40.
[76] 玄松南. 水稻田：承载中华文明的人工湿地[J]. 森林与人类，2006(2)：10 - 21.
[77] 徐建文. 点激江西[M]. 南昌：江西高校出版社，2004.
[78] 肖文，张先锋. 截线抽样法用于鄱阳湖江豚种群数量研究初报[J]. 生物多样性，2000，8(1)：106 - 111.
[79] 谢钦铭，李云，熊国根. 鄱阳湖底栖动物生态研究及其底层鱼产力的估算[J]. 江西科学，1995，13(3)：161 - 170.
[80] 佚名. 湿地定义与分类[R]. 湿地中国，2008.
[81] 杨赤宇. 鄱阳湖渔俗文化[J]. 农业考古，2007(4)：212 - 218.
[82] 张小晓，胡达维. 鄱阳湖湿地文化资源分析与开发建设建议[J]. 江西林业科技，2009：69 - 71.
[83] 张堂林，李忠杰. 鄱阳湖鱼类资源及渔业利用[J]. 湖泊科学，2007，19(4)：434 - 444.
[84] 张秋根，郭英荣. 江西省湿地资源特点及其可持续利用模式[J]. 中南林业调查规划，2002，21(3)：25 - 28.
[85] 钟业喜，刘影，熊小英. 鄱阳湖区农业生态环境问题及对策研究[J]. 国土与自然资源研究，2003，1：33 - 34.
[86] 中华人民共和国环境保护部. 2011 年长江三峡工程生态与环境监测公报[R]. 2012.
[87] 中国科学院《中国动物地理》编辑委员会. 中国自然地理・动物地理[M]. 北京：科学出版社，1979.
[88] Xie Dongming, Jin Guohua, Zhou Yangming, et al. Study on Ecological Function Zoning for Poyang Lake Wetland: a RAMSAR site in China. Water Policy, 2013, 15: 922 - 935.

附　件

江西省第二次湿地资源调查主要参与单位及人员

江西省省本级参与第二次湿地调查人员名单

江西省林业厅湿地保护管理办公室：周承东　余翔华　黄　鹏　陈艳华　黄祖友　徐　岩　毛玮卿　李朝阳

江西省林业调查规划研究院：陈济友　宋法生　陈彩仙　余本锋　徐建德　徐聪荣　胡国珠　胡达维　刘积红　刘晓勇　叶　琦　胡　滨　聂海兵　王　伟　廖　宁　陈　明　饶高平　韩天一　魏　溦　刘　鹰　袁　好　杨连海　李晓敏　李　诚　毛　龘　肖卫平

江西省野生动植物保护管理局：吴英豪

南昌大学：吴小平　葛　刚　欧阳珊　邓宗觉　阮禄章　万文豪　叶居新　刘以珍　李恩香　孙宝腾　蔡奇英　雷　平　刘益博　肖晋志　刘息冕　胡茂林　胡金润　管毕财　钟韬韬

国家林业局中南调查规划研究院：但新球　郭克疾　卢　石

江西财经大学：陈　苏

江西农业大学：张　钊　王伟峰

江西师范大学：方朝阳　刘　影　邵明勤

东华理工大学：余军林

南昌市参与第二次湿地调查人员名单

市本级：刘　春　张　俊　黄　义　熊　海　杨　安　熊海涛

南昌县：江作文　胡林辉　余江涛　罗　翔

新建县：张勇辉　邓　超　周天桂

安义县：张友发　袁　旭

进贤县：胡玉华　王　力　罗解文　胡磊民

赣州市参与第二次湿地调查人员名单

市本级：刘华森　肖　山　曾照航　邓路明　谢小玲

章贡区：罗忠坤　喻小云　朱　健　王治装　曾维萱　肖　剑

赣　县：赖新埂　谢思斌　曾海东

南康区：罗诗炎

信丰县：李鉴北　刘二生

大余县： 高华生　余益文　彭雨明　刘　京　叶赣南　李英春
上犹县： 徐小军　温忠辉
崇义县： 卢和军　黄声亮　李应刚　彭雨明　刘　京
安远县： 孙建东　陈彩庭　钟林金　郭红华　朱义祥　陈荣东
龙南县： 李绍春　廖爱民　王建华　赖卫明
定南县： 卢强生　徐四海　胡浩然　李忠波
全南县： 罗金平　黄过房　谭宗考　涂房妹　曾纪林　张国斌　温华明　陈伟平　许向宏
宁都县： 胡小荣　何春荣　邱奎生　王兴华　黄春龙　刘新荣　王　武　谢靖勍　黄　昀　黎海明　胡海生　李红生　邱金生　李　平　邱小礼　李　燕　陈寿生　肖高红　谢龙明　杨伟军　曾海平　徐洪剑
于都县： 邓海生　张东林　丁　超　郭新民　黄德全　黄仁平　李长发　李　明　刘联盛　温志宇　吴石长　肖林生　肖浓波　肖东红　谢德生　徐卫民　杨龙飞　叶榕文　曾灶发　张德红　蒙志峰　钟宏林　钟春晖　邹小平　黄国伟　王小龙　郭永志
兴国县： 高建明　方必定　胡子春　黄小林　刘利浪　温家铭　应学亮　洪文斌　陈建贵　曾照航　钟学军　陈永贵　黄小明　赖运明　刘兆斌　罗先富　钟杰辉
瑞金市： 廖汉生　罗水生　杨水发　朱元春　宋志云　刘　明　邹建明　温荣洪　李志明　王善康　谢卫华　周美平　罗荣华　刘立炳　刘瑞敏　钟继华　刘建林　曾远生　许德连
会昌县： 李绍春　廖爱民　王建华　赖卫明
寻乌县： 洪永胜　曾育标　钟树森　邱家秀　袁锟铖　刘加辉
石城县： 陈锡荣　温志华　陈重辉　段志刚　陈式权　李跃平　张国庆　李　超　赖晓钟　谢享金

九江市参与全国第二次湿地调查人员名单

市本级： 陈石记　张育慧　黄文杰　张　娜　罗　赟　王贤芳
庐山区： 曾玉梅　朱红军　梅　海　曲　洁　赵正涛　翟建军
彭泽县： 高培演　葛从贵　张　伟　方彭军
修水县： 王参福　安贤利　樊亮贵　陈幼凡　涂益彬　周淑媛　汪林清　邓达方　胡学华　涂　峰　姚文革
武宁县： 余　斌　卢庭生　陈世平　谢赣林　张小华　刘罗明　夏芳芳
永修县： 张敬皆　许康生　杜燕东　吴　斌　王国平　梁家托　熊传勇　刘志高　陈　影　彭守林　陈　胜　蔡　斌　熊　辉
湖口县： 李中源　曹景云　周义忠　周宏伟
星子县： 程志波　余　明　吴连生　张理军
瑞昌市： 汪　丽　方甫生　杨能斌　贺寄仁　戴　旻　张　胜
九江县： 徐晓洪　谭策铭　梅俊龙　熊英娇
德安县： 桂紫泉　龚有明　马桂明　杨　文　吴国华

都昌县： 董晓林　吕承华　王继军　石水平　吴名华　陈小华　曹达桑　李　跃　张绪平　郭　华　陈春荣　邱晓燕　黄荣桃　王　诚

共青城： 吴林生　聂泽松　袁　芳　李晓莉　吴松生

庐山管理局： 胡定策　朱金星　余莎丽　胡定策　张心顺　陈彬国　刘向东　陈里彬

上饶市参与第二次湿地调查人员名单

市本级： 刘　建　丁金华　赵　文　楼志文　林　森　梁发良　骆任欢　黄国爱　周　斌　杨　帆　涂　俊　叶　晶

信州区： 郑行西　刘　皓

上饶县： 余江林　曾智福　程志华

广丰县： 纪顺华　柯建勇　柯建攀　俞　伟　李海云　熊爱国　陈　丰　杨　满　刘宝华　高维仁　罗贤芬　饶海涛　王晓利　杨高租

玉山县： 李顺清　赵浩礼

横峰县： 朱祖南　蒋国平

铅山县： 吴田兵　廖美龙　徐玉明　丁辉明　余　标　秦建峰　付利宾　余申涛　徐明君　孔繁满　张春琴　余礼荣　张骥驰　吴震坤　徐武功　祝志波　张建辉　何　冰　徐海军

弋阳县： 陈绍省　汪林桂　宋甫丁　吴道忠　方发根　辜杨威　吴义达　谌火发

婺源县： 洪元华　查宝源　余培欣　胡盛英

德兴市： 周永明　张泽霖　江　坚　江建生

万年县： 蒋业相　曹英斌　陈典强　陈水泉　孙民君　江应辉　曹熙标　余能培　王水文　钟　斌

余干县： 李冬生　李坤邦　官文斌　钟星华　朱光辉　盛显和

鄱阳县： 张怀勇　徐春华

经济开发区： 李　明

吉安市参与第二次湿地调查人员名单

市本级： 李茂军　蒋　勇　周　静

吉州区： 刘银苟　刘青峰　李　强　欧象新

青原区： 陈兰月　王和腾　何新财　刘孔善　刘承志　胡　柏　王　毅　何庚长　曾宪佑　黄泰兴　张问芙　罗厚珍

吉安县： 李　兴　陈　飞　熊　敏　龚琦峰　刘同香　张吉林　刘培芳　欧象新　欧阳淦水　赵剑平　李忠民　康立霏　彭　鸿　康立霏　彭洪高　邓利文　王文先　张昌晖　彭　平

吉水县： 陈兰月　王和腾　肖四根

泰和县： 匡云耀　吴祖裾　王　浩　曾广安

安福县： 罗文强　李　斌　刘年平　姚　闻　马人民　温英萍　伍亮亮

遂川县： 刘庆鹏　周春哓
万安县： 邱小兵　肖庆武
峡江县： 黄江建　余北京　张建平　袁江宁　黄文才　娄志坚
新干县： 兰雪辉　邹海平　聂玉刚　张建斌　朱建平　邓颖雄　张金生　陈五根　付春根
聂安星　邹建松　黄建明　郑九如　黄冬苟　廖洪标　陈军平　艾海斌
永丰县： 李全森　邓小毛　曾秋刚
永新县： 周晓辉　刘洪荣　谢永生　段正媛　周绍云　尹浩华　张　愈　谢圣南　彭超英
宁建华　刘转仔　李小良　贺桂平　陈永林

宜春市参与第二次湿地调查人员名单

市本级： 彭志军　黄拥华　方学军　杨玉玲　纪　托　柳升平
宜丰县： 王凌峰　李小洲　陶功接　彭定南
万载县： 高水云　杨尚文　彭江湖　钟侨兰
奉新县： 丁小龙　方湖江　胡　勇　高道良　赖盛权　宋友发　涂兴华
袁州区： 谭志勇　彭　伟　袁贵明　刘桃生
铜鼓县： 曾招发　王冬英　曾　日
靖安县： 舒特生　马先锋　宁　全　谢　祚　晏　文　杨　柳　游　兴　朱　义
高安市： 兰树华　金伟无　吴建华
樟树市： 肖剑锋　徐向东　曾　庆
丰城市： 陈木亮　洪　涛　杨根辉　熊　伟　聂明生　欧阳峰林

抚州市参与第二次湿地调查人员名单

市本级： 李　华　赵卫平　黄小芬
广昌县： 谢　洪　周　华　崔晓东　胡　斌　胡宏慧　赵南兵　温伦敏　高俊勇　吴寒松
何广文
乐安县： 艾志华　占小玲　陈芳贵　李志强　彭国康　陈图凤　陈正春　周年发　邓　超
游尚海　董志坚　刘国辉　郭志高　周红专　邹华清　彭黄邹　刘江袁　吴进平
胡跃民　谢国安　袁火生
南丰县： 汤　剑　曾淑艳　梅　凯　戴圣源　曾卫平　聂建华　何尚斌　黄文勇　饶出林
黄小辉　朱明胜
临川区： 吴建华　杨高华　艾帮义　何广东　邹贵明　余盛俊　张春明　韩省辉
东乡县： 方活昌　陈　卫　罗建群　杨　军　王斌东　杨　荣
宜黄县： 邹来福　付南强　彭贤文　张小英　占向平　黄　琳　刘　萍
南城县： 王琳琳　吴国彬　李桂文　章建青　章友明　吴建新
黎川县： 周跃华　周　勇　何国华　周　俊　肖国强　汤雅琪
崇仁县： 吴平文　吴勇建　戚良孙　许全胜　谭先保
资溪县： 罗文均　龙文光

金溪县：付日灿 吴武龙 周 辉

景德镇市参与第二次湿地调查人员名单

市本级：黎廷相 李 嘉 谢开芳 吴 涛 梁智东 符建华 吴文华

浮梁县：李献春 徐四旺 胡世才 张光毅 吴龙华 吴运和 叶家良

乐平市：盛爱英 李裕炎 邹长征 钟 斌 盛建秀 吴远才 彭光旭 汪 莉 王水文 李炳荣

昌江区：黄干劲 林景春 陈 武 王世钦 蒋隐虎 徐承鑫 黄建华 方 星 曾 燕

新余市参与第二次湿地调查人员名单

市本级：李向东 袁小东 何 岚 胡林绚 舒雅琳

分宜县：陈建平 周冬莲 张 阳 彭宁科 黄早生 吴喜昌 黄文辉 苏水根 李绍平 谢文辉

渝水区：敖喜华 盛建新 桂金勇 付成华 江小雄 胡小卫 李 钊 刘细根 焦鸿渤 易美英 敖国鹏 章 帆 曾建军

仙女湖管委会：蔡仕祥

萍乡市参与第二次湿地调查人员名单

市本级：王 炜 钟 彪 熊美珍

安源区：廖玉春 施根国

湘东区：周 歆 黎敬良 李新富 晏文萍 张铭建

芦溪县：成 煜 彭厚福 李萍艳

上栗县：李 亮 黄建伟 李江陈

莲花县：吴志标 王元泉 冯秋生 谢立新 李润华 王志忠 冯 彬

鹰潭市参与第二次湿地调查人员名单

市本级：胡 斌 朱志平 吴欢标

贵溪市：陈建军 毛敏荣 陈敬贵 吴革平 何忠华 李建祥 胡 军 周志波 刘怀球 张新文 宁志刚 何忠华 徐功明 李勇敏 朱祥福 叶德卫

余江县：蔡东民 杜 骏 何浪兵 雷步青 何忠华 李建祥 刘锐勇 桂精兵 汤俊义 蔡伟民

月湖区：周军同 桂国栋 黄从权 朱文胜 祝喜根

龙虎山管委会：宁志刚 何忠华 李建祥

后 记

湿地资源调查是湿地保护管理工作中最基础性和战略性的工作，其成果是开展湿地保护管理与生态修复的重要基础资料，是科学制定湿地保护管理规划的科技支撑，特别是对江西省这样一个湿地资源较为丰富的内陆省份来说，开展湿地资源调查就显得尤为重要。早在1996～1999年，江西省开展了第一次湿地资源调查，但受当时技术条件和经费等因素的限制，调查范围有限，调查也留下了些许遗憾。加上至今已过去十多年了，受自然和人为因素的影响，全省湿地资源和生态环境特别是水文条件也发生了较大的变化，原有调查资料难以反映现在的湿地资源状况，因此很有必要对全省湿地资源再次进行全面系统的调查和系统总结分析。

2010年12月，根据国家林业局的统一部署，第二次全省湿地资源调查正式启动。通过3年的调查，主要取得了6个方面的成果：一是摸清了江西省湿地资源现状。这次调查内业区划与外业核实调查湿地斑块共13519个，其中重点调查湿地斑块841个。通过调查，全面查清了全省湿地资源的分布、类型、数量以及主要生态特征。据统计，江西省湿地总面积达91.01万公顷，占全省国土面积的5.45%，其中重点调查湿地面积50.12万公顷，占湿地总面积的55.07%。二是掌握了全省湿地动植物资源本底现状。通过设置植物样方4420个、样带120条，动物样带102条开展全省湿地动植物资源调查，并结合已有资料，记录江西省湿地高等植物共有162科455属994种，湿地野生动物共有8纲41目112科696种(亚种)。三是首次发现了较大面积水蕨群落分布。首次在永修、鄱阳、万年等县境内发现有水蕨分布，其中永修县一个水塘中发现连片0.20公顷水蕨群落生长良好，十分罕见。四是完成了全省湿地资源调查成果材料汇编。包括湿地资源调查报告和江西省湿地资源地理信息数据库及有关专题图件等。五是培养了一支精干的湿地资源监测技术队伍。全省有1200多人参与了湿地资源调查技术培训班以及实地调查工作，基本掌握了遥感数据处理、判读、信息提取、湿地野生动植物识别等技术。六是提高了公众对湿地资源保护管理的认识。各级林业主管部门主要负责人组织参与了本次湿地调查，湿地保护逐步成为林业部门决策者日常工作考核内容，纳入了政府的议事日程，进一步增强了公众对湿地保护管理重要性的认识。

为了合理利用好第二次湿地资源调查成果，江西省林业厅按照国家林业局的统一安排，专门邀请了省内有关专家学者对《江西省第二次湿地资源调查报告》进行系统、科学的整理，并按照《中国湿地资源》系列著作的出版要求进行编撰，编著了《中国湿地资源·江西卷》。全书共分6章：第一章为基本情况，主要论述江西省的自然地理概况、气候和水文特征及江西的湿地类型及其分布；第二章为湿地类型，主要论述江西省湿地资源调查的主要情况，包括湿地的面积、类型，以及分布规律与特点；第三章为湿地生物资源，主要论述湿地植被与植物、动物资源的情况；第四章为湿地资源利用，主要简述江西省湿地利用方式及其利用范围、程度，以及目前湿地资源利用方面存在问题，分析湿地资源可持续利用的潜力；第五章为湿地资源评价，主要论述湿地生态状况、受威胁现状、湿地资源现状及原因分析；第六章为湿地保护与管理，主要分析湿地保护管理现状以及湿地保护管理建议。

《中国湿地资源·江西卷》内容系统全面，论述科学严谨，数据客观翔实，是一本科学的、实用的江西湿地类工具书。本书的出版，为我们加强江西省湿地自然保护区与湿地公园建设、开展湿地资源保护管理与合理利用提供了翔实的基础资料，为科学制定全省湿地保护管理规划提供了重要的科技支撑。

江西省林业厅湿地办、江西省科学院、江西师范大学、南昌大学、江西科技师范大学、江西省环境监测中心站、江西省水利规划设计院、江西省林业调查规划研究院等单位的有关专家学者共同参与了《中国湿地资源·江西卷》的编撰工作，在此，对他们付出的辛勤劳动表示衷心的感谢。本书的出版得到了国家林业局湿地资源保护管理中心、国家林业局调查规划设计院、中南林业调查规划设计院、中国林业出版社，以及江西省直有关部门的大力支持，得到了国家林业局和江西省林业厅有关领导和专家的悉心指导，在此特别表示感谢。同时也要感谢所有参与江西省第二次湿地资源调查的单位和全体调查队员。

因《中国湿地资源·江西卷》由多学科、多部门的专业人员集体编辑而成，书中在时间上有前有后，在内容上有繁有简，所用统计数据、专业术语、名称、名词等各个专业有专用的表达，尽力做了规范和统一，但是难免出现错误和不妥之处，欢迎各位专家学者和业内人士批评指正，衷心希望广大读者提出宝贵意见。

《中国湿地资源·江西卷》编写组

2015 年 12 月